建筑工程建设与施工技术应用

王　伟　杨为东　邱世翰　主编

吉林科学技术出版社

图书在版编目（CIP）数据

建筑工程建设与施工技术应用 / 王伟，杨为东，邱世翰主编 . -- 长春：吉林科学技术出版社，2023.5

ISBN 978-7-5744-0459-5

Ⅰ . ①建… Ⅱ . ①王… ②杨… ③邱… Ⅲ . ①建筑工程—施工管理 Ⅳ . ① TU74

中国国家版本馆 CIP 数据核字 (2023) 第 105637 号

建筑工程建设与施工技术应用

主　　编　王　伟　杨为东　邱世翰

出 版 人　宛　霞

责任编辑　程　程

封面设计　刘梦杳

制　　版　刘梦杳

幅面尺寸　185mm×260mm

开　　本　16

字　　数　350 千字

印　　张　17.5

印　　数　1–1500 册

版　　次　2023年5月第1版

印　　次　2024年1月第1次印刷

出　　版　吉林科学技术出版社

发　　行　吉林科学技术出版社

地　　址　长春市福祉大路5788号

邮　　编　130118

发行部电话/传真　0431-81629529 81629530 81629531
81629532 81629533 81629534

储运部电话　0431-86059116

编辑部电话　0431-81629518

印　　刷　廊坊市印艺阁数字科技有限公司

书　　号　ISBN 978-7-5744-0459-5

定　　价　105.00元

建筑业是国民经济支柱产业。改革开放以来，随着工业化、城镇化的快速推进，我国建筑市场兴旺发达，建设速度前所未有。建筑业的持续快速发展，改善了城乡面貌和人民居住环境，吸纳了大量农村富余劳动力就业，为社会和谐发展做出了巨大贡献。本书以现行法律法规为主线，以新技术标准规范为基础，以施工实践内容为主导，引导建筑人才掌握工程建设施工技术和工艺，加快建筑技术的推广和管理。

建筑施工是一门涵盖多学科的综合性技术，其涉及内容十分广泛，施工对象千变万化，新技术、新工艺、新材料等层出不穷，与其他许多学科相互交叉渗透。处理一个施工技术和质量问题，使用一种建筑材料，制定一项施工方案，开发一项新工艺，应用一台新机械，施工一种新结构，往往都要应用许多方面的专业知识才能融会贯通处理恰当，收到预期的技术和经济效果。工程质量的优劣、工期的长短、经济效益的好坏，无不与建筑施工技术水平和管理能力的高低相关，特别是当前国内的高层、复杂、多功能建筑日益增多，对建筑施工技术提出了越来越高的要求。建筑施工新技术的发展，不仅解决了用传统的施工方法难以解决的很多复杂的技术问题，而且在提高工程质量、加快施工进度、提高生产效率、降低工程成本等方面均起到十分重要的作用。因此，了解和掌握现代施工技术，并在工程中加以应用和创新，是当代建筑工程技术人员应具备的重要素质。

本书首先介绍了建筑工程施工建设的基本知识，然后详细阐述了建筑工程施工技术与管理、检测技术等内容，以适应当前建筑工程建设与施工技术应用的发展。

本书突出了基本概念与基本原理，在写作时尝试多方面知识的融会贯通，注重知识层次递进，同时注重理论与实践的结合。希望可以对广大读者提供借鉴或帮助。

由于作者水平有限，书中难免有疏漏和不足之处，敬请读者批评指正。

目录
Contents

第一章　建筑工程施工建设管理

第一节　建筑工程项目管理基本概念

一、项目

“项目”一词在社会经济和文化活动的各个方面都被广泛地使用，目前国际上还没有公认统一的定义，不同机构、不同专业从自己的认识角度出发，各自有不同的表达。通常而言，项目是指在一定的约束条件下（主要是限定资源、限定时间、限定质量），具有明确目标的一次性任务。

从上述关于项目的定义可以看出，项目主要具有以下特征。

（1）单件性和一次性。所谓单件性和一次性，是指就任务本身和最终成果而言，没有与这项任务完全相同的另一项任务。项目的单件性和管理过程的一次性，为管理带来了较大的风险。只有充分认识项目的一次性，才能有针对性地根据项目的特殊情况和要求进行科学、有效的管理，以保证项目一次成功。

（2）具有一定的约束条件。所有的项目都有一定的约束条件，项目只有在满足约束条件下才能获得成功。因此，约束条件是项目目标完成的前提。在一般情况下，项目的约束条件为限定的质量、限定的时间和限定的投资，通常称这三个约束条件为项目的三大目标。对一个项目而言，这些目标应是具体的、可检查的，实现目标的措施也应是明确的、可操作的。

（3）具有生命周期。项目的单件性和项目过程的一次性决定了每个项目都具有生命周期。任何项目都有其产生时间、发展时间和结束时间，在不同的阶段中都有特定的任务、程序和工作内容。掌握和了解项目的生命周期，就可以有效地对项目实施科学的管理和控制。成功的项目管理是对项目全过程的管理和控制，是对整个项目生命周期的管理。

二、建设项目

建设项目又称基本建设项目，是指为完成依法立项的新建、改建、扩建的各类工程（土木工程、建筑工程及安装工程等）而进行的、有起止日期的、达到规定要求的一组相互关联的受控活动组成的特定过程，包括策划、勘察、设计、采购、施工、试运行、竣工验收和移交等。建设项目除了具备一般项目特征外，还具有以下特征。

（1）投资额巨大，生产周期长。

（2）在一个总体设计或初步设计范围内，由一个或若干个可以形成生产能力或使用价值的单项工程组成。

（3）一般在行政上实行统一管理，在经济上实行统一核算。

三、建筑工程项目

建筑工程项目也称建筑产品，是建设项目中的主要组成内容，建筑产品的最终形式为建筑物和构筑物。建筑工程项目除具有建设项目所有的特点以外，还有以下特征。

（1）庞大性。建筑产品与一般的产品相比，从体积、占地面积和自重上看相当庞大，从耗用的资源品种和数量上看也是相当巨大的。

（2）固定性。建筑产品由于相当庞大，移动非常困难。它又是人类主要的活动场所，不仅需要舒适，更要满足安全、耐用等功能上的要求，这就要求固定地与大地连在一起，和地球一同自转和公转。

（3）多样性。建筑产品的多样性体现在功能不同、承重结构不同、建造地点不同、参与建设的人员不同、使用的材料不同等，使得建筑产品具有人一样的个性即多样性。

（4）持久性。建筑物是人们生活和工作的主要场所，因此它的使用时间则很长。房屋建筑的合理使用年限短则几十年，多则上百年，有些建筑距今已有几百年的历史，但仍然完好。

四、建设工程项目管理

（一）项目管理的概念及特点

项目管理是指在一定的约束条件下（在规定的时间和预算费用内），为达到项目目标要求的质量而对项目所实施的计划、组织、指挥、协调和控制的过程。一定的约束条件是制定项目目标的依据，也是对项目控制的依据。项目管理的目的就是保证项目目标的实现。

（1）项目管理具有创造性。项目的一次性特点，决定了项目管理既要承担风险又要创造性地进行管理。

（2）项目管理是一个复杂的过程。项目一般由多个部分组成，工作跨越多个组织，需要运用多种学科的知识来解决问题；项目工作通常没有或很少有以往的经验可以借鉴，未知因素太多，需要将不同经历、不同组织、不同特长的人有机地组织在一个临时性的组织中，在有限资源、有限成本、严格的工期等约束条件下实现项目目标，这些条件决定了项目管理的复杂性。

（3）项目管理需要集权领导和建立专门的项目组织。项目的复杂性随其范围不同而有很大变化。项目越大越复杂，所包含或涉及的学科、技术种类也越多。项目过程可能出现的各种问题贯穿于各组织部门，要求不同部门做出迅速有效而且相互关联、相互依存的反应，需要建立围绕专一任务进行决策的机制和相应的专门组织。

（4）项目管理是以项目经理为中心来管理项目。管理中起着非常重要作用的人是项目负责人，即项目经理。他受委托在时间有限、资源有限的条件下完成项目目标，有权独立进行计划、资源调配、协调和控制。他必须使他的组织成为一支真正的队伍——一个工作配合默契、具有积极性和责任心的高效群体。

（二）建设工程项目管理的概念及特点

建设工程项目管理是指运用系统的理论和方法，对建设工程项目进行的计划、组织、指挥、协调和控制等专业化活动。

建设工程项目管理具有以下特点。

（1）建设工程项目管理是复杂的任务。建设工程项目时间跨度长、外界影响因素多，受到投资、时间、质量、环境等多种约束条件的严格限制，并且由多个阶段和部分有机组合而成，其中任何一个阶段或部分出现问题，就会影响到整个项目目标的实现，增加项目管理的不确定性因素。所以，对项目建设中的每个环节都应进行严密管理，认真选择项目经理，配备项目人员和设置项目机构。

（2）建设工程项目管理是一种全过程的综合性管理。建设工程项目从项目构思到项目投产运营有着严格的建设程序。项目各阶段有明显界限，又相互有机衔接，不可间断。这就决定了项目管理是对项目生命周期全过程的管理，如对项目可行性研究、勘察设计、招标投标、施工等各阶段全过程的管理。在每个阶段中又涉及对进度、质量、成本、安全等诸要素的管理。因此，项目管理是全过程的综合性管理。

（3）建设工程项目管理是一种约束性强的控制管理。建设工程项目管理有着明确的目标，包括质量、投资和进度目标等。同时，在项目实施过程中还受到各种因素的制约，包括限定的时间和资源消耗、既定的功能要求和质量标准，以及技术条件、法律法规、环境等。这些决定了建设工程项目的约束条件的约束强度比其他管理更高。因此，建设工程项目管理是强约束管理。这些约束条件是项目管理的条件，也是不可逾越的限制条件。项目能否实现，取决于项目管理者在满足这些限制条件的前提下，如何合理计划，精心组织，充分利用这些条件，完成既定任务，达到预期目标。

（三）建设工程项目管理的任务

建设工程项目管理的任务主要表现为以下六个方面。

（1）合同管理。建设工程合同是业主和参与项目实施各主体之间明确责任、权利关系的具有法律效力的协议文件，也是运用市场经济体制、组织项目实施的基本手段。从某种意义上讲，项目的实施过程就是建设工程合同订立和履行的过程。一切合同所赋予的责任、权利履行到位之日，也就是建设工程项目实施完成之时。

建设工程合同管理，主要是指对各类合同的依法订立过程和履行过程的管理，包括合同文本的选择，合同条件的协商、谈判，合同书的签署，合同履行、检查、变更和违约、纠纷的处理，总结评价，等等。

（2）组织协调。组织协调是实现项目目标必不可少的方法和手段。在项目实施过程中，各个项目参与单位需要处理和调整众多复杂的业务组织关系。

（3）目标控制。目标控制是项目管理的重要职能，是指项目管理人员在不断变化的动态环境中为保证既定计划目标的实现而进行的一系列检查和调整活动。工程项目目标控制的主要任务就是在项目前期策划、勘察设计、施工、竣工交付等各个阶段采用规划、组织、协调等手段，从组织、技术、经济、合同等方面采取措施，确保项目总目标的顺利实现。

（4）风险管理。风险管理是一个确定和度量项目风险，以及制定、选择和管理风险的过程。其目的是通过风险分析减少项目决策的不确定性，以便使决策更加科学，以及在项目实施阶段，保证目标控制的顺利进行，更好地实现项目质量、进度和投资目标。

（5）信息管理。信息管理是工程项目管理的基础工作，是实现项目目标控制的保证。只有不断提高信息管理水平，才能更好地承担起项目管理的任务。

建设工程项目的信息管理主要是指对有关工程项目的各类信息的搜集、储存、加工整理、传递与使用等一系列工作的总称。信息管理的主要任务是及时、准确地向项目管理各级领导、各参加单位及各类人员提供所需的综合程度不同的信息，以便在项目进展的全过程中，动态地进行项目规划，迅速正确地进行各种决策，并及时检查决策执行结果，反映工程实施中暴露的各类问题，为项目总目标服务。

（6）环境保护。项目管理者必须充分研究和掌握国家和地区的有关环保法规和规定，对于环保方面有要求的工程建设项目在项目可行性研究和决策阶段，必须提出环境影响报告及其对策措施，并评估其措施的可行性和有效性，严格按建设程序向环保管理部门报批。在项目实施阶段，做到主体工程与环保措施工程同步设计、同步施工、同步投入运行。在工程施工承发包中，必须把依法做好环保工作列为重要的合同条件加以落实，并在施工方案的审查和施工过程中，始终把落实环保措施、克服建设公害作为重要的内容予以密切注视。

第二节　建设工程项目的生命周期和建设程序

一、建设工程项目的生命周期

建设工程项目的生命周期是指建设工程项目从设想、研究决策、设计、建造、使用直到项目报废所经历的全部时间，通常包括项目的决策阶段、实施阶段和使用阶段。

（一）决策阶段

建设工程项目决策阶段需要从总体上考虑问题，提出总目标、总功能要求。这个阶段从工程构思到批准立项为止，其工作内容包括编制项目建议书和编制项目可行性研究报告。项目建议书阶段进行投资机会分析，提出建设项目投资方向的建议，是投资决策前对拟建项目轮廓的设想。可行性研究阶段是在项目建议书的基础上，综合应用多种学科方法对拟建项目从建设必要性、技术可行性和经济合理性等方面进行深入调查、分析和研究，为投资决策提供重要依据。该阶段在建设工程项目生命周期中的时间不长，往往以高强度的能量、信息输入和物质迁移为主要特征。

（二）实施阶段

建设工程项目实施阶段的主要任务是完成建设任务，并使项目的建设目标尽可能好地实现。该阶段可进一步细分为设计准备阶段、设计阶段、施工阶段、动用前准备阶段。其中：设计准备阶段的主要工作是编制设计任务书；设计阶段的工作内容是进行初步设计、技术设计和施工图设计；施工阶段的主要工作是按照设计图和技术规范的要求，在建设场地上将设计意图付诸实施，形成工程项目实体；动用前准备阶段的主要工作是进行竣工验收和试运转，全面考核工程项目的建设成果，检验设计文件和过程产品的质量。

（三）使用阶段

建设工程项目使用阶段的工作包括项目运行初期的质量保修和设施管理等工作。保修阶段的主要工作是维修工程因建设问题所产生的缺陷，了解用户的意见和工程的质量。设施管理的目的是确保项目的运行或运营，使项目保值和增值。这个阶段是工程在整个生命历程中较为漫长的阶段之一，是满足其消费者用途的阶段。

二、建设工程项目的建设程序

建设程序也称基本建设程序，是指建设工程项目从构思选择直至交付使用的全过程中，各项工作必须严格遵循的先后次序和相互联系，其先后顺序不能颠倒，但是可以进行合理的交叉。建设程序是建设工程项目技术经济规律的反映，也是建设工程项目科学决策和顺利进行的重要保证。按照我国现行规定，建设工程项目的建设程序可以分为项目建议书、可行性研究、设计工作、建设准备、建设实施、竣工验收及项目后评价七个阶段。

（一）项目建议书阶段

项目建议书是要求建设某一具体项目的建议文件，是基本建设程序中最初阶段的工作，是投资决策前对拟建项目轮廓的设想。项目建议书的主要作用是为了推荐一个拟进行建设项目的初步说明，论述它建设的必要性、条件的可行性和获得的可能性，供基本建设管理部门选择并确定是否进行下一步工作。

项目建议书报经有审批权限的部门批准后，可以进行可行性研究工作，但并不表明项目非上不可。项目建议书不是项目的最终决策。

（二）可行性研究阶段

可行性研究是对建设项目在技术和经济两个方面进行研究、分析、论证，从而判断项目在技术上是否可行、经济上是否合理的一种工作方法。它的主要任务是通过多方案的比较，提出评价意见，推荐最佳方案，为项目的投资决策提供依据。

在可行性研究的基础上，编制可行性研究报告。可行性研究报告经过批准后，项目才算正式立项。一般工业项目的可行性研究报告内容包括：

（1）项目提出的背景、必要性、经济意义、工作依据和范围。

（2）需求预测和拟建规模。

（3）资源、材料和公用设施情况。

（4）建厂条件和厂址选择。

（5）环境保护。

（6）企业组织定员及培训。

（7）实施进度建议。

（8）投资估算和资金筹措。

（9）社会效益和经济效益评价。

（三）设计阶段

可行性研究报告经批准后，建设单位可委托设计单位，按可行性研究报告中的有关要求，编制设计文件。一般项目进行两阶段设计，即初步设计和施工图设计。技术上比较复杂而又缺乏设计经验的项目，在初步设计阶段后加上技术设计。

（1）初步设计。初步设计是根据可行性研究报告的要求所做的具体实施方案，并根据工程项目的基本技术经济规定，编制总概算。

（2）技术设计。技术设计是根据初步设计和更详细的调查研究资料编制的，以使建设项目的设计更完善，技术经济指标更好。

（3）施工图设计。施工图设计能够完整地表现建筑物外形、内部空间分割、结构体系和构造状况等，在该阶段应编制施工图预算。

（四）建设准备阶段

为保证工程项目施工顺利进行，在开工建设之前要切实做好各项准备工作，其主要内容包括：

（1）征地、拆迁和场地平整。

（2）完成施工用水、电、道路和通信等的接通工作。

（3）组织招标，择优选定建设监理单位、施工承包单位及设备、材料供应商。

（4）准备必要的施工图。

（5）办理工程质量监督手续和施工许可证，做好施工队伍进场前的准备工作。

（五）建设实施阶段

建设实施阶段是项目决策的实施、建成投产发挥效益的关键环节。新开工建设工程项目建设实施阶段开始时间，是指建设工程项目设计文件中规定的任何一项永久性工程第一次正式破土开槽的开始日期。不需开槽的工程，以正式打桩作为正式开工日期。铁路、公路、水库等需要大量土、石方工程的，以开始进行土、石方工程的日期作为正式开工日期。分期建设的项目，分别按各期的工程开工日期计算。施工活动应按设计要求、合同条款、预算投资、施工程序顺序、施工组织设计，在保证质量、工期、成本等目标的前提下进行，达到竣工标准要求，经过验收后，移交给建设单位。

（六）竣工验收及交付使用阶段

当建设工程项目按设计文件的规定内容全部施工完成之后，便可组织验收。竣工验收工作的主要内容包括整理技术资料、绘制竣工图、编制竣工决算等。通过竣工验收，可以检查建设工程项目实际形成的生产能力和效益，也可避免项目建成后继续消耗建设费用。竣工验收报告经批准后，可进行竣工结算，并可交付使用，完成建设单位和使用单位的交易过程。

第三节　建筑工程项目管理的内容和程序

一、建筑工程项目管理的基本工作内容

建筑工程项目是最常见、最典型的建设工程项目类型之一，建筑工程项目管理是项目管理在建筑工程项目中的具体应用。建筑工程项目管理是根据各项目管理主体的任务对建设工程项目管理内容的细分。

建设工程项目管理的内容主要包括项目范围管理、项目管理规划、项目组织管理、项目进度管理、项目质量管理、项目职业健康安全管理、项目环境管理、项目成本管理、项目采购管理、项目合同管理、项目资源管理、项目信息管理、项目风险管理、项目沟通管理、项目收尾管理。

二、建筑工程项目管理的程序

建筑工程项目管理的程序如下。

（1）编制项目管理规划大纲。

（2）编制投标书并进行投标。

（3）签订施工合同。

（4）选定项目经理。

（5）项目经理接受企业法定代表人的委托组建项目经理部。

（6）企业法定代表人与项目经理签订项目管理目标责任书。

（7）项目经理部编制项目管理实施规划。

（8）进行项目开工前的准备。

（9）施工期间按项目管理实施规划进行管理。

（10）在项目竣工验收阶段进行竣工结算、清理各种债权债务、移交资料和工程。

（11）进行经济分析，做出项目管理总结报告并送企业管理层有关职能部门审计。

（12）企业管理层组织考核委员会，对项目管理工作进行考核评价，并兑现项目管理目标责任书中的奖惩承诺，项目经理部解体。

（13）在保修期满前企业管理层根据工程质量保修书的约定进行项目回访保修。

第二章　土方工程施工工艺

第一节　岩土的工程分类及工程性质

一、土的工程分类

土的种类不同，其施工方法也就不同，相应的工程量和工程造价也会有所不同。土的种类繁多，其分类方法也较多，而在建筑工程施工中常根据土石方施工时土（石）的开挖难易程度，将土分为松软土、普通土、坚土、砂砾坚土、软石、次坚石、坚石和特坚石八类。前四类属于一般土，后四类属于岩石。

二、土的基本性质

（一）土的组成

土一般由固体颗粒（固相）、水（液相）和空气（气相）三部分组成，这三部分之间的比例关系随着周围条件的变化而变化，三者相互间比例不同，反映出土的物理状态不同，如干燥、稍湿或很湿，密实、稍密或松散。这些指标是土的最基本的物理性质指标，对评价土的工程性质、进行土的工程分类具有重要意义。土的三相物质是混合分布的，为了阐述方便，一般用三相图表示。

（二）土的物理性质

土的物理性质对土方工程的施工有直接影响，所以在施工之前应详细了解，以避免给工程的施工带来不必要的麻烦。其中，土的基本物理性质有土的密度、土的密实度、土的可松性、土的含水量、土的孔隙比和孔隙率、土的渗透性等。

1.土的密度

土的密度分为天然密度和干密度。

（1）土的天然密度。土的天然密度是指土在天然状态下单位体积的质量。它影响土的承载力、土压力及边坡的稳定性。一般黏土的密度为1800 ~ 2000kg/m³，砂土的密度为1600 ~ 2000kg/m³。

（2）土的干密度。土的干密度是指土的固体颗粒质量与总体积的比值。土的干密度在一定程度上反映了土颗粒排列的紧密程度：干密度越大，表示土越密实。工程上常把土的干密度作为检验填土压实质量的控制指标。

2.土的密实度

土的密实度是指施工时的填土干密度与实验室所得的最大干密度的比值。土的密实度即土的密实程度，通常用干密度表示。土的密实度对填土的施工质量有很大影响，它是衡量回填土施工质量的重要指标。

3.土的可松性

土的可松性是指在自然状态下的土经开挖后，其体积因松散而增大，以后虽经回填压实，也不能再恢复其原来的体积。由于土方工程量是以自然状态的体积来计算的，所以在土方调配、计算土方机械生产率及运输工具数量等方面，必须考虑土的可松性。

（三）土的含水量

土的含水量是指土中所含水的质量与土的固体颗粒质量之比，用百分率表示。土的含水量表示土的干湿程度。土的含水量在5%以内，称为干土；土的含水量在5% ~ 30%，称为湿土；土的含水量大于30%，称为饱和土。土的含水量影响土方施工方法的选择、边坡的稳定和回填土的夯实质量。如果土的含水量超过25%，则机械化施工就困难，容易使机械打滑、陷车，因此回填土需有最佳含水量。最佳含水量是指可使填土获得最大密实度的含水量。

（四）土的孔隙比和孔隙率

孔隙比和孔隙率反映了土的密实程度。孔隙比和孔隙率越小，土越密实。孔隙比是指土的孔隙体积与固体体积的比值。孔隙率是指土的孔隙体积与总体积的比值，用百分率表示。

（五）土的渗透性

土的渗透性是指水流通过土中孔隙的难易程度。水在单位时间内穿透土层的能力称为渗透系数，符号为K，单位为m/d。它主要取决于土体的孔隙特征，如孔隙的大小、形状、数量和贯通情况等。

第二节　土方工程量计算及场地土方调配

在丘陵和山区地带，建筑场地往往处在凹凸不平的自然地貌上，开工之前必须通过挖高填低将场地平整。而在场地平整之前，又先要确定场地的设计标高，计算挖、填土方工程量，确定土方平衡调配方案，然后根据工程规模、施工工期、土的工程性质及现有的机械设备条件，选择土方施工机械，拟订施工方案。

一、土方工程施工前的准备工作

土方工程施工前应做好以下准备工作。

（1）场地清理。场地清理包括清理地面及地下各种障碍。在施工前应拆除旧房和古墓，拆除或改建通信、电力设备、地下管线及地下建筑物，迁移树木，去除耕植土及河塘淤泥，等等。

（2）排除地面水。场地内低洼地区的积水必须排除，同时应注意雨水的排除，使场地保持干燥，以便于土方施工。地面水的排除一般要采用排水沟、截水沟、挡水土坝等措施。

（3）修筑好临时道路及供水、供电等临时设施。

（4）做好材料、机具及土方机械的进场工作。

二、场地平整及土方工程量计算

（一）确定场地设计标高

场地设计标高是进行场地平整和土方量计算的依据，也是总体规划和竖向设计的依据。合理地确定场地设计标高，对减少土方量、加速工程速度都有重要的经济意义。当场地设计标高为正常水平线时，填挖方基本平衡，可将土方移挖作填，就地处理；当设计标高比较高时，填方大大超过挖方，则需从场地外大量取土回填；当设计标高比较低时，挖方大大超过填方，则要向场外大量弃土。因此，在确定场地设计标高时，应结合现场的具体条件，反复进行技术与经济的比较，选择最优方案。场地平整设计标高的确定一般有以下两种情况：一种是整体规划设计时确定场地设计标高。此时必须综合考虑以下因素：要能满足生产工艺和运输的要求；要充分利用地形，满足城市或区域地形规划和市政排水的要求；要按照场地内的挖方与填方能达到相互平衡（亦称“挖填平衡”）的原则进行计算，以降低土方运输费用；要有一定泄水坡度（≥2‰），满足排水要求；要考虑最高洪水位的影响。另一种是总体规划没有确定场地设计标高时，按场地内挖填平衡、降低运输费用为原则，确定设计标高，由此来计算场地平整的土方工程量。场地设计标高一般应在设计文件中规定，若设计文件对场地设计标高没有规定时，可按下述步骤来确定场地设计标高。

1.初步确定场地设计标高H_0

初步计算场地设计标高的原则是场内挖填方平衡，即场内挖方总量等于填方总量。在具有等高线的地形图上将施工区域划分为边长a=10～40m的若干方格。确定每个方格的各角点地面标高，一般根据地形图上相邻两等高线的标高，用插入法求得。在无地形图情况下，也可在地面用木桩打好方格网，然后用仪器直接测出方格网各角点标高。有了各方格角点的自然标高后，场地设计标高H_0就可按以下公式计算：

$$H_0=\frac{\sum H_1+2\sum H_2+3\sum H_3+4\sum H_4}{4N} \quad (1\text{–}1)$$

式中：N——方格网内方格个数；

H_1——一个方格仅有的角点标高，m；

H_2——两个方格共有的角点标高，m；

H_3——三个方格共有的角点标高，m；

H_4——四个方格共有的角点标高，m。

2.调整场地设计标高

根据公式1–1初步确定的场地设计标高H_0仅为一理论值，实际上，还需要根据以下因素对其进行调整。

（1）土的可松性影响。由于土具有可松性，会造成填土的多余，故需相应地提高设计标高。

（2）场内挖方和填方的影响。由于场地内大型基坑挖出的土方、修筑路堤填高的土方，以及从经济角度比较，将部分挖方就近弃于场外（简称弃土）或将部分填方就近取土于场外（简称借土）等均会引起挖填土方量的变化，所以必要时需重新调整设计标高。

（3）考虑泄水坡度对设计标高的影响。按调整后的同一设计标高进行场地平整时，整个场地表面处于同一水平面，但实际上由于排水的要求，场地需要一定泄水坡度。平整场地的表面坡度应符合设计要求，如无设计要求时，排水沟方向的坡度应不小于2‰。因此，还需要根据场地的泄水坡度要求（单向泄水或双向泄水），计算出场地内各方格角点实际施工所用的设计标高。

①单向泄水时，场地各点设计标高的求法。当考虑场内挖填平衡的情况下，按公式1–1计算出的初步场地设计标高H_0作为场地中心线的标高。②双向泄水时，场地各点设计标高的求法。其原理与单向泄水相同。

（二）场地土方工程量计算

大面积场地的土方量通常采用方格网法计算，即根据方格网的自然地面标高和实际采用的设计标高，计算出相应的角点挖填高度（施工高度），然后计算出每一方格的土方量，并算出场地边坡的土方量，这样便可得到整个场地的填、挖土方总量。“零线”即挖方区和填方区的分界线，也就是不挖不填的线。零线的确定方法是先求出有关方格边线（此边线的特点是一端为挖，另一端为填）上的“零点”（不挖不填的点），将相邻的零点连接起来，即为零线。

场地内各方格角点的施工高度按以下公式计算：

$$h_n=H_n-H \tag{1–2}$$

式中：h_n——角点施工高度，即填挖高度，以“+”为填，“–”为挖，m；

H_n——角点设计标高，m；

H——角点的自然地面标高，m。

三、土方调配

（一）调配区的划分原则

进行土方调配时，首先要划分调配区。划分调配区应注意下列四点。

（1）调配区的划分应该与工程建（构）筑物的平面位置相协调，并考虑它们的开工顺序、工程的分期施工顺序；

（2）调配区的大小应该满足土方施工主导机械（铲运机、挖土机等）的技术要求；

（3）调配区的范围应该和土方工程量计算用的方格网协调，通常可由若干个方格组成一个调配区；

（4）当土方运距较大或场地范围内土方不平衡时，可根据附近地形，考虑就近取土或就近弃土，这时每个取土区或弃土区都可作为一个独立的调配区。

（二）平均运距的确定

调配区的大小和位置确定之后，便可计算各填、挖方调配区之间的平均运距。当用铲运机或推土机平土时，挖土调配区和填方调配区土方重心之间的距离，通常就是该填、挖方调配区之间的平均运距。当填、挖方调配区之间距离较远，采用汽车、自行式铲运机或其他运土工具沿工地道路或规定线路运土时，其运距应按实际情况进行计算。

（三）土方施工单价的确定

如果采用汽车或其他专用运土工具运土时，调配区之间的运土单价，可根据预算定额确定。当采用多种机械施工时，确定土方的施工单价就比较复杂，因为不仅是单机核算问题，还要考虑运、填配套机械的施工单价，确定一个综合单价。

第三节　土方工程施工方法

一、场地平整施工

（一）施工准备工作

1.场地清理

场地清理包括拆除施工区域内的房屋，拆除或改建通信和电力设施、上下水道及其他建筑物，迁移树木，清除含有大量有机物的草皮、耕植土、河塘淤泥等。

2.修筑临时设施与道路

施工现场所需临时设施主要包括生产性和生活性临时设施。生产性临时设施主要包括混凝土搅拌站、各种作业棚、建筑材料堆场及仓库等，生活性临时设施主要包括宿舍、食堂、办公室、厕所等。开工前还应修筑好施工现场内的临时道路，同时做好现场供水、供电、供气等管线的架设。

（二）场地平整施工方法

场地平整系综合施工过程，它由土方的开挖运输填筑、压实等施工过程组成，其中土方开挖是主导施工过程。土方开挖通常有人工、半机械化、机械化和爆破等数种方法。大面积的场地平整适宜采用大型土方机械，如推土机、铲运机或单斗挖土机等施工。

1.推土机施工

推土机是土方工程施工的主要机械之一，是在履带式拖拉机上安装推土铲刀等工作装置而成的机械。按铲刀的操纵机构不同，分为索式和液压式推土机两种。索式推土机的铲刀借本身自重切入土中，在硬土中切土深度较小。液压式推土机由于用液压操纵，能使铲刀强制切入土中，切入深度较大。同时，液压式推土机铲刀还可以调整角度，具有更大的灵活性，是目前常用的一种推土机。

推土机操纵灵活，运转方便，所需工作面较小，行驶速度快，易于转移，能爬30° 左右的缓坡，因此应用范围较广。推土机适用于开挖一至三类土。它多用于挖土深度不大的场地平整，开挖深度不大于1.5m的基坑，回填基坑和沟槽，堆筑高度在1.5m以内的路基、堤坝，平整其他机械卸置的土堆；推送松散的硬土、岩石和冻土，配合铲运机进行助铲；配合挖土机施工，为挖土机清理余土创造工作面。此外，将铲刀卸下后，还能牵引其他无动力的土方施工机械，如拖式铲运机、松土机、羊足碾等，进行土方其他施工过程的施工。推土机的运距宜在100m以内，效率最高的推运距离为40～60m。为提高生产率，可采用下述方式。

（1）下坡推土。推土机顺地面坡势沿下坡方向推土，借助机械往下的重力作用，可增大铲刀切土深度和运土数量，可提高推土机能力和缩短推土时间，一般可提高生产率30%～40%，但坡度不宜大于15° ，以免后退时爬坡困难。

（2）槽形推土。当运距较远、挖土层较厚时，利用已推过的土槽再次推土，可以减少铲刀两侧土的散漏，这样可提高生产率10%～30%。槽深1m左右为宜，槽间土埂宽约0.5m。在推出多条槽后，再将土埂推入槽内，然后运出。此外，对于推运疏松土壤且运距较大时，还应在铲刀两侧装置挡板，以增加铲刀前土的体积，减少土向两侧散失。在土层较硬的情况下，则可在铲刀前面装置活动松土齿，当推土机倒退回程时，即可将土翻松，这样便可减少切土时阻力，从而可提高切土运行速度。

（3）并列推土。对于大面积的施工区，可用2～3台推土机并列推土。推土时两铲刀相距150～300mm，这样可以减少土的散失而增大推土量，能提高生产率15%～30%。但平均运距不宜超过50～75m，亦不宜小于20m；且推土机数量不宜超过3台，否则倒车不便，行驶不一致，反而影响生产率的提高。

（4）分批集中，一次推送。若运距较远而土质又比较坚硬时，由于切土的深度不大，宜采用多次铲土，分批集中，再一次推送的方法，使铲刀前保持满载，以提高生产率。

2.铲运机施工

铲运机是一种能够独立完成铲土、运土、卸土、填筑、整平的土方机械。按行走机构可分为拖式铲运机和自行式铲运机两种。拖式铲运机由拖拉机牵引，自行式铲运机的行驶和作业都靠本身的动力设备。

铲运机的工作装置是铲斗，铲斗前方有一个能开启的斗门，铲斗前设有切土刀片。切土时，铲斗门打开，铲斗下降，刀片切入土中。铲运机前进时，被切入的土挤入铲斗；铲斗装满土后，提起土斗，放下斗门，将土运至卸土地点。铲运机对行驶的道路要求较低，操纵灵活，生产率较高。铲运机可在一至三类土中直接挖、运土，常用于坡度在20°以内的大面积土方挖、填、平整和压实，大型基坑、沟槽的开挖，路基和堤坝的填筑，不适于砾石层、冻土地带及沼泽地区使用。坚硬土开挖时要用推土机助铲或用松土机配合。

在土方工程中，常使用的铲运机的铲斗容量为2.5～8m³。自行式铲运机适用于运距800～3500m的大型土方工程施工，以运距在800～1500m的生产效率最高；拖式铲运机适用于运距为80～800m的土方工程施工，而运距在200～350m时效率最高。如果采用双联铲运或挂大斗铲运时，其运距可增加到1000m。运距越长，生产率越低。因此，在规划铲运机的运行路线时，应力求符合经济运距的要求。为提高生产率，一般采用下述方法。

（1）合理选择铲运机的开行路线。在场地平整施工中，铲运机的开行路线应根据场地挖、填方区分布的具体情况合理选择，这对提高铲运机的生产率有很大关系。铲运机的开行路线，一般有以下几种。

①环形路线。当地形起伏不大、施工地段较短时，多采用环形路线。环形路线每一循环只完成一次铲土和卸土，挖土和填土交替；挖填之间距离较短时，则可采用大循环路线，一个循环能完成多次铲土和卸土，这样可减少铲运机的转弯次数，提高工作效率。

②"8"字形路线。施工地段较长或地形起伏较大时，多采用"8"字形开行路线。这种开行路线，铲运机在上下坡时是斜向行驶，受地形坡度限制小；一个循环中两次转弯方向不同，可避免机械行驶时的单侧磨损；一个循环完成两次铲土和卸土，减少了转弯次数及空车行驶距离，从而可缩短运行时间，提高生产率。尚需指出，铲运机应避免在转弯时铲土，否则铲刀受力不均易引起翻车事故。因此，为了充分发挥铲运机的效能，保证能在直线段上铲土并装满土斗，要求铲土区应有足够的最小铲土长度。

（2）下坡铲土。铲运机利用地形进行下坡推土，借助铲运机的重力加深铲斗切土深度，缩短铲土时间。但纵坡不得超过25°，横坡不大于5°。铲运机不能在陡坡上急转弯，以免翻车。

（3）跨铲法。铲运机间隔铲土，预留土埂，这样在间隔铲土时形成一个土槽，可减少向外的撒土量；铲土埂时，铲土阻力减小。一般土埂高不大于300mm，宽度不大于拖拉机两履带间净距。

（4）推土机助铲。地势平坦、土质较坚硬时，可用推土机在铲运机后面顶推，以加大铲刀切土能力，缩短铲土时间，提高生产率。推土机在助铲的空隙可兼做松土或平整工作，为铲运机创造作业条件。

（5）双联铲运法。当拖式铲运机的动力有富裕时，可在拖拉机后面串联两个铲斗进行双联铲运。对坚硬土层，可用双联单铲，即一个土斗铲满后，再铲另一斗土；对松软土层，则可用双联双铲，即两个土斗同时铲土。

（6）挂大斗铲运。在土质松软地区，可改挂大型铲土斗，以充分利用拖拉机的牵引力来提高工效。

3.单斗挖土机施工

单斗挖土机是基坑（槽）土方开挖常用的一种机械，按其行走装置的不同分为履带式和轮胎式两类。根据工作需要，其工作装置可以更换。依其工作装置的不同，分为正铲、反铲、拉铲和抓铲四种。

（1）正铲挖土机。正铲挖土机的挖土特点是：前进向上，强制切土。它适用于开挖停机面以上的一至三类土，且需与运土汽车配合完成整个挖运任务，其挖掘力大，生产率高。开挖大型基坑时需设坡道，挖土机在坑内作业，因此适宜在土质较好、无地下水的地区工作。当地下水位较高时，应采取降低地下水位的措施，把基坑土疏干。根据挖土机的开挖路线与汽车相对位置不同，其卸土方式有侧向卸土和后方卸土两种。

①正向挖土，侧向卸土。正向挖土，侧向卸土即挖土机沿前进方向挖土，运输车辆停在侧面卸土（可停在停机面上或高于停机面）。此法挖土机卸土时动臂转角小，运输车辆行驶方便，故生产效率高，应用较广。

②正向挖土，后方卸土。正向挖土，后方卸土即挖土机沿前进方向挖土，运输车辆停在挖土机后方装土。此法挖土机卸土时动臂转角大，生产率低，运输车辆要倒车进入。一般在基坑窄而深的情况下采用。

挖土机的工作面是指挖土机在一个停机点进行挖土的工作范围。工作面的形状和尺寸取决于挖土机的性能和卸土方式。根据挖土机作业方式的不同，挖土机的工作面分为侧工作面与正工作面两种。挖土机侧向卸土方式就构成了侧工作面，根据运输车辆与挖土机的停放标高是否相同又分为高卸侧工作面（车辆停放处高于挖土机停机面）及平卸侧工作面（车辆与挖土机在同一标高）。

在正铲挖土机开挖大面积基坑时，必须对挖土机作业时的开行路线和工作面进行设计，确定出开行次序和次数，称为开行通道。当基坑开挖深度较小时，可布置一层开行通道，基坑开挖时，挖土机开行3次。第一次开行采用正向挖土、后方卸土的作业方式，为正工作面；挖土机进入基坑要挖坡道，坡道的坡度为1∶8左右。第二、三次开行时采用侧方卸土的平侧工作面。

当基坑宽度稍大于正工作面的宽度时，为了减少挖土机的开行次数，可采用加宽工作面的办法，挖土机按Z字形路线开行。当基坑的深度较大时，则开行通道可布置成多层，即为三层通道的布置。

（2）反铲挖土机。反铲挖土机的挖土特点是：后退向下，强制切土。其挖掘力比正铲小，能开挖停机面以下的一至三类土（机械传动反铲只宜挖一至二类土）；不需设置进出口通道，适用于一次开挖深度在4m左右的基坑、基槽、管沟，也可用于地下水位较高的土方开挖。在深基坑开挖中，依靠止水挡土结构或井点降水，反铲挖土机通过下坡道，采用台阶式接力方式挖土也是常用方法。反铲挖土机可以与自卸汽车配合，装土运走，也可弃土于坑槽附近。反铲挖土机的作业方式可分为沟端开挖和沟侧开挖两种。

①沟端开挖。沟端开挖即挖土机停在基坑（槽）的端部，向后倒退挖土，汽车停在基槽两侧装土。其优点是挖土机停放平稳，装土或甩土时回转角度小，挖土效率高，挖的深度和宽度也较大。基坑较宽时，可多次开行开挖。

②沟侧开挖。沟侧开挖即挖土机沿基槽的一侧移动挖土，将土弃于距基槽较远处。沟侧开挖时开挖方向与挖土机移动方向相垂直，因此稳定性较差，而且挖的深度和宽度均较小。此法一般只在无法采用沟端开挖或挖土不需运走时采用。

（3）拉铲挖土机。拉铲挖土机的土斗用钢丝绳悬挂在挖土机长臂上，挖土时土斗在自重作用下落到地面切入土中。其挖土特点是：后退向下，自重切土。其挖土深度和挖土半径均较大，能开挖停机面以下的一至二类土，但不如反铲动作灵活准确。其适用于开挖较深较大的基坑（槽）、沟渠，挖取水中泥土以及填筑路基、修筑堤坝，等等。履带式拉铲挖土机的挖斗容量有$0.35m^3$、$0.5m^3$、$1m^3$、$1.5m^3$、$2m^3$等几种。拉铲挖土机的开挖方式与反铲挖土机的开挖方式相似，可沟侧开挖，也可沟端开挖。

（4）抓铲挖土机。履带式抓铲挖土机是在挖土机臂端用钢丝绳吊装一个抓斗。其挖土特点是：直上直下，自重切土。其挖掘力较小，能开挖停机面以下的一至二类土。其适用于开挖软土地基基坑，特别是窄而深的基坑、深槽、深井；抓铲还可用于疏通旧有渠道以及挖取水中淤泥等，或用于装卸碎石、矿渣等松散材料。抓铲也有采用液压传动操纵抓斗作业，其挖掘力和精度优于机械传动抓铲挖土机。

（5）挖土机和运土车辆配套的选型。基坑开挖采用单斗（反铲等）挖土机施工时，需用运土车辆配合，将挖出的土随时运走。因此，挖土机的生产率不仅取决于其本身的技术性能，还应与所选运土车辆的运土能力相协调。为使挖土机充分发挥生产能力，应配备足够数量的运土车辆，以保证挖土机连续工作。

二、土方开挖

（一）定位与放线

土方开挖前，要做好建筑物的定位放线工作。

1.建筑的定位

建筑物定位是将建筑物外轮廓的轴线交点测定到地面上，用木桩标定出来，桩顶钉上小钉指示点位，这些桩称为角桩。然后根据角桩进行细部测设。为了方便恢复各轴线位置，要把主要轴线延长到安全地点并做好标志，称为控制桩。为便于开槽后在施工各阶段确定轴线位置，应把轴线位置引测到龙门板上，用轴线钉标定。龙门板顶部标高一般定在+0.00m，主要是便于施工时控制标高。

2.放线

放线是根据定位确定的轴线位置，用石灰画出开挖的边线。开挖上口尺寸应根据基础的设计尺寸和埋置深度、土壤类别及地下水情况确定，并确定是否留工作面和放坡等。

3.开挖中的深度控制

基槽（坑）开挖时，严禁扰动基层土层，破坏土层结构，降低承载力。要加强测量，以防超挖。控制方法为：在距设计基底标高300～500mm时，及时用水准仪抄平，打上水平控制桩，作为挖槽（坑）时控制深度的依据。当开挖不深的基槽（坑）时，可在龙门板顶面拉上线，用尺子直接量开挖深度；当开挖较深的基坑时，用水准仪引测槽（坑）壁水平桩，一般距槽底300mm，沿基槽每3～4m钉设一个。使用机械挖土时，为防止超挖，可在设计标高以上保留200～300mm土层不挖，而改用人工挖土。

（二）土方开挖

基础土方的开挖方法有人工挖方和机械挖方两种，应根据基础特点、规模、形式、深度以及土质情况和地下水位，结合施工场地条件确定。一般大中型工程基坑土方量大，宜使用土方机械施工，配合少量人工清槽；小型工程基槽窄，土方量小，宜采用人工或人工配合小型挖土机施工。

1.人工开挖

（1）在基础土方开挖之前，应检查龙门板、轴线桩有无位移现象，并根据设计图纸校核基础灰线的位置、尺寸、龙门板标高等是否符合要求。

（2）基础土方开挖应自上而下分步分层下挖，每步开挖深度约300mm，每层深度以600mm为宜，按踏步形逐层进行剥土；每层应留足够的工作面，避免相互碰撞出现安全事故；开挖应连续进行，尽快完成。

（3）挖土过程中，应经常按事先给定的坑槽尺寸进行检查。尺寸不够时对侧壁土及时进行修挖，修挖槽应自上而下进行，严禁从坑壁下部掏挖“神仙土”（挖空底脚）。

（4）所挖土方应两侧出土，抛于槽边的土方距离槽边1m、堆高1m为宜，以保证边坡稳定，防止因压载过大而产生塌方。除留足所需的回填土外，多余的土应一次运至用土处或弃土场，避免二次搬运。

（5）挖至距槽底约500mm时，应配合测量放线人员抄出距槽底500mm的水平线并沿槽边每隔3～4m钉水平标高小木桩。应随时检查槽底标高，开挖不得低于设计标高。如个别处超挖，应用与基土相同的土料填补，并夯实到要求的密实度。或用碎石类土填补，并仔细夯实。如在重要部位超挖时，可用低强度等级的混凝土填补。

（6）如开挖后不能立即进行下一工序或在冬、雨期开挖，应在槽底标高以上保留150～300mm不挖，待下道工序开始前再挖。冬期开挖，每天下班前应挖一步虚土并盖草帘等保温，尤其是挖到槽底标高时，地基土不准受冻。

2.机械挖方

（1）点式开挖。厂房的柱基或中小型设备基础坑，因挖土量不大，基坑坡度小，机械只能在地面上作业，一般多采用抓铲挖土机或反铲挖土机。抓铲挖土机能挖一、二类土和较深的基坑，反铲挖土机适于挖四类以下土和深度在4m以内的基坑。

（2）线式开挖。大型厂房的柱列基础和管沟基槽截面宽度较小，有一定长度，适于机械在地面上作业，一般多采用反铲挖土机。如基槽较浅，又有一定宽度，土质干燥时也可采用推土机直接下到槽中作业，但基槽需有一定长度并设上下坡道。

（3）面式开挖。有地下室的房屋基础、箱形和筏形基础、设备与柱基础密集，采取整片开挖方式时，除可用推土机、铲运机进行场地平整和开挖表层外，多采用正铲挖土机、反铲挖土机或拉铲挖土机开挖。用正铲挖土机工效高，但需有上下坡道，以便运输工具驶入坑内，还要求土质干燥；反铲和拉铲挖土机可在坑上开挖，运输工具可不驶入坑内，坑内土潮湿也可以作业，但工效比正铲低。

三、土方的填筑

为了保证填土工程的质量，必须正确选择土料和填筑方法。对填方土料应按设计要求验收后方可填入。如设计无要求，一般按下述原则进行：碎石类土砂土（使用细、粉砂时应取得设计单位同意）和爆破石渣可用作表层以下的填料；含水量符合压实要求的黏性土，可用作各层填料；碎块草皮和有机质含量大于8%的土，仅用于无压实要求的填方。含大量有机物的土，容易降解变形而降低承载能力；含水溶性硫酸盐大于5%的土，在地下水作用下，硫酸盐会逐渐溶解消失，形成孔洞而影响密实性，因此这两种土以及淤泥和淤泥质土、冻土、膨胀土等均不应作为填土。

填土应分层进行，并尽量采用同类土填筑。如采用不同土填筑时，应将透水性较大的土层置于透水性较小的土层之下，不能将各种土混杂在一起使用，以免填方内形成水囊。碎石类土或爆破石渣做填料时，其最大粒径不得超过每层铺土厚度的2/3，使用振动碾时，不得超过每层铺土厚度的3/4；铺填时，大块料不应集中，且不得填在分段接头或填方与山坡连接处。当填方位于倾斜的山坡上时，应将斜坡挖成阶梯状，以防填土横向移动。回填基坑和管沟时，应从四周或两侧均匀地分层进行，以防基础和管道在土压力作用下产生偏移或变形。回填以前，应清除填方区的积水和杂物，如遇软土、淤泥，必须进行换土回填。在回填时，应防止地面水流入，并预留一定的下沉高度（一般不得超过填方高度的3%）。

第四节　基坑开挖与支护

场地平整工程完成后的后续工作就是基坑（槽）的开挖。在开挖基坑（槽）之前，首先应根据相关施工规范、规程和现场的地质水文情况确定边坡坡度，制定边坡稳定措施，再进行基坑（槽）的土方工程量计算，然后现场定位放线，实施开挖，最后验槽。

一、土方边坡

（一）边坡坡度

在开挖基坑、沟槽或填筑路堤时，为了防止塌方，保证施工安全及边坡稳定，其边沿应考虑放坡。土方边坡的坡度用土方挖方深度h与底宽b之比表示。土方开挖或填筑的边坡可以做成直线形、折线形和阶梯形。土方边坡的大小主要与土质、开挖深度、开挖方法、边坡留置时间的长短、边坡附近的各种荷载状况及排水情况有关。

当地质条件良好、土质均匀且地下水位低于基坑（槽）或管底面标高时，挖方边坡可做成直立壁（不放坡）不加支撑，但不宜超过下列规定。

（1）密实、中密的砂土和碎石类土（充填物为砂土），不超过1.0m。

（2）硬塑、可塑的轻亚黏土及亚黏土，不超过1.25m。

（3）硬塑、可塑的黏土和碎石类土（填充物为黏性土），不超过1.5m。

（4）坚硬的黏土，不超过2.0m。

挖方深度超过上述规定时，应考虑放坡或做直立壁加支撑。

（二）边坡稳定

一般情况下，应对土方边坡做稳定性分析，即在一定开挖深度及坡顶荷载下，选择合适的边坡坡度，使土体抗剪切破坏有足够的安全度，而且其变形不应超过某一容许值。施工中除应正确确定边坡外，还要进行护坡，以防边坡发生滑动。土坡的滑动一般是指土方边坡在一定范围内整体地沿某一滑动面向下和向外移动而丧失其稳定性。因此，土体的稳定条件是：在土体的重力及外部荷载作用下所产生的剪应力小于土体的抗剪强度。

土体的下滑在土体中产生剪应力，引起下滑力增加的因素主要有：坡顶上堆物、行车等荷载，边坡太陡，挖深过大，雨水或地面水渗入土中使土的含水量提高而使土的自重增加，地下水的渗流产生一定的动水压力，土体竖向裂缝中的积水产生侧向静水压力，等等。引起土体抗剪强度降低的因素主要有：气候的影响使土质松软，土体内含水量增加而产生润滑作用，饱和的细砂、粗砂受振动而液化，等等。

（三）边坡护面措施

基坑（槽）或管沟挖好后，应及时进行基础工程或地下结构工程施工。在施工过程中，应经常检查坑壁的稳定情况。当开挖基坑较深或暴露时间较长时，应根据实际情况采取护面措施。常用的坡面保护方法有薄膜或砂浆覆盖、挂网或挂网抹砂浆护面、钢丝网混凝土或钢筋混凝土护面、土袋或砌石压坡护面等。

二、基坑（槽）支护

开挖基坑（槽）时，若地质条件及周围环境许可，采用放坡开挖是较经济的。但在建筑稠密地区施工，或有地下水渗入基坑（槽）时，往往不可能按要求的坡度放坡开挖，这就需要进行基坑（槽）支护，以保证施工安全，并减少对相邻建筑、管线等的不利影响。基坑（槽）支护结构的主要作用是支撑土壁。此外，地下连续墙、钢板桩及水泥土搅拌桩等围护结构还兼有不同程度的隔水作用。基坑（槽）支护结构的形式有多种，常用的有横撑式支撑、土钉支护、地下连续墙和型钢水泥土搅拌墙等。

（一）横撑式支撑

开挖较窄的沟槽，多用横撑式土壁支撑。横撑式土壁支撑根据挡土板的不同，分为水平挡土板式和垂直挡土板式两类。水平挡土板的布置又分间断式和连续式两种。湿度小的黏性土，挖土深度小于3m时，可用间断式水平挡土板支撑；对松散、湿度大的土可用连续式水平挡土板支撑，挖土深度可达5m。对松散和湿度很高的土可用垂直挡土板式支撑，挖土深度不受限制。采用横撑式支撑时，应随挖随撑，支撑要牢固。施工中应经常检查，如有松动、变形等现象时，应及时加固或更换。支撑的拆除应按回填顺序依次进行，多层支撑应自下而上逐层拆除，随拆随填。

（二）土钉支护施工

基坑开挖的坡面上，采用机械钻孔，孔内放入钢筋注浆，在坡面上安装钢筋网，喷射厚度为80～200mm的C20混凝土，使土体、钢筋与喷射混凝土面结合为一体，强化土体的稳定性。这种深基坑的支护结构称为土钉支护，又称喷锚支护、土钉墙。

1.土钉支护的适用条件

土钉支护一般适用于地下水位以上或进行人工降水后的可塑、硬塑或坚硬的黏性土，胶结或弱胶结（包括毛细水黏结）的粉土、砂土和角砾填土；随着土钉支护理论与施工技术的不断成熟，在经过大量工程实践后，土钉支护在杂填土、松散砂土、软塑或流塑土、软土中也得以应用，并可与混凝土灌注桩、钢板桩或在地下水位以上的土层与止水帷幕等配合使用进行支护，扩大了土钉支护的适用范围。采用土钉支护的基坑深度不宜超过18m。

2.土钉支护的构造和特点

（1）土钉支护的构造

①土钉采用直径为16～32mm的II级以上的螺纹钢筋，长度为开挖0.5～1.2倍，间距为1～2m，与水平面夹角一般为5° ～20° 。

②钢筋网采用直径为6～10mm的I级钢筋，间距为150～300mm。

③混凝土面板采用喷射混凝土，其强度等级不低于C20，厚度为80～200mm，常用100mm。

④注浆采用强度不低于20MPa的水泥浆或水泥砂浆。

⑤承压板采用螺栓将土钉和混凝土面层有效地连接成整体。

（2）土钉支护的特点

①能合理地利用土体的自承能力，将土体作为支护结构不可分割的一部分。

②结构轻型，柔性大，有良好的抗震性和延性。

③施工便捷、安全。土钉的制作与成孔简单易行，且灵活机动，便于根据现场监测的变形数据和特殊情况，及时变更设计。

④施工不需要单独占用场地。对于施工场地狭小、放坡困难、有相邻建筑、大型护坡施工设备不能进场的场地，该技术有独特的优越性。

⑤稳定可靠。支护后边坡位移小，水平位移一般为基坑深度的0.1%～0.2%，最大不超过0.3%，超载能力强。

⑥总工期短，可以随开挖随支护，基本不占用施工工期。

⑦费用低、经济。与其他支护类型相比，工程造价能降低10%～40%。

3.土钉支护的施工

（1）工序

编写施工方案及施工准备开挖→清理边坡→孔位布点→成孔→安设土钉钢筋（钢管）→注浆→铺设钢筋网→喷射混凝土面层→下一步开挖。

（2）施工工艺

①准备工作。认真学习规范，熟悉设计图纸，以书面形式让甲方出具地下障碍物、管线位置图，了解工程的质量要求以及施工中的监控内容，编写施工方案。.

②开挖。土钉支护应按施工方案规定的分层开挖深度按作业顺序施工，在完成上层作业面的土钉与喷射混凝土以前，不得进行下一层深度的开挖；当用机械进行土方作业时，严禁边壁出现超挖或造成边壁土体松动；当基坑边线较长，可分段开挖，开挖长度为10～20m；为防止基坑边坡的裸露土体发生塌陷，对于易坍塌的土体应因地制宜地采取相应措施。

③孔位布点。土钉成孔前，应按设计要求定出孔位并做出标记编号。孔位的允许偏差不大于150mm。

④成孔。根据经验与现场试验，一般采用人工洛阳铲成孔，孔径、孔深、孔距、倾角必须满足设计标准，其误差应符合《基坑土钉支护技术规程》（CECS96：97）的要求。

⑤置钉。在直径为16～32mm的II级或I级钢筋上设置定位架，保证钢筋处于孔中心位置，支架沿钉长的间距为2～3m，支架的构造应不妨碍注浆时浆液的自由流动。

⑥注浆。成孔后应及时将土钉钢筋置入孔中，可采用重力、低压（0.4～0.6MPa）或高压（1～2MPa）方法按配比将水泥浆或砂浆注入孔内。

⑦铺设钢筋网。钢筋网可采用直径为6～10mm的盘条钢筋焊接或绑扎而成，网格尺寸为150～300mm。在喷射混凝土之前，面层内的钢筋网应牢固固定在边壁上并符合规定要求的保护层厚度。钢筋网片可用插入土中的钢筋固定，在混凝土喷射时不应出现振动。

⑧喷射混凝土面层。喷射混凝土的喷射顺序应自下而上；为保证喷射混凝土的厚度，可用插入土内用以固定钢筋网片的钢筋作为标志加以控制；喷射混凝土终凝后2h，应根据当地条件，采取连续喷水养护5～7d；土钉支护最后一步的喷射混凝土面层宜插入基坑底部以下，深度不小于0.2m，在基坑顶部也宜设置宽度为1～2m的喷射混凝土护顶。

⑨排水系统。土钉支护宜在排除地下水的条件下施工。应采取的排水措施包括地表排水、支护内部排水以及基坑排水，以避免土体处于饱和状态，并减轻作用于面层上的静水压力。

（三）地下连续墙施工

地下连续墙是在地面上采用一种挖槽机械，沿着深开挖工程的周边轴线，在泥浆护壁条件下，开挖出一条狭长的深槽，清槽后，在槽内吊放钢筋笼，然后用导管法灌筑水下混凝土筑成一个单元槽段；如此逐段进行，在地下筑成一道连续的钢筋混凝土墙壁，作为截水、防渗、承重、挡水结构。若将用作支护挡墙的地下连续墙又作为建筑物地下室或地下构筑物的结构外墙，即所谓的“两墙合一”，则经济效益更加显著。

1.地下连续墙的特点

地下连续墙之所以能得到如此广泛的应用和其具有的优点是分不开的。地下连续墙的优点如下。

（1）施工时振动小，噪声低，非常适于在城市施工。

（2）墙体刚度大。用于基坑开挖时，可承受很大的土压力，极少发生地基沉降或塌方事故，已经成为深基坑支护工程中必不可少的挡土结构。

（3）防渗性能好。由于墙体接头形式和施工方法的改进，地下连续墙几乎不透水。

（4）可用于逆做法施工。地下连续墙刚度大，易于设置埋设件，很适合逆做法施工。

（5）适用于多种地基条件。地下连续墙对地基的适用范围很广，从软弱的冲积地层到中硬的地层、密实的砂砾层，各种软岩和硬岩的地基都可以建造地下连续墙。

（6）可用作刚性基础。目前地下连续墙不再单纯作为防渗防水、深基坑维护墙，而是越来越多地用地下连续墙代替桩基础、沉井或沉箱基础，承受更大荷载。

（7）用地下连续墙做土坝、尾矿坝和水闸等水工建筑物的垂直防渗结构，是非常安全和经济的。

（8）占地少，可以充分利用建筑红线以内有限的地面和空间，充分发挥投资效益。

（9）工效高、工期短、质量可靠、经济效益高。

但地下连续墙也存在以下一些不足：在一些特殊的地质条件下（如很软的淤泥质土、含漂石的冲积层和超硬岩石等），施工难度很大，如果施工方法不当或施工地质条件特殊，可能出现相邻墙段不能对齐和漏水的问题。地下连续墙如果用作临时的挡土结构，比其他方法的费用要高些。在城市施工时，废泥浆的处理比较麻烦。

2.地下连续墙的施工

（1）工序

施工前的准备工作→修筑导墙→泥浆护壁→挖深槽→清底→钢筋笼加工与吊放→混凝土浇筑。

（2）施工工艺

①施工前的准备工作。在进行地下连续墙设计和施工之前，必须认真对施工现场的情况和工程地质、水文地质情况进行调查研究，以确保施工的顺利进行。

②修筑导墙。导墙是地下连续墙挖槽之前修筑的临时结构，对挖槽起重要作用。导墙的作用是：为地下连续墙定位置、定标高；成槽时为挖槽机定向；储存和排泄泥浆，防止雨水混入；稳定泥浆；支撑挖槽机具钢筋笼和接头管、混凝土导管等设备的施工重量；保持槽顶面土体的稳定，防止土体塌落。

现浇钢筋混凝土导墙施工顺序是：平整场地→测量定位→挖槽及处理弃土→绑扎钢筋→支模板→浇筑混凝土→拆模并设置横撑→导墙外侧回填土（如无外侧模板不进行此项工作）。

③泥浆护壁。地下连续墙的深槽是在泥浆护壁下进行挖掘的。泥浆在成槽过程中有护壁、携渣、冷却和润滑的作用。

④挖深槽。挖深槽的主要工作包括单元槽段划分、挖槽机械的选择与正确使用、制定防止槽壁坍塌的措施和特殊情况的处理等。

地下连续墙施工时，预先沿墙体长度方向把地下墙划分为多个某种长度的“单元槽段”。单元槽段的最小长度不得小于一个挖掘段，即不得小于挖掘机械的挖土工作装置的一次挖土长度。在地下连续墙施工中常用的挖槽机械，按其工作机理主要分为挖斗式、回转式和冲击式三大类。

挖斗式挖槽机是以斗齿切削土体，切削下来的土体收容在斗体内，再从勾槽内提出地面开斗卸土，然后又返回勾槽内挖土，如此重复进行挖槽。为保证挖掘方向，提高成槽精度，可采用以下两种措施：一种是在抓斗上部安装导板，即成为国内常用的导板抓斗；另一种是在挖斗上装长导杆，导杆沿着机架上的导向立柱上下滑动，成为液压抓斗，这样既保证了挖掘方向，又增加了斗体自重，提高了对土的切入力。回转式挖槽机是以回转的钻头切削土体进行挖掘，钻下的土渣随循环的泥浆排出地面。按照钻头数目，回转式挖槽机分为单头钻和多头钻，单头钻主要用来钻导孔，多头钻用来挖槽。目前，我国使用的冲击式挖槽机主要是钻头冲击式，它是通过各种形状钻头的上下运动，冲击破碎土层，借助泥浆循环把土渣携出槽外。它适用于黏性土、硬土和夹有孤石等较为复杂的地层情况。钻头冲击式挖槽机的排土方式有正循环方式和反循环方式两种。

⑤清底。在挖槽结束后清除槽底沉淀物的工作称为清底。常用的清除沉渣的方法有砂石吸力泵排泥法、潜水泥浆泵排泥法、抓斗直接排泥法。清底后，槽内泥浆的相对密度应在1.15以下。清底一般安排在插入钢筋笼之前进行。单元槽段接头部位附着的土渣和泥皮会显著降低接头处的防渗性能，宜用刷子刷除或用水枪喷射高压水流进行冲洗。

⑥钢筋笼加工与吊放。钢筋笼根据地下连续墙墙体配筋图和单元槽段的划分来制

作。单元槽段的钢筋笼应装配成一个整体；必须分段时宜采用焊接或机械连接，接头位置宜选在受力较小处，并相互错开。

⑦混凝土浇筑。混凝土配合比的设计与灌注桩导管法相同。地下连续墙的混凝土浇筑机具可选用履带式起重机、卸料翻斗、混凝土导管和储料斗，并配备简易浇筑架，一起组成一套设备。为了便于混凝土向料斗供料和装卸导管，还可以选用混凝土浇筑机架进行地下连续墙的浇筑。机架可以在导墙上沿轨道行驶。

（四）SMW工法

SMW（Soil，Mixing，Wall）工法亦称型钢水泥土搅拌桩墙，即在水泥土桩内插入H型钢（多数为H型钢，亦有插入拉森式钢板桩、钢管等）等，将承受荷载与防渗挡水结合起来，使之成为同时具有受力与抗渗两种功能的支护结构的围护墙。SMW工法是利用专门的多轴搅拌机就地钻进切削土体，同时在钻头端部将水泥浆液注入土体，经充分搅拌混合后，在各施工单位之间采取重叠搭接施工，在水泥土混合体未结硬前再将H型钢或其他型材插入搅拌桩体内，形成具有一定强度和刚度的、连续完整的、无接缝的地下连续墙体，该墙体可作为地下开挖基坑的挡土和止水结构。

1.SMW工法的特点

（1）施工不扰动邻近土体，不会产生邻近地面下沉、房屋倾斜、道路裂损及地下设施移位等危害。

（2）钻杆具有螺旋推进翼相间设置的特点，随着钻掘和搅拌反复进行，可使水泥系强化剂与土得到充分搅拌，而且墙体全长无接缝，它比传统的连续墙具有更可靠的止水性。

（3）它可在黏性土、粉土、砂土、砂砾土等土层中应用。

（4）可成墙厚度550～1300mm，常用厚度600mm；成墙最大深度为65m，若地质条件允许可施工至更深。

（5）所需工期较其他工法短。在一般地质条件下，为地下连续墙的三分之一。

（6）废土外运量远比其他工法少。

SMW工法在一定条件下可代替作为地下围护的地下连续墙。由于四周可不作防护，型钢又可回收，造价明显降低；不仅加快工程进度，而且能取得良好的经济效益和社会效益。

2.SMW工法的施工

（1）工序

施工场地平整→开挖导沟→桩机定位→水泥浆液拌制→搅拌桩机钻杆下沉与提升→注浆、搅拌、提升型钢插入与拔除等。

（2）施工工艺

①施工场地平整。平整施工场地，清除一切地面和地下障碍物；当施工场地表面过软时，采取铺设路基箱的措施防止施工机械失稳；在接近边坡施工时，采取井点降水措施确保边坡的稳定。

②开挖导沟。在三轴搅拌桩施工过程中会涌出大量的置换土，为了保证桩机的安全移位和施工现场的整洁，需要使用挖机在搅拌桩桩位上预先开挖沟槽。沟槽宽约1.2m，深约1.5m。在施工现场还需制作一集土坑，将三轴搅拌桩施工过程中置换的土体泥浆置于其内，待泥浆稍干后外运。

③桩机定位。用卷扬机和人力移动搅拌桩机到达作业位置，并调整桩架垂直度超过0.5%。桩机移位由当班机长统一指挥，移动前必须仔细观察现场情况，移位要做到平稳、安全。桩机定位后，由当班机长负责对桩机桩位进行复核，偏差不得大于20mm。

④水泥浆液拌制。施工前应搭建好可存放200t水泥的搅拌平台，对全体工人做好详细的施工技术交底工作，水泥浆液的水灰比严格控制在1.6～2.0。

⑤搅拌桩机钻杆下沉与提升。启动电动机，根据土质情况计算速率，放松卷扬机使搅拌头自上而下切土拌和下沉，直到钻头下沉钻进至桩底标高。按照搅拌桩施工工艺要求，钻杆在下沉和提升时均需注入水泥浆液。钻杆提升速度不得大于2m/min，按照技术交底要求均匀、连续注入拌制好的水泥浆液。钻杆提升完毕时，设计水泥浆液全部注完。搅拌桩施工结束。

⑥注浆搅拌、提升。开动灰浆泵，待纯水泥浆到达搅拌头后，按计算要求的速度提升搅拌头，边注浆、边搅拌、边提升，使水泥浆和原地基土充分拌和，直提升到离地面50cm处或桩顶设计标高后再关闭灰浆泵。

⑦型钢的制作与插入起拔。施工中采用工字钢，对接采用内菱形接桩法。为保证型钢表面平整光滑，其表面平整度控制在1%以内，并应在菱形四角留ф10小孔。型钢拔出，减摩剂至关重要。型钢表面应除锈，并在干燥条件下涂抹减摩剂，搬运使用应防止碰撞和强力擦挤，且搅拌桩顶制作围檩前，事先用牛皮纸将型钢包裹好进行隔离，以利于拔桩。型钢应在水泥土初凝前插入。插入前应校正位置，设立导向装置，以保证垂直度小于1%。插入过程中，必须吊直型钢，尽量靠自重压沉。若压沉无法到位，再开启振动下沉至标高。

型钢回收。采用2台液压千斤顶组成的起拔器夹持型钢顶升，使其松动，然后采用振动锤，利用振动方式或履带式吊车强力起拔，将H型钢拔出。其采用边拔型钢边进行注浆充填空隙的方法进行施工。

三、基坑（槽）开挖施工

土方开挖应遵循“开槽支撑，先撑后挖，分层开挖，严禁超挖”的原则。

在开挖基坑（槽）时应按规定的尺寸合理确定开挖顺序和分层开挖深度，连续地进行施工，尽快地完成。因土方开挖施工要求标高、断面准确，土体应有足够的强度和稳定性，所以在开挖过程中要随时注意检查。挖出的土除预留一部分用作回填外，不得在场地内任意堆放，应把多余的土运到弃土地区，以免妨碍施工。为防止坑壁滑坡，根据土质情况及坑（槽）深度，在坑顶两边的一定距离（一般为0.8m）内不得堆放弃土，在此距离外堆土高度不得超过1.5m；否则，应验算边坡的稳定性。在桩基周围、墙基或围墙一侧，不得堆土过高。在坑边放置有动载的机械设备时，也应根据验算结果，与坑边保持较远的距离；如地质条件不好，还应采取加固措施。为了防止底土（特别是软土）受到浸水或其他原因的扰动，在基坑（槽）挖好后，应立即做垫层或浇筑基础；否则，挖土时应在基底高以上保留150～300mm厚的土层，待基础施工时再行挖去。如果用机械挖土，为防止基底土被扰动，结构被破坏，不应直接挖到坑（槽）底，应根据机械种类，在基底标高以上留出200～300mm厚的土层，待基础施工前用人工铲平修整。挖土时不得超过基坑（槽）的设计标高，如个别处超挖，应用与基土相同的土料填补，并夯实到要求的密实度；如果用原土填补不能达到要求的密实度时，应用碎石类土填补，并仔细夯实。如果重要部位被超挖，可用低强度等级的混凝土填补。

在软土地区开挖基坑（槽）时，应符合下列规定。

（1）施工前必须做好地面排水或降低地下水位的工作。地下水位应降低至基坑底以下0.5～1.0m后方可开挖。降水工作应持续到回填完毕。

（2）施工机械行驶的道路应填筑适当厚度的碎石或砾石，必要时应铺设工具式路基箱（板）或梢排等。

（3）相邻基坑（槽）开挖时，应遵循先深后浅或同时进行的施工顺序，并应及时做好基础。

（4）在密集群桩上开挖基坑时，应在打桩完成后间隔一段时间，再对称挖土。在密集群桩附近开挖基坑（槽）时，应采取措施防止桩基发生位移。

（5）挖出的土不得堆放在坡顶上或建筑物（构筑物）附近。

基坑（槽）开挖有人工开挖和机械开挖两种方式。对于大型基坑应优先考虑选用机械开挖，以加快施工进度。

深基坑应采用“分层开挖，先撑后挖”的开挖方法。在基坑正式开挖之前，先将第一层地表土挖运出去，浇筑锁口圈梁，进行场地平整和基坑降水等准备工作，安设第一道支撑（角撑），并施加预顶轴力，然后开挖第二层土到-4.5m。再安设第二道支撑，待双向支撑全面形成并施加轴力后，挖土机和运土车下坑在第二道支撑上部（铺路基箱）开始挖第三层土，并采用台阶式“接力”方式挖土，一直挖到坑底。第三道支撑应随挖随撑，逐步形成。最后用抓斗式挖土机在坑外挖两侧土坡的第四层土。

在深基坑开挖过程中，随着土的挖除，下层土因逐渐卸载而有可能回弹，尤其在基坑挖至设计标高后，如果搁置时间过久，回弹更为显著。如弹性隆起在基坑开挖和基础工程初期发展很快，它将加大建筑物的后期沉降。因此，对深基坑开挖后的土体回弹，应有适当的估计，如在勘察阶段，土样的压缩试验中应补充卸荷弹性试验等。还可以采取结构措施，在基底设置桩基等，或事先对结构下部土质进行深层地基加固。在施工中减少基坑弹性隆起的一个有效方法是把土体中有效应力的改变降低到最少。具体方法有加速建造主体结构，或逐步利用基础的重量来代替被挖去土体的重量。

第五节　施工排水与降水

在基坑开挖前，应做好地面排水和降低地下水位工作。开挖基坑或沟槽时，土的含水层被切断，地下水会不断地渗入基坑。雨季施工时，地面水也会流入基坑。为了保证施工的正常进行，防止边坡塌方和地基承载力下降，在基坑开挖前和开挖时必须做好排水降水工作。基坑排水降水方法可分为明排水法和地下水控制。

一、明排水法

明排水法（集水井降水法）是采用截、疏、抽的方法来进行排水，即在开挖基坑时，沿坑底周围或中央开挖排水沟，再在沟底设置集水井，使基坑内的水经排水沟流向集水井内，然后用水泵抽出坑外。基坑四周的排水沟及集水井应设置在基础范围以外（≥0.5m），地下水流的上游。明沟排水的纵坡宜控制在1‰～2‰；集水井应根据地下水量、基坑平面形状及水泵能力，每隔20～40m设置一个。集水井的直径或宽度一般为0.7～0.8m，其深度随挖土加深，应经常保持低于挖土面0.8～1.0m。井壁可用竹、木等进行简易加固。当基坑挖至设计标高后，井底应低于坑底1～2m，并铺设0.3m厚的碎石滤水层，以免在抽水时将泥砂抽出，并防止井底的土被搅动。抽水机具常用潜水泵或离心泵，视涌水量的大小24h随时抽排，直至槽边回填土开始。明排水法由于设备简单和排水方便，采用较为普通。但当开挖深度大、地下水位较高而土质又不好时，用明排水法降水，挖至地下水位以下时，有时坑底面的土颗粒会形成流动状态，随地下水流入基坑，这种现象称为流砂现象。发生流砂时，土完全丧失承载能力，使施工条件恶化，难以达到开挖设计深度，严重时会造成边坡塌方及附近建筑物下沉、倾斜、倒塌等现象。

（一）流砂形成的原因

流砂现象的形成有其内因和外因。内因取决于土壤的性质。土的孔隙率大、含水量大、黏粒含量少、粉粒多、渗透系数小、排水性能差等均容易产生流砂现象。因此，流砂现象经常发生在细砂、粉砂和亚砂土中。但会不会发生流砂现象，还应具备一定的外因条件，即地下水及其产生动水压力的大小和方向。当地下水位较高，基坑内排水所造成的水位差越大时，动水压力也越大；当动水压力大于等于浮土重力时，就会推动土壤失去稳定，形成流砂现象。

此外，当基坑位于不透水层内，而不透水层下面为承压蓄水层，坑底不透水层的覆盖厚度的重量小于承压水的顶托力时，基坑底部就可能发生管涌冒砂现象。

（二）防治流砂的方法

防治流砂总的原则是“治砂必治水”。其途径有三：一是减少或平衡动水压力，二是截住地下水流，三是改变动水压力的方向。具体措施如下。

（1）枯水期施工。因地下水位低，坑内外水位差小，动水压力减少，从而可预防和减轻流砂现象。

（2）打板桩。将板桩沿基坑周围打入不透水层，便可起到截住水流的作用；或者打入坑底面一定深度，这样将地下水引至坑底以下流入基坑，不仅增加了渗流长度，而且改变了动水压力方向，从而可达到减少动水压力的目的。

（3）水中挖土。水中挖土即不排水施工，使坑内外的水压相平衡，不致形成动水压力。如沉井施工，不排水下沉，进行水中挖土，水下浇筑混凝土，这些都是防治流砂的有效措施。

（4）人工降低地下水位。截住水流，不让地下水流入基坑，不仅可防治流砂和土壁塌方，还可改善施工条件。

（5）地下连续墙法。此法是沿基坑的周围先浇筑一道钢筋混凝土的地下连续墙，从而起到承重、截水和防流砂的作用，它又是深基础施工的可靠支护结构。

（6）抛大石块，抢速度施工。如在施工过程中发生局部的或轻微的流砂现象，可组织人力分段抢挖，挖至标高后，立即铺设芦席并抛大石块，增加土的压力，以平衡动水压力，力争在未产生流砂现象之前，将基础分段施工完毕。

此外，在含有大量地下水土层中或沼泽地区施工时，还可以采取土壤冻结法；对位于流砂地区的基础工程，应尽可能用桩基或沉井施工，以节约防治流砂所增加的费用。

二、地下水控制

地下水控制方法可分为降水、截水和回灌等方式单独或组合使用。

（一）井点降水法

井点降水法就是在基坑开挖前，预先在基坑四周埋设一定数量的滤水管（井），利用抽水设备从中抽水，使地下水位降落到坑底以下，直至施工结束为止。这样，可使所挖的土始终保持干燥状态，改善施工条件，同时还使动水压力方向向下，从根本上防止流砂发生，并增加土的有效应力，提高土的强度或密实度。因此，井点降水法不仅是一种施工措施，也是一种地基加固方法。采用井点降水法降低地下水位可适当增加边坡坡度、减少挖土数量，但在降水过程中，基坑附近的地基土壤会有一定沉降，施工时应加以注意。轻型井点降低地下水位，是沿基坑周围一定的间距埋入井点管（下端为滤管）至蓄水层，在地面上用集水总管将各井点管连接起来，并在一定位置设置抽水设备，利用真空泵和离心泵的真空吸力作用，使地下水经滤管进入井管，然后经总管排出，从而降低地下水位。

1.轻型井点的设备

轻型井点的设备由管路系统和抽水设备组成。管路系统由滤管、井点管、弯联管及总管等组成。滤管是长1.0～1.7m，外径为38mm或51mm的无缝钢管，管壁上钻有直径为12～19mm的星旗状排列的滤孔，滤孔面积为滤管表面积的20%～25%。滤管外面包裹两层孔径不同的滤网。内层为细滤网，采用30～40眼/cm^{2}的铜丝布或尼龙丝布；外层为粗滤网，采用5～10眼/cm^{2}的塑料纱布。为了使流水畅通，管壁与滤网之间用塑料管或铁丝绕成螺旋形隔开，滤管外面再绕一层粗铁丝保护，滤管下端为一铸铁斗。

井点管用直径38mm或55mm、长5～7m的无缝钢管或焊接钢管制成，下接滤管，上端通过弯联管与总管相连。弯联管一般采用橡胶软管或透明塑料管，后者可以随时观察井点管的出水情况。总管为直径100～127mm的无缝钢管，每节长4m，各节间用橡皮套管连接，并用钢箍箍紧，防止漏水。总管上装有与井点管连接的短接头，间距为0.8m或1.2m。

抽水设备由真空泵、离心泵和水汽分离器（又称集水箱）等组成。

2.轻型井点的布置

轻型井点的布置应根据基坑的大小与深度、土质、地下水位高低与流向、降水深度要求等确定。

（1）平面布置。当基坑或沟槽宽度小于6m，水位降低值不大于5m时，可用单排线状井点，布置在地下水流的上游一侧，两端延伸长度一般不小于沟槽宽度。如沟槽宽度大于6m，或土质不良，宜用双排井点。面积较大的基坑宜用环状井点。有时也可以布置成U

形，以利于挖土机械和运输车辆出入基坑，环状井点的四角部分应适当加密；井点管距离基坑一般为0.7～1.0m，以防漏气。井点管间距一般为0.8～1.5m，或由计算和经验确定。

井点管间距不能过小，否则彼此干扰大，出水量会显著减少，一般可取滤管周长的5～10倍；在基坑周围四角和靠近地下水流方向一边的井点管应适当加密；当采用多级井点排水时，下一级井点管间距应较上一级的小；实际采用的井距，还应与集水总管上短接头的间距相适应（可按0.8m、1.2m、1.6m、2.0m四种间距选用）。采用多套抽水设备时，井点系统应分段，各段长度应大致相等。分段地点宜选择在基坑转弯处，以减少总管弯头数量，提高水泵抽吸能力。水泵宜设置在各段总管中部，使泵两边水流平衡。分段处应设阀门或将总管断开，以免管内水流紊乱，影响抽水效果。

（2）高程布置。轻型井点的降水深度在考虑设备水头损失后，不超过6m。

此外，确定井点埋深时，还要考虑到井点管一般要露出地面0.2m左右。如果计算出H值大于井点管长度，则应降低井点管的埋置面（但以不低于地下水位线为准）以适应降水深度的要求。在任何情况下，滤管必须埋在透水层内。为了充分利用抽吸能力，总管的布置标高宜接近地下水位线（可事先挖槽），水泵轴心标高宜与总管平行或略低于总管。总管应具有0.25%～0.5%的坡度（坡向泵房）。各段总管与滤管最好分别设在同一水平面上，不宜高低悬殊。当一级井点系统达不到降水深度要求时，可视其具体情况采用其他方法降水。如上层土的土质较好时，先用集水井排水法挖去一层土再布置井点系统；也可采用二级井点，即先挖去第一级井点所疏干的土，然后在其底部装设第二级井点。

（二）截水

由于井点降水会引起周围地层的不均匀沉降，但在高水位地区开挖深基坑必须采用降水措施以保证地下工程的顺利进展，因此在施工时一方面要保证基坑工程的施工，另一方面又要防范周围环境引起的不利影响。施工时应设置地下水位观测孔，并对临时建筑、管线进行监测；在降水系统运转过程中随时检查观测孔中的水位，发现沉降量达到报警值时应及时采取措施。同时，如果施工区周围有湖、河等贮水体时，应在井点和贮水体之间设置止水帷幕，以防抽水造成与贮水体穿通，引起大量涌水，甚至带出土颗粒，产生流砂现象。在建筑物和地下管线密集区等对地面沉降控制有严格要求的地区开挖深基坑，应尽可能采取止水帷幕，并进行坑内降水的方法。这样一方面可疏干坑内地下水，以利于开挖施工；另一方面可利用止水帷幕切断坑外地下水的涌入，大大减小对周围环境的影响。

止水帷幕的厚度应满足基坑防渗要求。当地下含水层渗透性较强、厚度较大时，可采用悬挂式竖向截水与坑内井点降水相结合，或采用悬挂式竖向截水与水平封底相结合的方案。

（三）回灌

场地外缘回灌系统也是减小降水对周围环境影响的有效方法。回灌系统包括回灌井点和砂沟、砂井回灌两种形式。回灌井点是在抽水井点设置线外4～5m处，以间距3～5m插入注水管，将井点中抽取的水经过沉淀后用压力注入管内，形成一道水墙，以防止土体过量脱水，而基坑内仍可保持干燥。这种情况下抽水管的抽水量约增加10%，所以可适当增加抽水井点的数量。回灌可采用井点、砂井、砂沟等。

第六节　基坑验槽

一、验槽方法

基坑（槽）开挖完毕后，应由施工单位、勘察单位、设计单位、监理单位、建设单位及质检监督部门等有关人员共同进行质量检验。

（1）表面检查验槽。根据槽壁土层分布，判断基底是否已挖至设计要求的土层，观察槽底土的颜色是否均匀一致，是否有软硬不同，是否有杂质、瓦砾及古井、枯井等。

（2）钎探检查验槽。用锤将钢钎打入槽底土层内，根据每打入一定深度的锤击次数来判断地基土质情况。此法主要适用于砂土及一般黏性土。

二、验槽时必须具备的资料和条件

（1）勘察、设计、建设（或监理）、施工等单位有关负责人员及技术人员到场。

（2）基础施工图和结构总说明。

（3）详勘阶段的岩土工程勘察报告。

（4）开挖完毕，槽底无浮土、松土（若分段开挖，则每段条件相同），条件良好的基槽。

三、无法验槽的情况

（1）基槽底面与设计标高相差太大。

（2）基槽底面坡度较大，高低悬殊。

（3）槽底有明显的机械车辙痕迹，槽底土扰动明显。

（4）槽底有明显的机械开挖、未加人工清除的沟槽、铲齿痕迹。

（5）现场没有详勘阶段的岩土工程勘察报告或基础施工图和结构总说明。

四、验槽前的准备工作

（1）察看结构说明和地质勘察报告，对比结构设计所用的地基承载力、持力层与报告所提供的是否相同。

（2）询问、察看建筑位置是否与勘察范围相符。

（3）察看场地内是否有软弱下卧层。

（4）场地是否为特别的不均匀场地，是否存在勘察方要求进行特别处理的情况，而设计方没有进行处理。

（5）要求建设方提供场地内是否有地下管线和相应地下设施的资料。

五、推迟验槽的情况

（1）设计所使用承载力和持力层与勘察报告所提供不符。

（2）场地内有软弱下卧层而设计方未说明相应的原因。

（3）场地为不均匀场地，勘察方需要进行地基处理而设计方未进行处理。

第三章　地基处理与基础工程施工工艺

第一节　地基处理

一、地基处理方案

地基是指建筑物下面支承基础的土体或岩体。地基的主要作用是承托建筑物的上部荷载。地基不是建筑物本身的一部分，但与建筑物的关系非常密切。它对保证建筑物的坚固耐久具有非常重要的作用。地基有天然地基和人工地基两类。其中，天然地基是指不需要对地基进行处理就可以直接放置基础的天然土层；人工地基是指天然土层的土质过于软弱或不良的地质条件，需要人工加固处理后才能修建的地基。地基处理即为提高地基承载力，改善其变形性质或渗透性质而采取的人工处理地基的方法。

在建筑工程中遇到工程结构的荷载较大，地基土质又较软弱（强度不足或压缩性大），不能作为天然地基时，可针对不同情况，采取各种人工加固处理的方法，以改善地基性质，提高承载力，增加稳定性，减少地基变形和基础埋置深度。在建筑学中，地基的处理是十分重要的，地基对上层建筑是否牢固具有无可替代的作用。建筑物的地基不够好，上层建筑很可能倒塌，而地基处理的主要目的是采用各种地基处理方法以改善地基条件。

在选择地基处理方案前，应完成下列工作：搜集详细的岩土工程勘察资料、上部结构及基础设计资料等。结合工程情况，了解当地地基处理经验和施工条件，对于有特殊要求的工程，尚应了解其他地区相似场地上同类工程的地基处理经验和使用情况等。根据工程的要求和采用天然地基存在的主要问题，确定地基处理的目的、处理范围和处理后要求达到的各项技术经济指标等。调查邻近建筑、地下工程和有关管线等情况。了解建筑场地的环境情况。在选择地基处理方案时，应考虑上部结构、基础和地基的共同作用，并经过技术经济比较，选用处理地基或加强上部结构和处理地基相结合的方案。

地基处理方法的确定宜按下列步骤进行。

（1）根据结构类型、荷载大小及使用要求，结合地形地貌、地层结构、土质条件、地下水特征、环境情况和对邻近建筑的影响等因素进行综合分析，初步选出几种可供考虑的地基处理方案，包括选择两种或多种地基处理措施组成的综合处理方案。

（2）对初步选出的各种地基处理方案，分别从加固原理、适用范围、预期处理效果、耗用材料、施工机械、工期要求和对环境的影响等方面进行技术经济分析和对比，选择最佳的地基处理方法。

（3）对已选定的地基处理方法，宜按建筑物地基基础设计等级和场地复杂程度，在有代表性的场地上进行相应的现场试验或试验性施工，并进行必要的测试，以检验设计参数和处理效果。如达不到设计要求，应查明原因，修改设计参数或调整地基处理方法。

常用的地基处理方法有换填法、强夯法、排水固结法、砂石桩法、水泥土搅拌法、高压喷射注浆法、预压法、夯实水泥土桩法、水泥粉煤灰碎石桩法、石灰桩法、灰土挤密桩法和土挤密桩法、柱锤冲扩桩法、单液硅化法、减液法等。

二、换填法

换填法也称换土垫层法，是将在基础底面以下处理范围内的软弱土层部分或全部挖去，然后分层换填密度大、强度高、水稳定性好的砂、碎石或灰土等材料及其他性能稳定和无侵蚀性的材料，并碾压、夯实或振实至要求的密实度。换填垫层按回填的材料可分为砂（或砂石）垫层、碎石垫层、粉煤灰垫层、干渣垫层、土（灰土、二灰）垫层等。换填法可提高持力层的承载力，减少沉降量。其常用机械碾压、平板振动和重锤夯实进行施工。

换填垫层适用于浅层软弱土层（淤泥质土、松散素填土、杂填土、浜填土以及已完成自重固结的冲填土）或不均匀土层的地基处理。换填垫层的厚度应根据置换软弱土的深度以及下卧土层的承载力确定，厚度宜为0.5～3m。

（一）垫层材料

垫层材料的选用应符合下列要求。

（1）砂石宜选用碎石、卵石、角砾、圆砾、砾砂、粗砂、中砂或石屑，应级配良好，不含植物残体、垃圾等杂质。当使用粉细砂或石粉时，应掺入不少于总重30%的碎石或卵石。砂石的最大粒径不宜大于50mm。对湿陷性黄土地基，不得选用砂石等透水材料。

（2）粉质黏土。土料中有机质含量不得超过5%，且不得含有冻土或膨胀土。当含有碎石时，其粒径不宜大于50mm。用于湿陷性黄土或膨胀土地基的粉质黏土垫层，土料中不得夹有砖、瓦和石块等。

（3）灰土。体积配合比宜为2∶8或3∶7。石灰宜选用新鲜的消石灰，其最大粒径不得大于5mm。土料宜选用粉质黏土，不宜使用块状黏土，且不得含有松软杂质，土料应过筛且最大粒径不得大于15mm。

（4）粉煤灰。选用的粉煤灰应满足相关标准对腐蚀性和放射性的安全要求。粉煤灰垫层上宜覆土0.3～0.5m。粉煤灰垫层中采用掺加剂时，应通过试验确定其性能及适用条件。粉煤灰垫层中的金属构件、管网应采取防腐措施。大量填筑粉煤灰时，应经过场地地下水和土壤环境的不良影响评价；合格后，方可使用。

（5）矿渣。宜选用分级矿渣、混合矿渣及原状矿渣等高炉重矿渣。高炉的松散重度不应小于11kN/m³，有机质及含泥总量不得超过5%。垫层设计，施工前应对所选用的矿渣进行试验，确认性能稳定并满足腐蚀性和放射性安全的要求。对易受酸、碱影响的基础或地下管网不得采用矿渣垫层。大量填筑矿渣时，应经过场地地下水和土壤环境的不良影响评价；合格后，方可使用。

（6）其他工业废渣。在有充分依据或成功经验时，也可采用质地坚硬、性能稳定、透水性强、无腐蚀性和无放射性危害的其他工业废渣材料，但必须经过现场试验证明其经济技术效果良好且施工措施完善后方可使用。

土工合成材料加筋垫层所选用土工合成材料的品种与性能及填料，应根据工程特性和地基土质条件，按照现行国家标准《土工合成材料应用技术规范》（GB/T，50290-2014）的要求，通过设计计算并进行现场试验后确定。土工合成材料应采用抗拉强度较高、耐久性好、抗腐蚀的土工带、土工格栅、土工格室、土工垫或土工织物等土工合成材料；垫层填料宜用碎石、角砾、砾砂、粗砂、中砂等材料，且不宜含氯化钙、碳酸钠、硫化物等化学物质。当工程要求垫层具有排水功能时，垫层材料应具有良好的透水性。在软土地基上使用加筋垫层时，应保证建筑物稳定并满足允许变形的要求。

（二）施工技术要点

（1）铺设垫层前应验槽，将基地表面的浮土、淤泥、杂物等清理干净，两侧应设一定坡度，防止振捣时塌方。当垫层底部存在古井、古墓、洞穴、旧基础、暗塘等软硬不均的部位时，应根据建筑对不均匀沉降的要求予以处理，并经过检验合格后，方可铺填垫层。

（2）垫层底面宜设在同一标高上。如深度不同，基坑底土面应挖成阶梯或斜坡搭接，并按先深后浅的顺序进行垫层施工，搭接处应夯压密实。分层铺实时，接头应做成斜坡或阶梯搭接，每层错开0.5～1.0m，并注意充分捣实。

（3）人工级配的砂石材料，施工前应充分拌匀，再铺夯压实。

（4）垫层施工应根据不同的换填材料选择施工机械。粉质黏土、灰土宜采用平碾、振动碾或羊足碾，以及蛙式夯、柴油夯。砂石垫层等宜用振动碾。粉煤灰垫层宜采用平碾、振动碾、平板振动器、蛙式夯。矿渣垫层宜采用平板振动器或平碾，也可采用振动碾。

（5）垫层的施工方法、分层铺填厚度、每层压实遍数等宜通过试验确定。除接触下卧软土层的垫层底部应根据施工机械设备及下卧层土质条件确定厚度外，一般情况下，垫层的分层铺填厚度可取200～300mm。分层厚度可用样桩控制。在施工时，当下层的密实度经检验合格后，方可进行上一层施工。为了保证分层压实质量，应控制机械碾压速度。

（6）基坑开挖时应避免坑底土层受扰动，可保留180～200mm厚的土层暂不挖去，待铺填垫层前再由人工挖至设计标高。严禁扰动垫层下的软弱土层，应防止软弱土层被践踏、受冻或受水浸泡。在碎石或卵石垫层底部宜设置150～300mm厚的砂垫层或铺一层土工织物，以防止软弱土层表面的局部破坏，同时必须防止基坑边坡塌土混入垫层。

（7）换填垫层施工应注意基坑排水。除采用水撼法施工砂垫层外，不得在浸水条件下施工，必要时应采取降低地下水位的措施。要注意边坡稳定，以防止塌土混入砂石垫层中影响其质量。

（8）当采用水撼法或插振法施工时，应在基槽两侧设置样桩，控制铺砂厚度，每层为250mm。铺砂后，灌水与砂面齐平，以振动棒插入振捣，依次振实，以不再冒气泡为准，直至完成。垫层接头应重复振捣，插入式振动棒振完所留孔洞后应用砂填实。在振动首层垫层时，不得将振动棒插入原土层或基槽边部，以避免使软土混入砂垫层而降低砂垫层的强度。

（9）垫层铺设完毕后，应及时回填，并及时对基础进行施工。

（10）冬季施工时，砂石材料中不得夹有冰块，并应采取措施防止砂石内水分冻结。

（11）粉质黏土、灰土垫层及粉煤灰垫层施工应符合下列规定：

①粉质黏土及灰土垫层分段施工时，不得在柱基、墙角及承重窗间墙下接缝。

②上下两层的缝距不得小于500mm，接缝处应夯压密实。

③灰土拌和均匀后，应当日铺填夯压；灰土夯压密实后，3天内不得受水浸泡。

④粉煤灰垫层铺填后，宜当天压实。每层验收后应及时铺填上层或封层，并应禁止车辆碾压通行。

⑤垫层竣工验收合格后，应及时进行基础施工与基坑回填。

（12）土工合成材料施工，应符合以下要求：

①下铺地基土层顶面应平整。

②土工合成材料铺设顺序应先纵向后横向，且应把土工合成材料张拉平整、绷紧，严禁有折皱。

③土工合成材料的连接宜采用搭接法、缝接法或胶接法，连接强度不应低于原材料抗拉强度，端部应采用有效固定方法，防止筋材拉出。

④应避免土工合成材料暴晒或裸露，阳光暴晒时间不应大于8h。

（三）质量控制及质量检验

（1）施工前应检查原材料，如灰土的土料、石灰以及配合比、灰土拌匀程度。

（2）施工中应检查分层铺设厚度，分段施工时上下两层的搭接长度，夯实时加水量、压实遍数，等等。

（3）换填垫层的施工质量检验应分层进行，并应在每层的压实系数符合设计要求后铺填上层。

（4）对粉质黏土、灰土、砂石、粉煤灰垫层的施工质量检验可选用环刀取样、静力触探、轻型动力触探或标准贯入试验等方法进行检验，对碎石、矿渣垫层可用重型动力触探等进行检验。压实系数可采用灌砂法、灌水法或其他方法进行检验。

（5）采用环刀法检验垫层的施工质量时，取样点应选择位于每层厚度的2/3深度处。检验点数量，条形基础下垫层每10～20m^{2}不应少于1个点，独立基础、单个基础下垫层不应少于1个点，其他基础下垫层每50～100m^{2}不应少于1个点。采用标准贯入试验或动力触探检验垫层的施工质量时，每分层检验点的间距不应大于4m。

（6）竣工验收采用静载荷试验检验垫层承载力，且每个单体工程不宜少于3个点；对于大型工程应按单体工程的数量或工程划分的面积确定检验点数。

（7）对加筋垫层中土工合成材料的检验应符合下列要求：

①土工合成材料质量应符合设计要求，外观无破损、无老化、无污染。

②土工合成材料应可张拉、无折皱、紧贴下承层，锚固端应锚固牢固。上下层土工合成材料搭接缝应交替错开，搭接强度应满足设计要求。

三、强夯法

强夯法是反复将夯锤提到高处使其自由落下，给地基以冲击和振动能量，将地基土夯实的地基处理方法，属于夯实地基方法的一种。重复夯打击实地基，使地基形成一层比较密实的硬壳层，从而提高地基的强度。强夯法适用于处理碎石土、沙土，低饱和度的粉土和黏性土、湿陷性黄土、素填土和杂填土等地基，适用于处理大面积填土地基。

（一）施工前准备

1.作业条件

（1）施工场地要做到“三通一平”，即场地的地上电线、线下管网和其他障碍物应得到清理或妥善安置，施工用的临时设施要准备就绪。

（2）施工现场周围的建筑、构筑物（含文物保护建筑）、古树、名木和地下管线要得到可靠的保护。当强夯能量有可能对邻近建筑物产生影响时，应在施工区边界开挖隔震沟。隔震沟的规模应根据影响程度而定。

（3）应具备详细的岩土工程地质及水文地质勘查资料，拟建建筑物平面位置图、基础平面图、剖面图、强夯地基处理施工图及工程施工组织设计。

（4）施工放线。依据甲方提供的建筑物控制点坐标、水准点高程及书面资料，进行施工放线、放点，放线应将强夯处理范围白灰线画出来，对建筑物控制点埋设木桩。将施工测量控制点引至不受施工影响的稳固地点。必要时，对建筑物控制点坐标和水准点高程进行验测，要求使用的测量仪器经过鉴定合格。

（5）设备安装及调试。起吊设备进场后应及时安装及调试，保证吊车行走、运转正常；起吊滑轮组与钢丝绳连接紧固，安全可靠；起吊挂钩锁定装置应牢固可靠，脱钩自由灵敏，与钢丝绳连接牢固；夯锤重量、直径、高度应满足设计要求，夯锤挂钩与夯锤整体应连接牢固；施工用推土机应运转正常。

2.机具准备

（1）夯锤。夯锤重10～40t，铸钢或钢筒混凝土制作，宜优先选用铸钢夯锤。底面形式宜用圆形，锤的底面宜均匀设置若干个与其顶面贯通的排气孔，孔径可取250～300mm。锤底静接地压力值可取25～40kPa。

（2）起重机。20～50t履带式起重机或汽车起重机，宜优先选用履带式起重机。起吊能力为锤重的1.5～2.0倍。

（3）脱钩装置。国内目前使用较多的是通过动滑轮组用脱钩装置来起落夯锤。脱钩装置要求有足够的强度，使用灵活，脱钩快速安全。

④推土机。TS140、TS220、D80等型号的推土机，要满足现场推土需要。

3.单点夯试验

（1）在施工场地附近或场地内，选择具有代表性的适当位置进行单点夯试验。试验点数量根据工程需要确定，一般不少于两个点。

（2）根据夯锤直径，用白灰画出试验中心点位置及夯击圆界限。

（3）在夯击试验点界限外两侧，以试验中心点为原点，对称等间距埋设标高施测基准桩，基准桩埋设在同一直线上。直线通过试验中心点，基准桩间距一般为1m，基准桩埋设数量视单点夯影响范围而定。

（4）在远离试验点（夯击影响区外）处架设水准仪，进行各观测点的水准测量，并做记录。

（5）平稳起吊夯锤至设计要求的夯击高度，释放夯锤使其自由平稳落下。

（6）用水准仪对基准桩及夯锤顶部进行水准高程测量，并做好试验记录。

（二）施工工艺及注意事项

1.施工工艺流程

（1）清理并平整施工场地。

（2）铺设垫层。在地表形成硬层，用以支承起重设备，确保机械通行和施工；同时可加大地下水和表层面的距离，防止降低夯击的效率。

（3）标出第一遍夯击点的位置，并测量场地高程。

（4）起重机就位，使夯锤对准夯点位置。

（5）测量夯前锤定标高。

（6）将夯锤起吊到预定高度，待夯锤脱钩自由下落后放下吊钩，测量锤顶高程；若发现坑底倾斜而造成夯锤歪斜时，应及时将底坑整平。

（7）重复（6），按设计规定的夯击次数及控制标准，完成一个夯点夯击。

（8）重复（4）至（7），完成全部夯点的第一遍夯击。

（9）用推土机将夯坑填平，并测量场地高程。

（10）在规定间隔时间后，通过上述步骤逐次完成全部夯击遍数，最后用最低能量满夯，将场地表层土夯实，并测量场地高程。

2.施工注意事项

（1）强夯前应做好夯区地质勘查，对不均匀土层适当增多钻孔和原位测试工作，掌握土质情况，作为制定强夯方案和对比夯前、夯后加固效果的依据；必要时进行现场试验性强夯，确定强夯施工的各项参数。

（2）强夯应分段进行，顺序从边缘向中央。对厂房柱基亦可一排一排夯，起重机直线行驶，从一边向另一边进行，每夯完一遍，用推土机整平场地，放线定位即可进行下一遍夯击。强夯法的加固顺序是：先深后浅，即先加固深土层，再加固中土层，最后加固表土层。当最后一遍夯完后，再以低能量满夯两遍；如有条件，宜采用小锤夯击。

（3）严格遵守强夯施工程序及要求，做到夯锤升降平衡，对准夯坑，避免歪夯，禁止错位夯击施工。一旦发现歪夯，应立即采取纠正措施。

（4）夯锤的通气孔在施工时应保持畅通，如被堵塞，应立即疏通，以防产生“气垫”效应，影响强夯施工质量。

（5）不同遍数施工之间需要控制的施工间隔时间应根据地质条件、地下水条件、气候条件等因素由设计人员提出，一般宜为3～7d。

（6）施工过程中避免夯坑内积水。一旦积水要及时排除，必要时换土再夯，避免“橡皮土”出现。

（7）冬、雨季施工。①雨季施工。应做好气象信息收集工作；夯坑应及时回填夯平，避免坑内积水渗入地下影响强夯效果；夯坑内一旦积水，应及时排出；场地因降水浸泡，应增加消散期，严重时可采用换土再夯等措施。②冬季施工。表层冻土较薄时，此因素不予考虑，正常施工；当冻土较厚时应首先将冻土击碎或将冻层挖除，然后再按各点规定的夯击数施工。在第一遍及第二遍夯完整平后宜在5d后进行下一遍施工。

（8）做好施工过程的监测和记录工作，包括检查夯锤重和落距、对夯点放线进行复核、检查夯坑位置、按要求检查每个夯点的夯击次数和每击的夯沉量等，并对各项参数及施工情况进行详细记录，作为质量控制的依据。

（9）安全措施。①在起夯时，吊车正前方、吊臂下和夯锤下严禁站人。需要整平夯坑内土方时，要先将夯锤吊离并放在坑外地面后方可下人。

②施工人员进入现场要戴安全帽，夯击时要保持离夯坑10m以上距离。

③六级以上大风天气，以及雨、雾、雪、风沙扬尘等能见度低时暂停施工。

（三）质量检验标准

（1）检查施工过程中的各项测试数据和施工记录，不符合设计要求时应补夯或采取其他有效措施。施工前应检查夯锤重量、尺寸，落距控制手段，排水设施及被夯地基的土质。施工中应检查落距、夯击遍数、夯点位置、夯击范围。

（2）强夯处理后的地基竣工验收承载力检验，应在施工结束后间隔一定时间方能进行。对于碎石土和砂土地基，其间隔时间可取7～14d；粉土和黏性土地基可取14～28d。强夯置换地基间隔时间可取28d。

四、灰土挤密桩和土挤密桩复合地基

灰土挤密桩和土挤密桩复合地基利用成孔过程中的横向挤压作用，桩孔内土被挤向周围，使桩间土挤密，然后将灰土或素土分层填入桩孔内，并分层夯填密实至设计标高。前者称为灰土挤密桩法，后者称为土挤密桩法。夯填密实的灰土挤密桩或土挤密桩，与挤密的桩间土形成复合地基。上部荷载由桩体和桩间土共同承担。对土挤密桩法而言，若桩体和桩间土密实度相同时，形成均质地基。灰土挤密桩法和土挤密桩法适用于处理地下水位以上的湿陷性黄土、素填土、杂填土等地基，不适宜在地下水位以下使用，可处理的地基深度为5～15m。当以消除地基的湿陷性为主要目的时，宜采用土挤密桩法；当以提高地基土的承载力或增强其水稳性为主要目的时，宜采用灰土挤密桩法。

（一）施工前准备

1.桩的构造和布置

（1）桩孔直径。根据工程量、挤密效果、施工设备、成孔方法及经济等情况而定，一般选用300～600mm。

（2）桩长。根据土质情况、桩处理地基的深度、工程要求和成孔设备等因素确定，一般为5～15m。

（3）桩距和排距。桩孔一般按等边三角形布置，其间距和排距由设计确定。

（4）处理宽度。处理地基的宽度一般大于基础的宽度，由设计确定。

（5）地基的承载力和压缩模量。灰土挤密桩处理地基的承载力标准值，应由设计通过原位测试或结合当地施工经验确定。灰土挤密桩地基的压缩模量应通过试验或结合本地经验确定。

2.机具设备及材料要求

（1）成孔设备。一般采用0.6t或1.2t柴油打桩机或自制锤击式打桩机，亦可采用冲击钻机。

（2）夯实机具。常用夯实机具有偏心轮夹杆式夯实机和卷扬机提升式夯实机两种，后者工程中应用较多。夯锤用铸钢制成，重量一般选用100～300kg，其竖向投影面积的静压力不小于20kPa。夯锤最大部分的直径应较桩孔直径小100～150mm，以便填料顺利通过夯锤4周。夯锤形状下端应为抛物线形锥体或尖锥形锥体，上段成弧形。

（3）桩孔内的填料。桩孔内的灰土填料，其消石灰和土的体积配合比宜为2：8或3：7。土料宜选用粉质黏土，土料中的有机质含量不应超过5%，且不得含有冻土，渣土垃圾颗粒直径不应超过15mm。石灰可选用新鲜的消石灰或生石灰粉，粒径不应大于5mm。孔内填料应分层回填夯实，填料的平均压实系数不应低于0.97，其中压实系数最小值不应低于0.93。

（二）施工要点

（1）施工前应在现场进行成孔、夯填工艺和挤密效果试验，以确定分层填料厚度、夯击次数和夯实后干密度等要求。

（2）桩施工一般采取先将基坑挖好，预留200～300mm厚的土层，然后在坑内施工灰土桩。桩的成孔方法可根据现场机具条件选用沉管（振动、锤击）法、爆扩法、冲击法或洛阳铲成孔法等。沉管法是用打桩机将与桩孔同直径的钢管打入土中，使土向孔的周围挤密，然后缓慢拔管成孔。桩管顶设桩帽，下端做成锥形，约成60°角；桩尖可以上下活动，以利于空气流动，可减少拔管时的阻力，避免塌孔。成孔后应及时拔出桩管，不应在土中搁置时间过长。成孔施工时，地基土宜接近最优含水量；当含水量低于12%时，宜加水增湿至最优含水量。本法简单易行，孔壁光滑平整，挤密效果好，应用最广。但沉管法处理深度受桩架限制，一般不超过8m。爆扩法是用钢钎打入土中形成直径25～40mm的孔或用洛阳铲打成直径为60～80mm的孔，然后在孔中装入条形炸药卷和2～3个雷管，爆扩成直径为20～45mm的孔。本法工艺简单，但孔径不易控制。冲击法是使用冲击钻钻孔，将0.6～2.2t重的锥形锤头提升0.5～2.0m高后落下，反复冲击成孔，并用泥浆护壁，直径可达500～600mm，深度可达15m以上，适于处理湿陷性较大的土层。

（3）桩的施工顺序应先外排后里排，同排内应间隔1～2孔进行；对大型工程可采取分段施工，以免因振动挤压造成相邻孔缩孔或塌孔。成孔后应清底，夯实、夯平，夯实次数不少于8次，并立即夯填灰土。

（4）桩孔应分层回填夯实，每次回填厚度为250～400mm。人工夯实用重25kg、带长柄的混凝土锤，机械夯实用偏心轮夹杆式夯实机或卷扬机提升式夯实机，或链条传动摩擦轮提升连续式夯实机，一般落锤高度不小于2m，每层夯实不少于10锤。施打时，逐层以量斗定量向孔内下料，逐层夯实。当采用连续夯实机时，则将灰土用铁锹不间断地下料，每下两锹夯两击，均匀地向桩孔下料、夯实。桩顶应高出设计标高15cm，挖土时再将高出部分铲除。

（5）若孔底出现饱和软弱土层时，可加大成孔间距，以防由于振动而造成已打好的桩孔内挤塞；当孔底有地下水流入时，可采用井点降水后再回填填料或向桩孔内填入一定数量的干砖渣和石灰，经夯实后再分层填入填料。

（三）质量控制

（1）施工前应对土及灰土的质量、桩孔放样位置等进行检查。

（2）施工中应对桩孔直径、桩孔深度、夯击次数、填料的含水量等进行检查。

（3）施工结束后应对成桩的质量及地基承载力进行检验。

五、水泥土搅拌桩复合地基

水泥土搅拌桩复合地基是指利用水泥（或水泥系材料）为固化剂，通过特制的搅拌机械，在地基深处对原状土和水泥进行强制搅拌，形成水泥土圆柱体，与原地基土构成地基。水泥土搅拌桩除作为竖向承载的复合地基外，还可以用于基坑工程围护挡墙、被动区加固、防渗帷幕等。加固体形状可分为柱状、壁状、格栅状或块状等。水泥土搅拌桩根据固化剂掺入状态的不同，分为湿法（浆液搅拌）和干法（粉体喷射搅拌）。

水泥土搅拌桩适用于处理正常固结的淤泥与淤泥质土、粉土、饱和黄土、素填土、黏性土以及无流动地下水的饱和松散砂土等地基。当地基土的天然含水量小于30%（黄土含水量小于25%）、大于70%或地下水的pH值小于4时不宜采用干法。

（一）施工设备

水泥土搅拌桩的主要施工设备为深层搅拌机，有中心管喷浆方式的SJB-1型搅拌机和叶片喷浆方式的GZB-600型搅拌机两类。

（二）施工工艺流程

水泥土搅拌桩复合地基施工工艺流程如下。

（1）施工现场事先应予以平整，必须清除地上和地下的障碍物。遇到明浜、池塘及洼地时应抽水和清淤，回填土料应压实，不得回填生活垃圾。

（2）在制定水泥土搅拌施工方案前，应做水泥土的配比试验。根据测定的各水泥土的不同龄期、不同水泥土配比试块的强度，确定施工时的水泥土配比。

（3）水泥土搅拌桩施工前应根据设计进行工艺性试桩，数量不得少于3根，多头搅拌不得少于3组，从而确定水泥土搅拌施工参数及工艺，以及水泥浆的水灰比、喷浆压力、喷浆量、旋喷速度、提升速度、搅拌次数等。

（4）搅拌机械就位，调平。为保证桩位准确使用定位卡，桩位对中偏差应不大于20mm；导向架和搅拌轴应与地面垂直，垂直度的偏差不大于1.5%。

（5）预搅下沉至设计加固深度后，边喷浆（粉）边搅拌，提升至预定的停浆（灰）面。

（6）重复钻进搅拌。按前述操作要求进行，如喷粉量或喷浆量已达到设计要求时，只需复搅不再送粉，或只需复搅不再送浆。

（7）根据设计要求，喷浆（粉）或仅搅拌提升至预定的停浆（灰）面时，关闭搅拌机械。

（8）在预（复）搅下沉时，也可采用喷浆（粉）的施工工艺，但必须确保全桩长上下至少再重复搅拌一次。

（9）对地基土进行干法咬合加固时，如复搅困难，可采用慢速搅拌，保证搅拌的均匀性。

（三）施工注意事项

（1）湿法施工控制要点

①水泥浆液到达喷浆口的出口压力不应小于10MPa。

②施工前应确定灰浆泵输浆量、灰浆经输浆管到达搅拌机喷浆口的时间和起吊设备提

升速度等施工参数，并根据设计要求通过工艺性成桩试验确定施工工艺。

③使用水泥都应过筛，制备好的浆液不得离析，泵送必须连续。拌制水泥浆液的罐数、水泥和外掺剂用量以及泵送浆液的时间等应有专人记录；喷浆量及搅拌深度必须采用经国家计量部门认证的检测仪器进行自动记录。

④搅拌机喷浆提升的速度和次数必须符合施工工艺的要求，并应有专人记录。

⑤当水泥浆液到达出浆口后，应喷浆搅拌30s；在水泥浆与桩端土充分搅拌后，再开始提升搅拌头。

⑥搅拌机预搅下沉时不宜冲水。当遇到硬土层下沉太慢时，方可适量冲水，但应考虑冲水对桩身强度的影响。

⑦施工时如因故停浆，应将搅拌头下沉至停浆点以下0.5m处，待恢复供浆时再喷浆搅拌提升。若停机超过3h，宜先拆卸输浆管路，并妥加清洗。

⑧壁状加固时，相邻桩的施工时间间隔不宜超过24h。若间隔时间太长，与相邻桩无法搭接时，应采取局部补桩或注浆等补强措施。

⑨喷浆未到设计桩顶标高（或底部桩端标高），而集料斗中浆液已排空时，应检查投料量、有无漏浆、灰浆泵输送浆液流量。其处理方法为：重新标定投料量，或检修设备，或重新标定灰浆泵输送流量。

⑩喷浆到设计桩顶标高（或底部桩端标高），而集料斗中浆液剩浆过多时，应检查投料量、输浆管路部分是否堵塞、灰浆泵输送浆液流量。其处理方法为：重新标定投料量，或清洗输浆管路，或重新标定灰浆泵输送流量。

（2）干法施工控制要点

①喷粉施工前应仔细检查搅拌机械、供粉泵、送气（粉）管路、接头和阀门的密封性、可靠性。送气（粉）管路的长度不宜大于60m。

②水泥土搅拌法（干法）喷粉施工机械必须配置经国家计量部门确认的具有能瞬时检测并记录粉体计量的装置及搅拌深度的自动记录仪。

③搅拌头每旋转一周，其提升高度不得超过16m。

④搅拌头的直径应定期复核检查，其磨耗量不得大于10mm。

⑤当搅拌头到达设计桩底以上1.5m时，应立即开启喷粉机提前进行喷粉作业。当搅拌头提升至地面下500mm时，喷粉机应停止喷粉。

⑥成桩过程中因故停止喷粉，应将搅拌头下沉至停灰面以下1m处，待恢复喷粉时再喷粉搅拌提升。

（3）搅拌机预搅下沉不到设计深度，但电流不高，可能是土质黏性大，搅拌机自重不够造成的。应采取增加搅拌机自重或开动加压装置。

（4）搅拌钻头与混合土同步旋转，是灰浆浓度过大或搅拌叶片角度不适宜造成的。

可采取重新确定浆液的水灰比，或者调整叶片角度、更换钻头等措施。

（四）质量检验与验收

1.施工期质量检验

施工期质量检验包括以下内容。

（1）水泥土搅拌施工时，应随时检查施工中的各项记录，如发现地质条件发生变化，或有遗漏，或水泥土搅拌桩（水泥土搅拌点）施工质量不符合规定要求，应进行补桩或采取其他有效的补救措施。

（2）重点检查输浆量（水泥用量）、输浆速度、总输浆时间、桩长、搅拌头转速和提升速度、复搅次数和复搅深度、停浆处理方法等。

2.竣工后质量验收

竣工后质量验收应包括以下内容。

（1）水泥土搅拌施工结束28天后进行检验。

（2）水泥土搅拌桩桩体的主要检测内容如下：

①成桩后3天内，可用轻型动力触探检查上部桩身的均匀性。检查量为施工总桩数的1%，且不少于3根。

②成桩7天后，采用浅部开挖桩头的方法进行检查，开挖深度宜超过停浆（灰）面下0.5m，目测检查搅拌的均匀性，量测成桩直径。检查量为总桩数的5%。

③桩身强度检测应在成桩28天后，用双管单动取样器钻取芯样做搅拌均匀性和水泥土抗压强度检验。检验量为施工总桩（组）数的0.5%，且不少于6个点。钻芯有困难时，可采用单桩抗压静载荷试验检验桩身质量。

（3）承载力检测。竖向承载水泥土搅拌桩复合地基竣工验收时，承载力检验应采用复合地基载荷试验和单桩载荷试验。载荷试验必须在桩身强度满足试验荷载条件时进行，并宜在成桩28天后进行。验收检测检验数量为桩总数的0.5%～1%，其中单项工程单桩复合地基载荷试验的数量不应少于3根（多头搅拌为3组），其余可进行单桩静载荷试验或单桩、多桩复合地基载荷试验。

（4）基槽开挖后，应检验桩位、桩数与桩顶质量，如不符合设计要求，应采取有效补救措施。

六、地基局部处理

地基的局部处理常见于施工验槽时查出或出现的局部与设计要求不符的地基，如槽底倾斜、墓坑、暖气沟或电缆等穿越基槽、古井、大块孤石等。地基处理时应根据不同情况妥善处理。处理的原则是使地基不均匀沉降减少至允许范围之内。下面就常见形式做一简单介绍。

（一）局部软土地基处理

1.基坑、松土坑的处理

（1）坑的范围较小时，可将坑中虚土全部挖出，直至见到老土为止，然后用与老土压缩性相近的土回填，分层夯实至基底设计标高。若地下水位较高或坑内积水无法夯实时，可用砂、石分层夯实回填。

（2）坑的范围较大时，可将该范围内的基槽适当加宽，再回填土料，方法及要求同上。

（3）坑较深、挖除全部虚土有困难时，可部分挖除，挖除深度一般为基槽宽的2倍。剩余虚土为软土时，可先用块石夯实挤密后再回填。

2.“橡皮土”的处理

当地基为含水量很大、趋于饱和的黏性土时，反复夯打后会使地基变成所谓的“橡皮土”。因此，当地基为含水量很大的黏性土时，应先采用晾槽或掺生石灰的方法减小土的含水量，然后根据具体情况选择施工方法及基础类型。如果地基已产生了“橡皮土”的现象，则应采取如下措施。

（1）把“橡皮土”全部挖除干净，然后回填好土至设计标高。

（2）若不能把“橡皮土”完全清除干净，则利用碎石或卵石打入，将泥挤紧，或铺撒吸水材料（如干土、碎砖、生石灰等）。

（3）若在施工中扰动了基底土，对于湿度不大的土，可做表面夯实处理。对于软黏土，则需掺入砂、碎石或碎砖才能夯打；或将扰动土全部清除，另填好土夯实。

3.管道穿越基槽的处理

（1）槽底有管道时，最好是能拆迁管道，或将基础局部加深，使管道从基础之上通过。

（2）如果管道必须埋于基础之下，则应采取保护措施，避免将管道压坏。

（3）若管道在槽底以上穿过基础或基础墙时，应采取防漏措施，以免漏水浸湿地基造成不均匀下沉。当地基为填土或湿陷性土时，尤其应注意。另外，有管道通过的基础或基础墙，必须在管道的周围预留足够尺寸的孔洞。在管道上部预留的空隙应大于房屋预估的沉降量，以保证管道安全。

（二）局部坚硬地基处理

1.砖井、土井的处理

（1）井位于基槽的中部。若井的进口填土较密实时，可将井的砖圈拆去1m以上，用2：8或3：7灰土回填，分层夯实至槽底；若井的直径大于1.5m，可将土井挖至地下水面，每层铺20cm粗骨料，分层夯实至槽底整平，上面做钢筋混凝土梁（板）跨越它们。

（2）井位于基础的转角处。除采用上述回填办法外，还可视基础压在井口的面积大小，采用从两端墙基中伸出挑梁的措施，或将基础沿墙长方向向外延长出去，跨越井的范围，然后在基础墙内采用配筋或加钢筋混凝土梁（板）来加强。

2.基岩、旧墙基、孤石的处理

当基槽下发现有部分比其邻近地基土坚硬得多的土质时（如槽下遇到基岩、旧墙基、大树根、压实的路面、老灰土等）均应尽量挖除，然后填与地基土质相近的较软弱土。挖除厚度视大部分地基土层的性质而定，一般为1m左右。如果局部硬物不易挖除时，应考虑加强上部刚度。如果在基础墙内加钢筋或钢筋混凝土梁等，尽量减少可能产生的不均匀沉降对建筑物造成的伤害。

3.防空洞的处理

（1）防空洞砌筑质量较好，有保留价值时，可采用承重法。

①如果洞顶施工质量不好，可拆除重做素混凝土拱顶或钢筋混凝土拱顶，也可在原砖砌拱顶上现浇钢筋混凝土拱，使砖、混凝土共同组成复合承重的拱顶。

②如果洞顶质量较好，但承重强度不足，可沿洞壁浇筑钢筋混凝土扶壁柱，并与拱顶浇为一体。

（2）当防空洞埋置深度不大，靠近建筑物且又无法避开时，可适当加深基础，使基础埋深与防空洞取平。

（3）如果防空洞较深，其拱顶层距地面深达6～7m，拱顶距基底也有4～5m之多，防空洞本身质量亦较好时，防空洞可以不加处理，但要加强上部结构整体刚度，防止出现裂缝，或因地基承载不均匀，导致产生不均匀沉降。

（4）建筑物所在位置恰遇防空洞，为避开防空洞时，可做以下处理。

①采用建筑物移位法，即首先考虑建筑物适当移位，这样既可保留防空洞，建筑物地基又不用处理。

②如果受建筑物限制不能移位，就考虑建筑物某道或某几道承重墙是否可错开防空洞，使承重墙不直接压在防空洞上。

③建筑物因地制宜、“见缝插针”。根据现有能避开防空洞的场地，将建筑物平面做成点式、L形、U形等。

第二节　浅基础施工

一、无筋扩展基础

无筋扩展基础是基础的一种做法，是指由砖、毛石、混凝土或毛石混凝土，灰土和三合土等材料组成的，且不需配置钢筋的墙下条形基础或柱下独立基础。无筋扩展基础也称为刚性基础。这种基础的特点是抗压性能好，整体性、抗拉、抗弯、抗剪性能差。它适用于地基坚实、均匀、上部荷载较小、六层和六层以下（三合土基础不宜超过四层）的一般民用建筑和墙承重的轻型厂房。

（一）刚性角的概念

基础是上部结构在地基中的放大部分，但当放大的尺寸超过一定范围时，材料就会受到拉力和剪力作用；若内力超过基础材料本身的抗拉、抗剪能力，就会引起折裂破坏。各种材料具有各自的刚性角α，如混凝土的刚性角为45°，砖的刚性角为33.4°，等等。

（二）砖基础

砖基础的下部为大放脚、上部为基础墙。大放脚有等高式（二皮一收）和间隔式（二一间隔收）。等高式大放脚是每砌两皮砖，每边各收进1/4砖长（60mm）；间隔式大放脚是两皮一上与一皮一收相间隔，两边各收进1/4砖长（60mm）。

砖基础大放脚一般采用一顺一丁砌筑形式，即一皮顺砖与一皮丁砖相间，最下一皮砖以丁砖为主。上下皮垂直灰缝相互错开60mm。砖基础的转角处、交界处，为错缝需要应加砌配砖（3/4砖、半砖或1/4砖）。

砖基础的水平灰缝厚度和垂直灰缝宽度宜为10mm。水平灰缝的砂浆饱满度不得小于80%。砖基础的转角处和交接处应同时砌筑，当不能同时砌筑时，应留置斜槎。基础墙的防潮层，当设计无具体要求时，宜用1：2水泥砂浆加适量防水剂铺设，其厚度宜为20mm。防潮层位置宜在室内地面标高以下一皮砖处。

（三）毛石基础

砌筑毛石基础的第一皮石砌块应坐浆，并将石块的大面朝下。毛石基础的第一皮及转角处、交接处应用较大的平毛石砌筑。基础的最上一皮，宜选用较大的毛石砌筑。毛石基础的扩大部分，如做成阶梯形，上级阶梯的石块应至少压砌下级阶梯石块的1/2，相邻阶梯的毛石应相互错缝搭接。

毛石基础必须设置拉结石。拉结石应均匀分布。毛石基础同皮内每隔2m左右设置一块。拉结石长度：若基础宽度等于或小于400mm，则拉结石长度应与基础宽度相等；若基础宽度大于400mm，可用两块拉结石内外搭接，搭接长度不应小于150mm，且其中一块拉结石长度不应小于基础宽度的2/3。

（四）素混凝土基础

素混凝土基础是指不设钢筋的混凝土基础，它与砖基础、毛石基础相比具有整体性好、强度高、耐水等优点。

（五）无筋扩展基础施工

（1）施工工艺流程是：基地土质验槽→施工垫层→在垫层上弹线抄平→基础施工。

（2）在进行基础施工前，应先进行验槽并将地基表面的浮土及垃圾清除干净。在主要轴线部位设置引桩控制轴线位置，并以此放出墙身轴线和基础边线。

二、独立基础

建筑物上部结构采用框架结构或单层排架结构承重时，基础常采用圆柱形和多边形等形式的基础，这类基础称为独立基础，也称单独基础。独立基础分为阶形基础、锥形基础和杯形基础三种。当柱为现浇时，独立基础与柱子是整浇在一起的；当柱子为预制时，通常将基础做成杯口形，然后将柱子插入，并用细石混凝土嵌固，此时称为杯口基础。轴心受压柱下独立基础的底面形状常为正方形，而偏心受压柱下独立基础的底面形状一般为矩形。

（一）独立基础施工工艺流程

独立基础的工艺流程一般为：清理→混凝土垫层→测量放线→钢筋绑扎→相关专业施工→清理→支模板→清理→混凝土搅拌→混凝土浇筑→混凝土振捣→混凝土找平→混凝土养护→模板拆除。

（二）独立基础施工工艺

1.清理及垫层浇灌

地基验槽完成，清除表层浮土及扰动土，不留积水，立即进行垫层混凝土施工。垫层混凝土必须振捣密实，表面平整，严禁晾晒基土。

2.钢筋绑扎

垫层浇灌完成，混凝土达到1.2MPa后，表面弹线进行钢筋绑扎，底板钢筋网片四周两行钢筋交叉点应每点扎牢，中间部分交叉点可相隔交错扎牢，但必须保证受力钢筋不发生位移。对于双向主筋的钢筋网，则须将全部钢筋的相交点扎牢。柱插筋弯钩部分必须与底板筋成45°绑扎、连接点处必须全部绑扎，距底板5cm处绑扎第一个箍筋，距基础顶5cm处绑扎最后一道箍筋，作为标高控制筋及定位筋；柱插筋最上部再绑扎一道定位筋，上下箍筋及定位箍筋绑扎完成后将柱插筋调整到位并用“井”字木架临时固定，然后绑扎剩余箍筋，保证柱插筋不变形走样。两道定位筋在基础混凝土浇完后，必须进行更换。

钢筋绑扎好后底面及侧面搁置保护层塑料垫块，厚度为设计保护层厚度，垫块间距不得大于1000mm（视设计钢筋直径确定），以防出现露筋的质量通病。注意对钢筋的成品保护，不得任意碰撞钢筋，造成钢筋移位。

3.支模板

钢筋绑扎及相关专业施工完成后立即进行模板安装。模板采用小钢模或木模，利用架子管或木方加固。

（1）阶梯形独立基础。根据图纸尺寸制作每一阶梯模板，支模顺序是由下至上逐层向上安装，即先安装底层阶梯模板，用斜撑和水平撑钉牢撑稳；核对模板墨线及标高，配合绑扎钢筋及垫块，再进行上一阶模板安装，重新核对墨线各部位尺寸，并把斜撑、水平支撑以及拉杆加以钉牢、撑牢，最后检查拉杆是否稳固，校核基础模板几何尺寸及轴线位置。

（2）锥形独立基础。锥形基础坡度≥30°时，采用斜模板支护，利用螺栓与底板钢筋拉紧，防止上浮，模板上部设透气及振捣孔；坡度≤30°时，利用钢丝网（间距30cm）防止混凝土下坠，上口设井子木控制钢筋位置。不得用重物冲击模板，不准在吊绑的模板上搭设脚手架，保证模板的牢固和严密性。

（3）杯形独立基础。与阶梯形独立基础相似，不同的是增加了一个中心杯芯模，杯口上大下小，斜度按工程设计要求制作。芯模在安装前应钉成整体，轿杠木钉与两侧，中心杯芯完成后要全面校核中心轴线和标高。制作杯形基础模板时应防止中心线不准、杯口模板位移、混凝土浇筑时芯模浮起、拆模时芯模拆不出的情况发生。

4.清理

清除模板内的木屑、泥土等杂物，木模应浇水湿润，堵严板缝及孔洞。

5.混凝土现场搅拌

（1）每次浇筑混凝土前1.5h左右，由土建工长或混凝土工长试写“混凝土浇筑申请书”，一式3份。施工技术负责人签字后，土建工长留1份，交试验员1份，交资料员1份归档。

（2）试验员依据混凝土浇筑申请书填写有关资料，做砂石含水率体验，调整混凝土配合比中的材料用量，换算每盘的材料用量，写配合比板；经施工技术负责人校核后，挂在搅拌机旁醒目处。

（3）材料用量、投放。水、水泥、外加剂、掺和料的计量误差为±2%，砂石料的计量误差为±3%。投料顺序为：石子→水泥→外加剂粉剂→掺和料→砂子→水→外加剂液剂。

（4）搅拌时间。强制式搅拌机，不掺外加剂时，不少于90s；掺外加剂时，不少于120s。自落式搅拌机，在强制式搅拌机搅拌时间的基础上增加30s。

（5）当一个配合比第一次使用时，应由施工技术负责人主持，做混凝土开盘鉴定。如果混凝土和易性不好，可以在维持水灰比不变的前提下，适当调整砂率、水及水泥量，至和易性良好为止。

6.混凝土浇筑

混凝土应分层连续进行，间歇时间应不超过混凝土初凝时间，一般不超过2h。为保证钢筋位置正确，需先浇一层5～10cm厚的混凝土固定钢筋。台阶形基础每一台阶高度整体浇捣，每浇完一台阶停顿0.5h，待其下沉，再浇上一层。分层下料，每层厚度为振动棒的有效振动长度。防止由于下料过厚、振捣不实或漏振、吊帮的根部砂浆涌出等原因造成蜂窝、麻面或孔洞。

7.混凝土振捣

混凝土振捣采用插入式振捣器，插入的间距不大于作用半径的1.5倍。上层振捣棒插入下层3～5cm。尽量避免碰撞预埋件、预埋螺栓，防止预埋件移位。

8.混凝土找平

混凝土浇筑后，表面比较大的混凝土，使用平板振捣器振一遍，然后用杆刮平，再用木抹子搓平。收面前必须校核混凝土表面标高，不符合要求处立即整改。浇筑混凝土时，经常观察模板、支架、钢筋、螺栓、预留孔洞和管有无走动等情况。一经发现有变形、走动或位移时，立即停止浇筑，并及时修整和加固模板，然后再继续浇筑。

9.混凝土养护

已浇筑完的混凝土，应在12h左右加以覆盖和浇水。一般常温养护时间不得少于7昼夜，特种混凝土养护不得少于14昼夜。养护设专人检查落实，防止由于养护不及时，造成混凝土表面裂缝。

10.模板拆除

侧面模板在混凝土强度能保证其棱角不因拆模板而受损坏时方可拆模，拆模前设专人检查混凝土强度。拆除时采用撬棍从一侧顺序拆除，不得采用大锤砸或撬棍乱撬，以免造成混凝土棱角破坏。

三、条形基础

条形基础是指基础长度远远大于宽度的一种基础形式。按上部结构，条形基础分为墙下钢筋混凝土条形基础和柱下钢筋混凝土条形基础。其中，柱下条形基础又可分为单向条形基础和十字交叉条形基础。条形基础必须有足够的刚度将柱子的荷载均匀地分布到扩展的条形基础底面积上，并且调整可能产生的不均匀沉降。当单向条形基础底面积仍不足以承受上部结构荷载时，可以在纵、横两个方向上将柱基础连成十字交叉条形基础，以增加房屋的整体性，减少基础的不均匀沉降。

（一）条形基础施工工艺流程

条形基础的施工工艺流程与独立基础一样，一般为：清理→混凝土垫层→测量放线→钢筋绑扎→相关专业施工→清理→支模板→清理→混凝土搅拌→混凝土浇筑→混凝土振捣→混凝土找平→混凝土养护→模板拆除。

（二）条形基础施工要点

条形基础的施工要点与独立柱基础十分相似。除此之外，还要考虑以下五点。

（1）当基础高度在900mm以内时，插筋伸至基础底部的钢筋网上，并在端部做成直弯钩；当基础高度较大时，位于柱子四角的插筋应伸至基础底部，其余的钢筋只需伸至锚固长度即可。插筋伸出基础部分长度应按柱的受力情况及钢筋规格确定。

（2）钢筋混凝土条形基础，在T形、L形与“十”字交接处的钢筋沿一个主要受力方向通长设置。

（3）条形基础模板工程。侧板和端头板制成后应先在基槽底弹出中心线、基础边线，再把侧板和端头板对准边线和中心线，用水平仪抄测校正侧板顶面水平，经检测无误后，用斜撑、水平撑及拉撑钉牢。制作条形基础模板时要防止沿基础通长方向模板上口不直、宽度不够、下口陷入混凝土内、拆模时上段混凝土缺损、底部钉模不牢等情况的发生。

（4）条形基础混凝土工程。对于锥形基础，应注意保持锥体斜面坡度的正确；斜面部分的模板应随混凝土浇捣分段支设并压紧，以防模板上浮变形；边角处的混凝土必须捣实。严禁斜面部分不支模，用铁锹拍实。基础上部柱子后施工时，可在上部水平面留设施工缝。施工缝的处理应按有关规定执行。条形基础根据高度分段分层连续浇筑，不留施工缝，各段各层应相互衔接，每段2～3m，做到逐段逐层呈阶梯形推进。浇筑时先使混凝土充满模板内边角，然后浇筑中间部分，以保证混凝土密实。分层下料，每层厚度为振动棒的有效振动长度，防止由于下料过厚、振捣不实或漏振、吊帮的根部砂浆涌出等原因造成蜂窝、麻面或孔洞。

（5）浇筑混凝土时，经常观察模板、支架、螺栓、预留孔洞和管道有无走动情况；一经发现有变形、走动或移位时，立即停止浇筑，并及时修整和加固模板，然后继续浇筑。

四、筏板基础

当建筑物上部荷载较大而地基承载能力又比较弱时，用简单的独立基础或条形基础已不能适应地基变形的需要，这时常将墙或柱下基础连成一片，使整个建筑物的荷载承受在一块整板上，这种满堂式的板式基础称为筏形基础。筏形基础由于其底面积大，故而可减小基底压强，同时可提高地基土的承载力，并能更有效地增强基础的整体性，调整不均匀沉降。筏形基础又叫筏板形基础，即满堂基础。筏形基础分为平板式和梁板式，一般根据地基土质、上部结构体系、柱距、荷载大小及施工条件等确定。平板式筏形基础的底板是一块厚度相等的钢筋混凝土平板。板厚一般为0.5～2.5m。平板式筏形基础适用于柱荷载不大、柱距较小且等柱距的情况，其特点是施工方便、建造快，但混凝土用量大。底板的厚度可以按升一层加50mm初步确定，然后校核板的抗冲切强度。通常5层以下的民用建筑，板厚不小于250mm；6层民用建筑的板厚不小于300mm。当柱网间距大时，一般采用梁板式筏形基础。根据肋梁的设置，梁板式筏形基础可分为单向肋和双向肋两种形式。单向肋梁板式筏形基础是将两根或两根以上的柱下条形基础中间用底板连接成一个整体，以扩大基础的底面积并加强基础的整体刚度。双向肋梁板式筏形基础是在纵、横两个方向上的柱下都布置肋梁，有时也可在柱网之间再布置次肋梁以减少底的厚度。

（一）筏板基础工艺流程

（1）钢筋工程工艺流程

钢筋工程工艺流程是：放线并预检→成型钢筋进场→排钢筋→焊接接头→绑扎→柱墙插筋定位→交接验收。

（2）模板工程工艺流程

①240mm砖胎模的工艺流程是：基础砖胎模放线→砌筑→抹灰。

②外墙及基坑的工艺流程是：与钢筋交接验收→放线并预检→外墙及基坑模板支设→钢板止水带安装→交接验收。

③混凝土工程工艺流程是：钢筋模板交接验收→顶标高抄测→混凝土搅拌→现场水平垂直运输→分层振捣赶平抹压→覆盖养护。

（二）筏板基础钢筋工程施工

1.绑底板下层网片钢筋

根据在防水保护层弹好的钢筋位置线，先铺下层网片的长向钢筋，后铺下层网片上面的短向钢筋，钢筋接头尽量采用焊接或机械连接，要求接头在同一截面相互错开50%，同一根钢筋尽量减少接头。在钢筋网片绑扎完后，根据图纸设计依次绑扎局部加强筋。在钢筋网的绑扎时，四周两行钢筋交叉点应每点扎牢，中间部分交叉点可相隔交错扎牢，但必须保证受力钢筋不发生位移。对于双向主筋的钢筋网，则须将全部钢筋的相交点扎牢。绑扎时应注意相邻绑扎点的铁丝扣要成8字形，以免网片歪斜变形。

2.绑扎地梁钢筋

（1）在放平的梁下层水平主钢筋上，用粉笔画出箍筋间距。箍筋与主筋要垂直，箍筋转角与主筋交点均要绑扎，主筋与箍筋非转角部分的相交点成梅花形交错绑扎。箍筋的接头，即弯钩叠合处沿梁水平筋交错布置绑扎。

（2）地梁在槽上预先绑扎好后，根据已画好的梁位置线用塔吊直接吊装到位，并与底板钢筋绑扎牢固。

3.绑扎底板上层网片钢筋

（1）铺设上层钢筋撑脚（铁马凳）。铁马凳用剩余短料焊制成。铁马凳短向放置，间距1.2～1.5m。

（2）绑扎上层网片下铁。先在铁马凳上绑架立筋，在架立筋上画好钢筋位置线。按图纸要求，顺序放置上层网的下铁。钢筋接头尽量采用焊接或机械连接，要求接头在同一截面相互错开50%，同一根钢筋尽量减少接头。

（3）绑扎上层网片上铁。根据在上层下铁上画好的钢筋位置线，顺序放置上层钢筋。钢筋接头尽量采用焊接或机械连接，要求接头在同一截面相互错开50%，同一根钢筋尽量减少接头。

（4）绑扎暗柱和墙体插筋。根据放好的柱和墙体位置线，将暗柱和墙体插筋绑扎就位，并和底板钢筋点焊固定，要求接头均错开50%，根据设计要求执行；设计无要求时，甩出底板面的长度≥45d，暗柱绑扎两道箍筋，墙体绑扎一道水平筋。

（5）垫保护层。底板下保护层为35mm，梁柱主筋保护层为25mm，外墙迎水面为35mm，外墙内侧及内墙均为15mm。保护层垫块间距为600mm，梅花形布置。

⑥成品保护。绑扎钢筋时钢筋不能直接抵到外墙砖模上，并注意保护防水层。钢筋绑扎前，导墙内侧防水层必须甩浆做保护层，导墙上部的防水浮铺油毡加盖砖保护，以免防水卷材在钢筋施工时被破坏。

（三）筏板基础模板工程施工

1.240mm砖胎模

（1）砖胎模砌筑前，先在垫层面上将砌砖线放出，比基础底板外轮廓大40mm。砌筑时要求拉直线，采用一顺一丁“三一”砌筑方法，转角或接口处留出接槎口，墙体要求垂直。砖模内侧、墙顶面抹15mm厚的水泥砂浆并压光，同时阴阳角做成圆弧形。

（2）底板外墙侧模采用240mm厚砖胎模，高度同底板厚度，砖胎模采用MU7.5砖、M5.0水泥砂浆砌筑，内侧及顶面采用1：2.5水泥砂浆抹面。

（3）考虑混凝土浇筑时侧压力较大，砖胎模外侧面必须采用木方及钢管进行支撑加固，支撑间距不大于1.5m。

2.集水坑模板

（1）根据模板板面由10mm厚竹胶板拼装成筒状，内衬两道木方（100mm×100mm），并钉成一个整体。配模的板面保证表面平整、尺寸准确、接缝严密。

（2）模板组装好后进行编号。安装时用塔吊将模板初步就位，然后根据位置线加水平和斜向支撑进行加固，并调整模板位置，使模板的垂直度、刚度、截面尺寸符合要求。

3.外墙高出底板300mm部分

（1）墙体高出部分模板采用10mm厚的竹胶板事先拼装而成，外绑两道水平向木方（50mm×100mm）。

（2）在防水保护层上弹好墙边线，在墙两边焊钢筋预埋竖向和斜向筋（用A12钢筋剩余短料），以便进行加固。

（3）用小线拉外墙通长水平线，保证截面尺寸为297mm（300mm厚的外墙），将配好的模板就位，然后用架子管和铅丝与预埋铁进行加固。

（4）模板固定完毕后拉通线检查板面顺直。

（四）筏板基础混凝土施工

（1）泵送前先用适量与混凝土强度同等级的水泥砂浆润管，并压入混凝土。砂浆输送到基坑内，要抛散开，不允许水泥砂浆堆在一个地方。

（2）混凝土浇筑。基础底板一次性浇筑，间歇时间不能太长，不允许出现冷缝。混凝土浇筑顺序由一端向另一端浇筑，混凝土采用踏步式分层浇筑，分层振捣密实，以使混凝土的水化热尽量散失。具体为：从下到上分层浇筑，从底层开始浇筑，进行5m后回头来浇筑第二层。如此依次向前浇筑以上各层，上下相邻两层时间不超过2h。为了控制浇筑高度，须在出灰口及其附近设置尺杆。夜间施工时，尺杆附近要有灯光照明。

（3）每班安排一个作业班组，并配备3名振捣工人，根据混凝土泵送时自然形成的坡度，在每个浇筑带前、后、中部不停振捣。振捣工要认真负责，仔细振捣，以保证混凝土振捣密实。防止上一层混凝土盖上后而下层混凝土仍未振捣，造成混凝土振捣不密实。振捣时，要快插慢拔，插入深度各层均为350mm，即上面两层均须插入其下面一层50mm。振捣点之间间距为450mm，梅花形布置；振捣时逐点移动，顺序进行，不得漏振。每一插点要掌握好振捣时间，一般为20～30s，过短不易振实，过长可能引起混凝土离析；以混凝土表面泛浆，不大量泛气泡，不再显著下沉，表面浮出灰浆为准；边角处要多加注意，防止出现漏振。振捣棒距离模板要小于其作用半径的一半，约为150mm，并不宜靠近模板振捣，要尽量避免碰撞钢筋、芯管、止水带、预埋件等。

（4）混凝土泵送时，注意不要将料斗内剩余混凝土降低到200mm以下，以免吸入空气。混凝土浇筑完毕要进行多次搓平，保证混凝土表面不产生裂纹，具体方法是：振捣完后先用长刮杠刮平，待表面收浆后，用木抹刀搓平表面，并覆盖塑料布以防表面出现裂缝；在终凝前掀开塑料布再进行搓平，要求搓压三遍，最后一遍抹压要掌握好时间，以终凝前为准。终凝时间可用手压法把握。混凝土搓平完毕后应立即用塑料布覆盖养护，浇水养护时间为14天。

（五）成品保护

保护钢筋、模板的位置正确，不得直接踩踏钢筋和改动模板；在拆模或吊运物件时，不得碰坏施工缝止水带。当混凝土强度达到1.2MPa后，方可拆模及在混凝土上操作。

五、箱形基础

箱形基础是由钢筋混凝土的底板、顶板、侧墙及一定数量的内隔墙构成封闭的箱体，基础中部可在内隔墙开门洞做地下室。这种基础整体性和刚度都好，调整不均匀沉降的能力较强，可消除因地基变形使建筑物开裂的可能性，减少基底处原有地基自重应力，降低总沉降量。它适于做软弱地基上的面积较小、平面形状简单、荷载较大或上部结构分布不均的高层重型建筑物的基础及对沉降有严格要求的设备基础或特殊构筑物，但混凝土及钢材用量较多，造价也较高。

（一）箱形基础施工工艺流程

（1）钢筋绑扎工艺流程。该流程是：核对钢筋半成品→画钢筋位置线→绑扎基础钢筋（墙体、顶板钢筋）→预埋管线及铁件→垫好垫块及马凳→隐检。

（2）模板安装工艺流程。该流程是：确定组装模板方案→搭设内外支撑→安装内外模板（安装顶板模板）→预检。

（3）混凝土工艺流程。该流程是：搅拌混凝土→混凝土运输→浇筑混凝土→混凝土养护。

（二）箱形基础钢筋工程

1.基础钢筋绑扎

（1）核对钢筋半成品。按设计图纸（工程洽商或设计变更）核对加工的半成品钢筋，对其规格型号、形状、尺寸、外观质量等进行检验，挂牌标识。

（2）画钢筋位置线。按照图纸标明的钢筋间距，从距模板端头、梁板边5cm起，用墨斗在混凝土垫层上弹出位置线（包括基础梁钢筋位置线）。

（3）按弹出的钢筋位置线，先铺底板下层钢筋。如设计无要求，一般情况下先铺短向钢筋，再铺长向钢筋。

（4）钢筋绑扎时，靠近外围两行的相交点每点都要绑扎，中间部分的相交点可相隔交错绑扎，双向受力的钢筋必须将钢筋交叉点全部绑扎。绑扎时采用8字扣或交错变换方向绑扎，必须保证钢筋不位移。

（5）底板如有基础梁，可预先分段绑扎骨架，然后安装就位，或根据梁位置线就地绑扎成型。

（6）基础底板采用双层钢筋时，绑完下层钢筋后，摆放钢筋马凳或钢筋支架（间距以人踩不变形为准，一般为1m左右1个为宜）。在马凳上摆放纵横两个方向定位钢筋，钢筋上下次序及绑扣方法同底板下层钢筋。

（7）基础底板和基础梁钢筋接头位置要符合设计要求，同时进行抽样检测。

（8）钢筋绑扎完毕后，进行垫块的码放，间距以1m为宜，厚度满足钢筋保护层要求。

（9）根据弹好的墙、柱位置线，将墙、柱伸入基础的插筋绑扎牢固，插入基础深度和甩出长度要符合设计及规范要求，同时用钢管或钢筋将钢筋上部固定，保证甩筋位置准确，垂直，不歪斜、倾倒、变位。

2.墙钢筋绑扎

（1）将预埋的插筋清理干净，按1：6调整其保护层厚度至符合规范要求。先绑2～4根竖筋，并画好横筋分档标志，然后在下部及齐胸处绑两根横筋定位，并画好竖筋分档标志。一般情况横筋在外，竖筋在里，所以先绑竖筋后绑横筋，横竖筋的间距及位置应符合设计要求。

（2）墙筋为双向受力钢筋，所有钢筋交叉点应逐点绑扎；竖筋搭接范围内，水平筋不少于3道。横竖筋搭接长度和搭接位置，应符合设计图纸和施工规范要求。

（3）双排钢筋之间应绑间距支撑和拉筋，以固定钢筋间距和保护层厚度。支撑或拉筋可用$\varphi 6$和$\varphi 8$钢筋制作，间距600mm左右，用以保证双排钢筋之间的距离。

（4）在墙筋的外侧应绑扎或安装垫块，以保证钢筋保护层厚度。

（5）为保证门窗洞口标高位置正确，应在洞口竖筋上画出标高线。门窗洞口要按设计要求绑扎过梁钢筋，锚入墙内长度要符合设计及规范要求。

（6）各连接点的抗震构造钢筋及锚固长度，均应按设计要求进行绑扎。

（7）配合其他工程安装预埋管件、预留洞口等，其位置、标高均应符合设计要求。

3.顶板钢筋绑扎

（1）清理模板上的杂物，用墨斗弹出主筋，分布筋间距。

（2）按设计要求，先摆放受力主筋，后放分布筋。绑扎板底钢筋一般用顺扣或8字扣，除外围两根筋的相交点全部绑扎外，其余各点可交错绑扎（双向板相交点须全部绑扎）。如板为双层钢筋，两层筋之间须加钢筋马凳，以确保上部钢筋的位置。

（3）板底钢筋绑扎完毕后，及时进行水电管路的敷设和各种埋件的预埋工作。

（4）水电预埋工作完成后，及时进行钢筋盖铁的绑扎工作。绑扎时要挂线绑扎，以保证盖铁两端成行成线。盖铁与钢筋相交点必须全部绑扎。

（5）钢筋绑扎完毕后，及时进行钢筋保护层垫块和盖铁马凳的安装工作。垫块厚度等于保护层厚度，如设计无要求时为15mm。钢筋的锚固长度应符合设计要求。

（三）箱形基础模板工程

1.底板模板安装

（1）底板模板安装按位置线就位，外侧用脚手管做支撑，支撑在基坑侧壁上，支撑点处垫短块木板。

（2）由于箱形基础底板与墙体分开施工，且一般具有防水要求，所以墙体施工缝一般留在距底板顶部30cm处。这样，墙体模板必须和底板模板同时安装一部分。这部分模板一般高度为600mm即可。采用吊模施工，内侧模板底部用钢筋马凳支撑，内外侧模板用穿墙螺栓加以连接，再用斜撑与基坑侧壁撑牢。如底板中有基础梁，则全部采用吊模施工，梁与梁之间用钢管加以锁定。

2.墙体模板安装

（1）单块墙模板就位组拼安装施工要点

①在安装模板前，按位置线安装门窗洞口模板，与墙体钢筋固定，并安装好预埋件或木砖等。

②安装模板宜在墙两侧模板同时安装。第一步模板边安装锁定边插入穿墙或对拉螺栓和套管，并将两侧模对准墙线，使之稳定，然后用钢卡或碟形扣件与钩头螺栓固定于模板边肋上，调整两侧模的平直。

③用同样方法安装其他若干模板到墙顶部，内钢楞外侧安装外钢楞，并将其用方钢卡或蝶形扣件与钩头螺栓和内钢楞固定。穿墙螺栓由内外钢楞中间插入，用螺母将蝶形扣件拧紧，使两侧模板成为一体。安装斜撑，调整模板垂直度合格后，与墙、柱、楼板模板连接。

④钩头螺栓、穿墙螺栓、对接螺栓等连接件都要连接牢靠，松紧力度一致。

（2）预拼装墙模板施工要点

①检查墙模板安装位置的定位基准面墙线及墙模板编号。符合图纸后，安装门窗口等模板及预埋件或木砖。

②将一侧预拼装墙模板按位置线吊装就位，安装斜撑或使工具型斜撑调整至模板与地面呈75°，使其稳定坐落于基准面上。

③安装穿墙或对拉螺栓和支固塑料套管。要使螺栓杆端向上，套管套于螺杆上，清扫模内杂物。

④以同样方法就位另一侧墙模板，使穿墙螺栓穿过模板并在螺栓杆端戴上扣件和螺母，然后调整两块模板的位置和垂直度。与此同时调整斜撑角度，合格后，固定斜撑，紧固全部穿墙螺栓的螺母。

⑤模板安装完毕后，全面检查扣件、螺栓、斜撑是否紧固、稳定，模板拼缝及下口是否严密。

3.柱模板安装

（1）组拼柱模的安装。将柱子的四面模板就位组拼好，每面带一阴角模或连接角模，用U形卡正反交替连接；使柱模四面按给定柱截面线就位，并使之垂直，对角线相等；用定型柱箍固定，锲块到位，销铁插牢；对模板的釉线位移、垂直偏差、对角线、扭向等全面校正，并安装定型斜撑或将一般拉扦和斜撑固定于预先埋在楼板中的钢筋环上；检查柱模板的安装质量，最后进行全体柱子水平拉杆的固定。

（2）整体吊装柱模的安装。吊装前，先检查整体预组拼的柱模板上下口的截面尺寸，对角线偏差，连接件、卡件、柱箍的数量及紧固程度。检查柱筋是否妨碍柱模套装，用铅丝将柱顶筋预先内向绑拢，以利于柱模从顶部套入；当整体柱模安装于基准面上时，用四根斜撑与柱顶四角连接，另一端锚于地面，校正其中心线、柱边线、柱模桶体扭向及垂直度后，固定支撑；当柱高超过6m时，不宜采用单根支撑，宜采用多根支撑连接构架。

4.楼板模板安装

（1）支架的支柱可用早拆翼托支柱从边跨一侧开始，依次逐排安装，同时安装钢（木）楞及横拉杆，其间距按模板设计的规定。一般情况下支柱间距为80～120cm，钢（木）楞间距为60～120cm，并根据板厚计算确定。需要装双层钢（木）楞时，上层钢（木）楞间距一般为40～60cm。对跨度不小于4m的现浇钢筋混凝土梁板，其模板应按设计要求起拱；当设计无其体要求时，起拱度宜为1‰～3‰。

（2）支架搭设完毕后，要认真检查板下钢（木）楞与支柱连接及支架安装的牢固与稳定；根据给定的水平线，认真调节支模翼托的高度，将钢（木）楞找平。

（3）铺设竹胶板，板缝下必须设钢（木）楞，以防止板端部变形。

（4）平模铺设完毕后，用靠尺、塞尺和水准仪检查平整度与楼板底标高，并进行校正。

（四）箱形基础混凝土工程

1.基础底板混凝土施工

（1）箱形基础底板一般较厚，混凝土工程量一般也较大。因此，混凝土施工时，必须考虑混凝土散热的问题，防止出现温度裂缝。

（2）一般采用矿渣硅酸盐水泥进行混凝土配合比设计，经设计同意，可考虑设置后浇带。

（3）混凝土必须连续浇筑，一般不得留置施工缝，所以各种混凝土材料和设备机具必须保证供应。

（4）墙体施工缝处宜留置企口缝，或按设计要求留置。

（5）墙柱甩出钢筋必须用塑料套管加以保护，避免混凝土污染钢筋。

2.墙体混凝土施工

（1）混凝土运输。混凝土从搅拌地点运至浇筑地点，延续时间尽量缩短，根据气温控制在2h内。当采用预拌混凝土时，应充分搅拌后再卸车，不允许随意加水；混凝土发生离析时，浇筑前应二次搅拌，已初凝的混凝土不能使用。

（2）混凝土浇筑振捣。①墙体浇筑混凝土前，在底部接槎处先均匀浇筑5cm厚与墙体混凝土成分相同的减石子砂浆。用铁锹均匀入模，不应用吊斗直接灌入模内。利用混凝土杆检查浇筑高度，一般控制在40cm左右；分层浇筑、振捣。混凝土下料点应分散布置。墙体连续进行浇筑，上下层混凝土之间时间间隔不得超过水泥的初凝时间，一般不超过2h。墙体混凝土的施工缝宜设在门洞过梁跨中1/3区段。当采用平模时，在内纵横墙的交界处，应留垂直缝。接槎处应振捣密实。浇筑时随时清理落地灰。

②洞口浇筑时，使洞口两侧浇筑高度对称均匀，振捣棒距洞边30cm以上，宜从两侧

同时振捣，防止洞口变形。大洞口下部模板应开口，并保证振捣密实。

③振捣。插入式振捣器移动间距不宜大于振捣器作用部分长度的1.25倍，一般应小于50cm。门洞口两侧构造柱要振捣密实，不得漏振。每一振点的延续时间，以表面呈现浮浆和不再沉落为要求，避免碰撞钢筋、模板、预埋件、预埋管等。发现有变形、移位，各有关工种应相互配合进行处理。

④墙上口找平。混凝土浇筑振捣完毕，将上口甩出的钢筋加以整理，用木抹子按预定标高线，将墙上表面混凝土找平。

⑤拆模养护。混凝土浇筑完毕后，应在12h以内加以覆盖和浇水。常温时混凝土强度大于1.2MPa；冬季时掺防冻剂，使混凝土强度达到4MPa时拆模。保证拆模时墙体不黏模、不掉角、不裂缝，并及时修整墙面、边角。常温时应及时喷水养护，养护期一般不少于7天，浇水次数应以保持混凝土有足够的润湿状态为宜。

3.顶板混凝土施工

（1）浇筑板混凝土的虚铺厚度应略大于板厚，平板振捣器在垂直浇筑方向上来回振捣；厚板可用插入式振捣器顺浇筑方向拖拉振捣，并用钢插尺检查混凝土厚度。振捣完毕后用长木抹子抹平，表面拉毛。

（2）浇筑完毕后应及时用塑料布覆盖混凝土，并浇水养护。

第三节　桩基础施工

一、桩基础的分类

（一）按承载性状分类

（1）摩擦型桩。在极限承载力状态下，桩顶竖向荷载全部或主要由桩侧阻力承担；根据桩侧阻力承担荷载的份额，或桩端有无较好的持力层，摩擦型桩又分为摩擦桩和端承摩擦桩。

（2）端承型桩。在极限承载力状态下，桩顶竖向荷载全部或主要由桩端阻力承担；根据桩端阻力承担荷载的份额，端承型桩又分为端承桩和摩擦端承桩。

（二）按成桩方法与工艺分类

（1）非挤土桩。在成桩过程中，将与桩体积相同的土挖出，因而桩周围的土体较少受到扰动，但有应力松弛现象，如干作业法桩、泥浆护壁法桩、套管护壁法桩、人工挖孔桩。

（2）部分挤土桩。在成桩过程中，桩周围的土仅受轻微的扰动，如部分挤土灌注桩、预钻孔打入式预制桩、打入式开口钢管桩、H型钢桩、螺旋成孔桩等。

（3）挤土桩。在成桩过程中，桩周围的土被压密或挤开，因而使其周围土层受到严重扰动，如挤土灌注桩、挤土预制混凝土桩（打入式桩、振入式桩、压入式桩）。

（三）按桩的施工方法分类

（1）预制桩。预制桩是在工厂或施工现场制成的各种材料、各种形式的桩（如木桩、混凝土方桩、预应力混凝土管桩、钢桩等），用沉桩设备将桩打入、压入或振入土中。

（2）灌注桩。灌注桩是在施工现场的桩位上用机械或人工成孔，吊放钢筋笼，然后在孔内灌注混凝土而成。

二、预制桩施工

钢筋混凝土预制桩能承受较大的荷载、施工速度快，可以制作成各种需要的断面及长度。其桩的制作及沉桩工艺简单，不受地下水位高低变化的影响，是我国广泛应用的桩型之一。预制桩按沉桩方式分为锤击沉桩和静力沉桩。

（一）桩的制作、运输和堆放

预制桩主要有钢筋混凝土方桩、混凝土管桩和钢桩等，目前常用的为预应力混凝土管桩。

1.预制桩制作

（1）钢筋混凝土方桩。钢筋混凝土实心桩，断面一般呈方形。桩身截面一般沿桩长不变。实心方桩截面尺寸一般为200mm×200mm ~ 600mm×600mm。钢筋混凝土实心桩桩身长度，因限于桩架高度，现场预制桩的长度一般在25 ~ 30m。限于运输条件，工厂预制桩桩长一般不超过12m，否则应分节预制，然后在打桩过程中予以接长。接头不宜超过3个。制作一般采用间隔、重叠生产，每层桩与桩间用塑料薄膜、油毡、水泥袋纸等隔开，邻桩与上层桩的浇筑须待邻桩或下层桩的混凝土达到设计强度的30%以后进行，重叠层数不宜超过4层。材料要求：钢筋混凝土实心桩所用混凝土的强度等级不宜低于C30（30N/mm^2）。采用静压法沉桩时，可适当降低，但不宜低于C20；预应力混凝土桩的混凝土强度等级不宜低于 C40，浇筑时从桩顶向桩尖进行，应一次浇筑完毕，严禁中断。主筋根据桩断面大小及吊装验算确定，一般为 4 ~ 8 根，直径 12 ~ 25mm；不宜小于 $\varphi 14$，箍筋直径为 6 ~ 8mm，间距不大于 200mm，打入桩桩顶 2 ~ 3d 长度范围内箍筋应加密，并设置钢筋网片。预制桩纵向钢筋的混凝土保护层厚度不宜小于 30mm。桩尖处可将主筋合拢焊在桩尖辅助钢筋上，在密实砂和碎石类土中，可在桩尖处包以钢板桩靴，加强桩尖。

（2）预应力混凝土管桩。其是采用先张法预应力工艺和离心成型法制成的一种空心筒体细长混凝土预制构件。它主要由圆筒形桩身、端头板和钢套箍等组成。管桩按混凝土强度等级和壁厚分为预应力混凝土管桩（代号PC桩）、预应力高强度混凝土管桩（代号PHC桩）和预应力薄壁管桩（代号PTC桩）。管桩按外直径分为300 ~ 1000mm等规格，实际生产的管径以300mm、400mm、500mm、600mm为主，桩长以8 ~ 12m为主。预应力管桩具有单桩竖向承载力高（600 ~ 4500kN）、抗震性能好、耐久性好、耐打、耐压、穿透能力强（穿透5 ~ 6m厚的密实砂夹层）、造价适宜、施工工期短等优点，适用于各类工程地质条件为黏性土、粉土、砂土、碎石、碎石类土层，以及持力层为强风化岩层、密实的砂层（或卵石层）等土层，是目前常用的预制桩桩型。

（2）预制桩的起吊、运输和堆放

当桩的混凝土达到设计强度标准值的70%后方可起吊，吊点应位于设计规定之处。在吊索与桩间应加衬垫，起吊应平稳提升，并采取措施保护桩身质量，防止撞击和受振动。桩运输时的强度应达到设计强度标准值的100%。装载时桩支承应按设计吊钩位置或接近设计吊钩位置叠放平稳并垫实，支撑或绑扎牢固，以防运输中晃动或滑动；长桩采用挂车或炮车运输时，桩不宜设活动支座，行车应平稳，并掌握好行驶速度，防止任何碰撞和冲击。严禁在现场以直接拖拉桩体方式代替装车运输。

堆放场地应平整坚实，排水良好。桩应按规格、桩号分层叠置，支承点应设在吊点或其近旁处，保持在同一横断平面上；各层垫木应上下对齐，并支承平稳。当场地条件许可时，宜单层堆放；当叠层堆放时，外径为500 ~ 600mm的桩不宜超过4层，外径为300 ~ 400mm的桩不宜超过5层。运到打桩位置堆放时，应布置在打桩架附设的起重钩工作半径范围内，并考虑到起吊方向，避免转向。

（二）混凝土预制桩的接桩

当施工设备条件对桩的限制长度小于桩的设计长度时，需要用多节桩组成设计桩长。接头的构造分为焊接、法兰连接、机械快速连接（螺纹式、啮合类）三类形式。采用焊接接桩应符合下列规定。

（1）下节桩端的桩头宜高出地面0.5m。

（2）下节桩的桩头处宜设导向箍。接桩时上下节桩段应保持顺直，错位偏差不宜大于2mm。接桩就位纠偏时，不得采用大锤横向敲打。

（3）桩对接前，上下端板表面应使用铁刷子将其清刷干净，坡口处应刷至露出金属光泽。

（4）焊接宜在桩四周对称地进行，待上下桩节固定后拆除导向箍再分层施焊；焊接层数不得少于两层，第一层焊完后必须把焊渣清理干净，方可进行第二层的施焊。焊缝应连续、饱满。

（5）焊好后的桩接头应自然冷却后方可继续锤击，自然冷却时间不宜少于8min；严禁采用水冷却或焊好即施打。

（6）雨天焊接时，应采取可靠的防雨措施。

（7）焊接接头的质量检查，对于同一工程探伤抽样检验不得少于3个接头。

（三）打桩顺序

打桩顺序根据桩的尺寸、密集程度、深度，桩移动方便程序以及施工现场实际情况等因素来确定，一般分为逐排打设、自中部向边缘打设、分段打设等。

确定打桩顺序应遵循以下原则。

（1）桩基的设计标高不同时，打桩顺序宜先深后浅。

（2）不同规格的桩，宜先大后小。

（3）当一侧毗邻建筑物时，由毗邻建筑物处向另一方向施打。

（4）在桩距大于或等于4倍桩径时，则不用考虑打桩顺序，只需从提高效率出发确定打桩顺序，选择倒行和拐弯次数最少的顺序。

（5）应避免自外向内，或从周边向中央进行，以免中间土体被挤密，桩难以打入，或虽勉强打入，但使邻桩侧移或上冒。

（四）施工前准备

（1）整平场地，场内铺设100mm砾石土压实；清除桩基范围内的高空、地面、地下障碍物；架空高压线距打桩架不得小于10m；修设桩机进出、行走道路，做好排水措施。

（2）按图纸布置进行测量放线，定出桩基轴线。先定出中心，再引出两侧，并将桩的准确位置测设到地面。每一个桩位打一个小木桩，并测出每个桩位的实际标高；场地外设2～3个水准点，以便随时检查。

（3）检查桩的质量，将需用的桩按平面布置图堆放在打桩机附近，不合格的桩不能运至打桩现场。

（4）检查打桩机设备及起重工具；铺设水电管网，进行设备架立组装和试打桩，试打桩不少于两根。在桩架上设置标尺或在桩的侧面画上标尺，以便能观测桩身入土深度。

（5）打桩场地建（构）筑物有防震要求时，应采取必要的防护措施。

（6）学习、熟悉桩基施工图纸，并进行会审；做好技术交底，特别是地质情况、设计要求、操作规程和安全措施的交底。

（7）准备好桩基工程沉桩记录和隐蔽工程验收记录表格，并安排好记录，通知业主、监理人员等。

（五）锤击沉桩施工

锤击沉桩是利用桩锤下落时的瞬时冲击机械能，克服土体对桩的阻力，使其静力平衡状态遭到破坏，导致桩体下沉，达到新的静压平衡状态，如此反复地锤击桩头，桩身也就不断地下沉。锤击沉桩是预制桩最常用的沉桩方法。该法施工速度快，机械化程度高，适应范围广，现场文明程度高，但施工时有挤土、噪声和振动等公害，不宜在医院、学校、居民区等城镇人口密集地区施工，在城市中心和夜间施工应对其有所限制。

1.锤击沉桩施工工艺流程

锤击沉桩施工工艺流程是：测量定位→桩机就位→桩底就位，对中和调直→锤击沉桩→接桩、对中、垂直度校核→再锤击→送桩→收锤。

（1）测量定位。通过轴线控制点，逐个定出桩位，打设钢筋标桩，并用白灰在标桩附近地面上画一个圆心与标桩重合、直径与管桩相等的圆圈，以方便插桩对中，保持桩位正确。桩位的放样允许偏差是群桩20mm、单排桩10mm。

（2）桩底就位、对中和调直。底桩就位前，应在桩身上画出单位长度标记，以便观察桩的入土深度及记录每米沉桩击数。吊桩就位一般用单点吊将管桩吊直，使桩尖插在白灰圈内，桩头部插入锤下面的桩帽套内就位，并对中和调直，使桩身、桩帽和桩锤三者的中心线重合，保持桩身垂直，其垂直度偏差不得大于0.5%。桩垂直度观测包括打桩架导杆的垂直度，可用两台经纬仪在离打桩架15m以外成正交方向进行观测，也可在正交方向上设置两根吊砣垂线进行观测校正。

（3）锤击沉桩。锤击沉桩宜采取低锤轻击或重锤低打，以有效降低锤击应力，同时特别注意保持底桩垂直，在锤击沉桩的全过程中都应使桩锤、桩帽和桩身的中心线重合，防止桩受到偏心锤打，以免桩受弯受扭。在较厚的黏土、粉质黏土层中施打多节管桩时，每根桩宜连续施打，一次完成，以免间歇时间过长，造成再次打入困难，而需增加锤击数，甚至打不下而先将桩头打坏等情况。当遇到贯入度剧变，桩身突然发生倾斜、移位或有严重回弹，桩顶或桩身出现严重裂缝、破碎等情况时，应暂停打桩，并分析原因，采取相应措施。

（4）接桩、对中、垂直度校核。方桩接头数不宜超过两个，预应力管桩单桩的接头数不宜超过4个，应避免桩尖接近硬持力层或桩尖处于硬持力层时接桩。预应力管桩接一般多采用电焊接头。具体施工要点为：在下节桩离地面0.5～1.0m时，在下节桩的接头处设导向箍以方便上节桩就位，起吊上节桩插入导向箍，进行上下节桩对中和垂直度校核，上下节桩轴线偏差不宜大于2mm；上下端板表面应用铁刷子清刷干净，坡口处应刷至露出金属光泽。焊接时宜先在坡口圆周上对称焊4～6点，待上下桩节固定后拆除导向箍，由两名焊工对称、分层、均匀、连续地施焊。一般焊接层数不少于2层，待焊缝自然冷却8～10min后，方可继续锤击沉桩。

（5）送桩。当桩顶标高低于自然地面标高时，须用钢制送桩管（长为4～6m）放于桩头，锤击送桩管将桩送入土中。设计送桩器的原则是：打入阻力不能太大，容易拔出，能将冲击力有效地传到桩上，并能重复使用。送桩后遗留的桩孔应及时回填或覆盖。

（6）截桩。露出地面或未能送至设计桩顶标高的桩，必须截桩。截桩要求用截桩器，严禁用大锤横向敲击、冲撞。

2.锤击沉桩收锤标准

当桩尖（靴）被打入设计持力层一定深度，符合设计确定的停锤条件时，即可收锤停打。终止锤击的控制条件，称为收锤标准。收锤标准通常以达到的桩端持力层、最后贯入度或最后1m沉桩击数为主要控制指标。桩端持力层作为定性控制；最后贯入度或最后1m沉桩锤击数作为定量控制，均通过试桩或设计确定。一般停止锤击的控制原则是：桩端（指桩的全截面）位于一般土层时，以控制桩端设计标高为主，贯入度可做参考；桩端达到坚硬、硬塑的黏性土，中密以上粉土、砂土、碎石类土、风化岩时，以贯入度控制为主，桩端标高可做参考。当贯入度已达到而桩端标高未达到时，应继续锤击3阵，按每阵10击且贯入度不大于设计规定的数值加以确认，必要时施工控制贯入度应通过试验与有关单位会商确定。

（六）静力压桩施工

静力压桩是通过静力压桩机的压桩机构，以压桩机自重和桩机的配重做反力而将预制钢筋混凝土桩分节压入地基土层中成桩。其特点是：桩机全部采用液压装置驱动，压力大，自动化程度高，纵横移动方便，运转灵活；桩定位精确，不易产生偏心，可提高桩基施工质量；施工无噪声，无振动，无污染；沉桩采用全液压夹持桩身向下施加压力，可避免锤击应力打碎桩头，桩截面可以减小，混凝土强度等级可降低1～2级，配筋比锤击法可省40%；效率高，施工速度快，压桩速度每分钟可达2m，正常情况下每台班可完成15根，比锤击法可缩短工期1/3；压桩力能自动记录，可预估和验证单桩承载力，施工安全可靠，便于拆装维修、运输等。但该法压桩设备较笨重，对边桩和已有建筑物间距要求严格，且压桩力受一定限制，并存在挤土效应等问题。

第四节 地下连续墙施工

一、概述

地下连续墙是区别于传统施工方法的一种较为先进的地下工程结构形式和施工工艺。它是在地面上用专用的挖槽设备，沿着深开挖工程的周边（如地下结构物的边墙），在泥浆护壁的情况下，开挖一条狭长的深槽，在槽内放置钢筋笼并浇筑水下混凝土，筑成一段钢筋混凝土墙段，然后将若干墙段连接成整体，形成一条连续的地下墙体。地下连续墙可供截水防渗或挡土承重之用。地下连续墙于1950年前后在意大利和法国开始用于工程。20世纪50年代中后期日本开始引入此项技术。由于它在技术上和经济上的优点，很快在世界上许多国家得到推广。目前，地下连续墙的设计、施工方法已达几十种之多。随着我国经济建设事业的发展，地下连续墙在我国建筑工程上的应用越来越多，并在设计理论和施工技术方面的研究也获得很大发展。

地下连续墙用途非常广泛，主要用作建筑物地下室，地下停车场，高层建筑的深大基坑，市政沟道及涵洞、竖井，各种建筑物的基础，各种有防渗要求的地下构筑物，等等。

地下连续墙之所以在世界范围内应用广泛，其原因在于它与其他施工方法相比，具有以下优点。

（1）施工时振动小、噪声小、工期短，在城市建设中对周围环境的扰动较小。

（2）墙体的刚度大，能承受较大的侧向水土压力。地下连续墙的厚度可达400 ~ 1200mm。基坑开挖时，墙的侧向变形小，因而在城市中心建筑物、构筑物密集地区施工时，对已有建筑物的影响较小，可在距邻近建筑物很近的地点施工。

（3）墙体抗渗性能好，有利于基坑的排水。

（4）可兼做深基坑的支护结构和作为建筑物的基础部分。

（5）适用于多种地质条件，包括软弱的冲积层、中等硬度的土层、密实的砂卵石、岩石等地基。除岩溶地区和承压水头很高的砂砾层以外，地下连续墙对地基土的适用范围很广。

（6）可用作“逆施法”施工，缩短施工总工期。

由于地下连续墙的造价高于钻孔灌注桩和深层搅拌桩，因此对其选用须经过认真的技术经济比较后才可决定。一般来说，在以下情况宜采用地下连续墙：处于软弱地基的深大基坑，周围又有密集的建筑群或重要的地下管线，对基坑工程周围地面沉降和位移值有严格限制的地下工程。既作为土方开挖时的临时基坑支护结构，又可作为主体结构一部分的地下工程。采用逆作法施工，地下连续墙同时作为挡土结构、地下室外墙、地面高层房屋基础的工程。

二、地下连续墙的施工工艺

地下连续墙按其填筑的材料，分为土质墙、混凝土墙、钢筋混凝土墙（又有现浇和预制之分）和组合墙（预制钢筋混凝土墙板和现浇混凝土的组合，或预制钢筋混凝土墙板和混凝水泥膨润土泥浆的组合）；按其成墙方式，分为桩排式、壁板式、桩壁组合式；按其用途分为临时挡土墙、防渗墙、用作主体结构兼做临时挡土墙的地下连续墙、用作多边形基础兼做墙体的地下连续墙。

目前，我国建筑工程中应用最多的还是现浇钢筋混凝土壁板式连续墙。壁板式地下墙既可作为临时性的挡土结构，也可兼作地下工程永久性结构的一部分。地下连续墙墙体与主体结构连接的构造形式，可分为分离式、单独式、复合式和重合式四种；构造不同时，作用在墙体上的荷载也不相同。

（1）分离式是在结构上将地下连续墙和结构物分开使用的结构形式。主体结构对地下连续墙只起横撑作用。所以，结构物完成之后，地下连续墙仍然只承受施工时的荷载——土压力和水压力。

（2）单独式地下连续墙直接用作结构物的边墙。它除了承受土压力和水压力之外，还要承受作用在结构物上的竖向、水平向的全部荷载。

（3）复合式把地下连续墙与主体结构的边墙结合成一体。墙体除受水土压力之外，主体结构与地下连续墙在结合部可传递剪力。

（4）重合式把主体结构的边墙与地下墙在内侧面上重合在一起。中间用填充材料填充。内外墙之间不传递竖向剪力，但两者的弯曲变形相同。竣工之后，地下墙受力的大小介于分离式和单独式之间。

三、导墙施工

（一）导墙的作用

导墙作为地下连续墙施工中必不可少的构筑物，具有以下作用。

（1）控制地下连续墙施工精度。导墙与地下墙中心相一致，规定了沟槽的位置走向，可作为量测挖槽标高、垂直度的基准。导墙顶面又作为机架式挖土机械导向钢轨的架设定位。

（2）挡土作用。由于地表土层受地面超载影响，容易塌陷，导墙起到挡土作用。为防止导墙在侧向土压作用下产生位移，一般应在导墙内侧每隔1 ~ 2m加设上下两道木支撑。

（3）重物支承台。施工期间，承受钢筋笼、浇筑混凝土用的导管、接头管以及其他施工机械的静、动荷载。

（二）导墙的形式

导墙一般采用现浇钢筋混凝土结构，但也有钢制的或预制钢筋混凝土的装配式结构，目的是想能多次重复使用。但根据工程实践，采用现场浇筑的混凝土导墙容易做到底部与土层贴合，防止泥浆流失，而其他预制式导墙较难做到这一点。

导墙的作用和截面形式。导墙并非地下连续墙的实体构筑物，它是地下连续墙挖槽前沿两侧构筑的临时构筑物。导墙的作用在于：为地下连续墙定位，保证墙体的基准标高、垂直度和精确度，支撑挖掘机械，维护地表土体稳定，稳定槽内泥浆液面，等等。导墙一般为现浇钢筋混凝土结构，也有采用能多次重复使用的预制钢筋混凝土装配式结构的导墙。现浇的钢筋混凝土导墙有若干种截面形状。

第四章　钢筋混凝土工程施工技术与管理

第一节　模板工程施工

一、模板

（一）模板的概念及基本要求

模板是指按照一定形状将钢筋混凝土做成的模具。模板和支撑系统共同构成钢筋混凝土结构的模板。模板的形成过程是按照设计要求的位置尺寸和几何形状浇筑新拌混凝土进而使其硬化形成钢筋混凝土的结构模型，所以模板必须强度和刚度够大、稳定性优良，在上述荷载作用下不能发生沉陷、变形等现象，尤其不能产生破坏现象。以下为模板系统不可或缺的条件。

（1）结构和构件的形状、尺寸以及空间位置必须准确。

（2）模板及支撑系统必须有极高的强度和刚度以及良好的整体稳定性。

（3）结构简单，装卸便利，能循环使用。

（4）模板接缝处不能漏浆。

（二）模板的分类

按照模板的拆搭方法分类可以分为固定式、移动式和永久式三类。其中：固定式模板是在安装时不移动，安装完毕后开始浇筑混凝土，并达到标准强度后可移除的一种模板和支撑系统。移动式模板是安装完模板和支撑装置，一边浇筑混凝土一边移动位置，浇筑完全部的混凝土结构之后移除模板。预制钢筋混凝土薄板、压型钢板模板等都属于永久式模板，永久式模板在浇筑混凝土并增加混凝土强度的过程中起模板作用，在浇筑完成后与结构成为一体，属于结构的一部分。按照模板的规格形式可分为定型模板和非定型模板两类。按照结构类型不同可以分成基础模板、墙模板、柱模板、楼梯模板、梁和楼板模板等。按照模板材料的不同可以分为木模板、钢模板、钢木模板、玻璃钢模板、塑料模板、胶合板模板等。目前，竹胶合板和钢模板应用较多。下面仅对木模板与钢模板进行简要论述。

1.木模板

木模板只用于一些中小工程以及工程的特殊部位，属于传统的模板。目前，绝大部分的工程主要使用钢模板及竹胶板，部分形式的模板是在木模板的基础上改进形成的。

一般情况下，木模板及其支架系统都是在加工厂制成元件，继而在现场拼装而成。拼板是用拼条将规则的、厚度为25～50mm的板条拼钉起来的。为了使拼板干缩时缝隙均匀，浇水后便于密缝，因此板条的宽度要在200mm以下。梁底板的板条是个例外，为了使拼缝更少、不漏浆，其宽度大小可以随意。一般情况下，拼板的拼条要平放，梁侧板的拼条要立放。拼条之间的距离为400～500mm，由新浇混凝土的侧压力和板条的厚度决定。

2.钢模板

定型组合钢模板的构成主要是钢模板和配件（包括连接件及支承件），属于工具式定型模板之一。利用不同的连接件及支承件能够将钢模板组成不同结构、尺寸与几何形状的模板。钢模板既可以在施工时现场组装，也可以用起重机吊运提前安装好。一般情况下，钢模板由钢板和型钢焊接而成，属于定型模板，有特定的形状和尺寸。钢模板有平面模板、阳角模板、阴角模板以及连接角模。

构成钢模板的连接件有U形卡、L形插销、S形扣件、钩头螺栓、对拉螺栓以及碟形扣件等。

二、模板施工工艺

（一）基础模板

基础模板要使用地基或者基槽（坑）支撑。基础的特点是高度低、体积较大。如果土质好的话，基础的最下一级可以直接用混凝土浇筑，并不需要模板。在安装基础模板时，要固定好上下模板位置，不能让其产生相对位移。若基础为杯形，那么要在基础放入杯口模板。

（二）墙模板安装

墙模板安装的工艺流程为：

（1）弹线。

（2）安装门窗洞口模板。

（3）安装。

（4）侧模板。

（5）安装另一侧模板。

（6）调整固定。

（7）办理预检。

复查墙模板位置的定位基准线。门洞模板要按照位置线安装，下预埋件或木砖。按照位置线将原来已经拼装完成的一面模板放置到指定位置，接下来安装拉杆或支撑以及塑料套管和穿墙螺栓。其中，在设计模板时要确定穿墙螺栓的大小以及间距，同时需要边校正边安装模板。特别要注意，对称放置两侧穿孔的模板，穿墙螺栓与墙模应垂直放置。安装另一侧模板之前要将墙内杂物清理干净，然后调整斜撑使模板垂直，将穿墙螺栓拧紧。

自墙角模开始拼装单块模板，然后延伸至垂直的两个方向进行组合拼接，在这一过程中还要随时架设支撑，固定模板。在单块模板安装完成之后，接下来可以安装钢内楞，利用钩头螺栓将钢内楞与模板固定起来，间距不能超过600mm。安装模板预组时，应一边就位，一边校正，然后安装连接件、支撑件。利用U形卡将邻近的模板边肋相连并使其间距在300mm之内，预组拼模板接缝处宜满上U形卡，并正反交替安装。上下层墙模板接梯处理，当采用模板单块拼装时，可在下层模板上端设一道穿墙螺栓；拆模时，该层模板不拆除，作为上层模板的支撑面。使用预组拼模板时，应将水平螺杆置于下层混凝土墙上端靠下200mm处，上层模板通过紧固一道通长角钢来支撑。在所有模板都完成安装后，还要检查扣件和螺栓是否拧紧、模板的拼缝和下口的严密程度，以及办理预检手续。

应在相邻钢模板之间放置海绵条，以免发生漏浆。

（三）梁模板安装

梁模板安装的工艺流程为：

（1）弹轴线、水平线。

（2）柱头模板。

（3）模板。

（4）安装梁下支撑。

（5）安装梁底模板。

（6）绑扎梁钢筋。

（7）安装侧模。

在柱子混凝土上弹出梁的轴线及水平线（梁底高程引测用），并复核。不管首层是土壤地面还是楼板地面，安装梁模支架之前都应在专用支柱的下脚铺设通长脚手板。此外，楼层间的上下支座应保持在同一条直线上，但是需要注意的是首层若为土壤地面应平整夯实。一般情况下，支柱使用双排，间距为60～100cm。将10cm×10cm木楞（或定型钢楞）或梁卡具连接固定于支柱上。将横杆或斜杆加设于支柱的中间和下方，支柱双向加剪刀撑和水平拉杆，离地50cm设一道，以上每隔2m设一道。立杆要添加可以调节高度的底座。若梁跨度不小于4m，跨中梁底处要根据设计起拱。如果设计并无说明，适宜的起拱高度为梁跨度的1/1000～3/1000。

按照设计的要求在支柱上调整预留梁底模板的高度，然后拉线安装梁底模板并找直。在底模上绑扎钢筋，检验合格之后将杂物清理干净，接着安装梁侧模板，用梁卡具或安装上下锁口楞及外竖楞附以斜撑，其间距一般宜为75cm。若梁高大于60cm，那么需要添加腰楞，并且穿对拉螺栓，加固。拉线找直侧梁模上口，并使用定型夹固定。有楼板模板时，应在梁上连接好阴角模，与楼板模板拼接。

使用角模拼接梁口与柱头模板，或设计专门的模板，不应用碎拼模板。钢管预埋的方法可以满足在梁上预留孔洞的需要，还要注意分散穿梁孔洞，位置在梁中比较恰当；孔沿梁跨度方向的间距应不少于梁高度，以防削弱梁截面。再次检查梁模尺寸，连接固定相邻梁柱模板。若有楼板模板，要与板模拼接固定。

（四）楼板模板安装

楼板模板安装工艺流程为：

（1）地面夯实。

（2）支立柱。

（3）安大小龙骨。

（4）铺模板。

（5）校正高程及起拱。

（6）加立杆的水平拉杆。

（7）办预检。

先夯实基土地面，然后垫通长脚手板，接下来才能在基土上安装模板。同时，楼层地面在立支柱前要垫通长脚手板。若使用的是多层支架支模，那么支柱要垂直放置，并且支柱的上下层要在一条竖向中心线上。

安装模板的位置应选择边跨一侧，要先临时固定住第一排的龙骨和支柱，然后是第二排的龙骨和支柱，逐排安装。要按照模板设计规定安排支柱和龙骨的间距。一般情况下，小龙骨（楞木）间距为40～60cm，大龙骨（杠木）间距为60～120cm，支柱间距为80～120cm。

然后调节支柱高度，将大龙骨找平。接着铺定型组合钢模板块。在铺模板块时，要先铺一侧，以U形卡将相邻的两块板的边肋连接起来，且U形卡的安装要每隔一孔插一个（安装间距小于等于30cm）。U形卡不能全部安装到同一方向上，要正反相间。楼板在大面积上均应采用大尺寸的定型组合钢模板块，可以用窄的木板或拼缝模板填充拼缝处。特别注意的是，要拼缝严密，钢模板之间要填充海绵条，以防漏浆。

用水平仪测量模板高程，进行校正，并用靠尺找平。用水平拉杆连接支柱，水平拉杆的具体设置取决于支柱的高度。如无特殊情况，都是离地面20～30cm处一道，往上纵横方向每隔1.6m左右一道。要注意常检查，确保牢固。

第二节　钢筋工程施工

一、钢筋的验收与储存

（一）钢筋的验收

钢筋进场时，应按现行国家标准《钢筋混凝土用钢，第2部分：热轧带肋钢筋》（GB/T，1499.2-2018）等的规定抽取试件做力学性能检验，其质量必须符合有关标准的规定。验收内容包括核对标牌和检查外观，并按有关标准的规定抽取试样进行力学性能试验。钢筋的外观检查包括钢筋应平直、无损伤，表面不得有裂纹、油污、颗粒状或片状锈蚀；钢筋表面凸块不允许超过螺纹的高度；钢筋的外形尺寸应符合有关规定。热轧钢筋机械性能检验以60t为一批。进行力学性能试验时，可从每批中任意抽取两根钢筋，在每根钢筋上取两个试样分别进行拉力试验（测定其屈服点、抗拉强度、伸长率）和冷弯试验。如有一项试验结果不符合规定，则从同一批中另取双倍数量的试样重做各项实验。如仍有一个试样不合格，则该批钢筋判为不合格，应降级使用。

（二）钢筋的储存

钢筋运至现场后，必须严格按批分等级，牌号、直径、长度等挂牌存放，并注明数量，不得混淆。钢筋应尽量堆放整齐，堆入仓库或料棚内。条件不具备时，应选择地势较高、土质坚硬的场地存放。堆放时，钢筋下部应垫高，离地面至少200mm高，以防钢筋锈蚀。在堆场周围应挖排水沟，以利于泄水。

二、钢筋的配料计算

钢筋加工前应依照图样进行配料计算。配料计算是根据钢筋混凝土构件的配筋图，先绘出各种形状和规格的单根钢筋图，并加以编号，然后分别计算钢筋的下料长度和根数，填写钢筋配料单，交给钢筋工进行加工。

（一）钢筋下料长度的计算原则及规定

1.钢筋长度

结构施工图中所指钢筋长度是钢筋外缘之间的长度，即外包尺寸，这是施工中量度钢筋长度的基本依据。

2.混凝土保护层厚度

混凝土保护层是指受力钢筋外缘至混凝土构件表面的距离，其作用是保护钢筋在混凝土结构中不受锈蚀。混凝土保护层厚度，一般用水泥砂浆垫块、塑料卡垫或马凳在钢筋与模板之间来控制。塑料卡垫的形状有塑料垫块和塑料环圈两种。塑料垫块用于水平构件，塑料环圈用于垂直构件。

3.弯曲量度差值

钢筋弯曲后，受弯处外边缘伸长，内边缘缩短，中心线则保持原有尺寸。钢筋长度的度量方法是指外包尺寸，因此钢筋弯曲后，存在一个量度差值，在计算下料长度时必须加以扣除。钢筋在不做90° 弯折的时候考虑的是钢筋中部弯曲处的度量差值，按照规范的规定：弯折30° 的取0.3d，弯折45° 的取0.5，弯折60° 的取1d，弯折90° 的取2d。钢筋在做大于90° 弯折的时候考虑钢筋弯钩增加值，90° 的一个弯钩取3.5d，135° 的一个弯钩取4.9d，180° 的一个弯钩取6.25d。常规情况按此计算，但实际情况中，按抗震级、钢筋规格等级不同，有细微变化而不同。

4.箍筋调整值

（1）除焊接封闭环式箍筋外，在箍筋的末端应做弯钩，弯钩形式应符合设计要求。当无具体要求时，应符合下列要求。

①箍筋弯钩的弯弧内直径除应满足上述要求外，尚应不小于受力钢筋的直径。

②箍筋弯钩的弯折角度。对于一般结构不应小于90°，对于有抗震要求的结构应为135°。

③箍筋弯后平直部分的长度。对于一般结构不宜小于箍筋直径的5倍，对于有抗震要求的结构，不应小于箍筋直径的10倍。

（2）为了箍筋计算方便，一般将箍筋弯钩增长值和量度差值两项合并成一项为箍筋调整值。计算时，将箍筋外包尺寸或内皮尺寸加上箍筋调整值即为箍筋下料长度。

（二）钢筋配料单的编制

（1）熟悉图纸。编制钢筋配料单之前必须熟悉图纸，把结构施工图中钢筋的品种、规格列成钢筋明细表，并读出钢筋设计尺寸。

（2）计算钢筋的下料长度。

（3）填写和编写钢筋配料单。根据钢筋下料长度，汇总编制钢筋配料单。在配料单中，要反映出工程名称，钢筋编号，钢筋简图和尺寸，钢筋直径、数量、下料长度、质量等。

（4）填写钢筋料牌。根据钢筋配料单，为每一编号的钢筋制作一块料牌，作为钢筋加工的依据。

（三）钢筋下料计算的注意事项

（1）在设计图纸中，钢筋配置的细节问题没有注明时，一般按构造要求处理。

（2）配料计算时，要考虑钢筋的形状和尺寸，在满足设计要求的前提下，要有利于加工。

（3）配料时，还要考虑施工需要的附加钢筋。

三、钢筋代换

当施工中遇有钢筋品种或规格与设计要求不符时，可进行钢筋代换，并应办理设计变更文件。

（一）代换原则

（1）等强度代换。当构件按强度控制时，钢筋可按强度相等原则进行代换。

（2）等面积代换。当构件按最小配筋率配筋时，钢筋可按面积相等原则进行代换。

（3）当构件受裂缝宽度或挠度控制时，代换后应进行裂缝宽度或挠度验算。

（二）代换构件截面的有效高度影响

钢筋代换后，有时由于受力钢筋直径加大或根数增多而需要增加排数，则构件截面的有效高度减小，截面强度降低。通常对这种影响可凭经验适当增加钢筋面积，然后复核截面强度。对矩形截面的受弯构件，可根据弯矩相等复核截面强度。

（三）代换注意事项

钢筋代换时，必须充分了解设计意图和代换材料性能，并严格遵守现行混凝土结构设计规范的各项规定；凡重要结构中的钢筋代换，应征得设计单位同意。

（1）钢筋代换后，应满足配筋构造规定，如钢筋的最小直径、间距、根数、锚固长度等。

（2）同一截面内，可同时配有不同种类和直径的代换钢筋，但每根钢筋的拉力差不应过大（如同品种钢筋的直径差值一般不大于5mm），以免构件受力不均。

（3）梁的纵向受力钢筋与弯起钢筋应分别代换，以保证正截面与斜截面强度。

（4）偏心受压构件（如框架柱、有吊车厂房柱、桁架上弦等）或偏心受拉构件做钢筋代换时，不取整个截面配筋量计算，应按受力面（受压或受拉）分别代换。

（5）当构件受裂缝宽度控制时，如以小直径钢筋代换大直径钢筋、以强度等级低的钢筋代替强度等级高的钢筋，则可不验算裂缝宽度。

四、钢筋的加工

（一）钢筋除锈

钢筋由于保管不善或存放时间过久，就会受潮生锈。在生锈初期，钢筋表面呈黄褐色，称水锈或色锈；这种水锈除在焊点附近的必须清除外，一般可不处理。但是当钢筋锈蚀进一步发展，钢筋表面已形成一层锈皮，受锤击或碰撞可见锈皮剥落，这种铁锈不能很好地和混凝土黏结，会影响钢筋和混凝土的握裹力，并且会在混凝土中继续发展，因而需要清除。

钢筋除锈方式有三种：一是手工除锈，如钢丝刷、沙堆、麻袋沙包、砂盘等擦锈；二是除锈机机械除锈；三是在进行钢筋的其他加工工序的同时除锈，如在冷拉、调直过程中除锈。

1.手工除锈

（1）钢丝刷擦锈。将锈钢筋并排放在工作台或木垫板上，分面轮换用钢丝刷擦锈。

（2）沙堆擦锈。将带锈钢筋放在沙堆上往返推拉，直至擦净为止。

（3）麻袋沙包擦锈。用麻袋包沙，将钢筋包裹在沙袋中，来回推拉擦锈。

（4）砂盘擦锈。在砂盘里装入掺有20%碎石的干粗砂，把锈蚀的钢筋穿进砂盘两端的半圆形槽里来回冲擦，可除去铁锈。

2.机械除锈

用电动除锈机除锈。该机的圆盘钢丝刷有成品供应，也可用废钢丝绳头拆开编成。圆盘钢丝刷的直径为20～30cm，厚度为5～15cm，转速为1000r/min左右；电动机功率为1.0～1.5kW。为了减少除锈时灰尘飞扬，应装设排尘罩和排尘管道。在除锈过程中，发现钢筋表面的氧化铁皮鳞落现象严重并已损伤钢筋截面，或在除锈后钢筋表面有严重的麻坑、斑点伤蚀截面时，应将其降级使用或剔除不用。

（二）钢筋调直

钢筋在使用前必须经过调直，否则会影响钢筋受力，甚至会使混凝土提前产生裂缝；如未调直直接下料，会影响钢筋的下料长度，并影响后续工序的质量。

钢筋调直应符合下列要求。

（1）钢筋的表面应洁净，使用前应无表面油渍、漆皮、锈皮等。

（2）钢筋应平直，无局部弯曲。钢筋中心线同直线的偏差不超过其全长的1%。成盘的钢筋或弯曲的钢筋均应调直后才允许使用。

（3）钢筋调直后其表面伤痕不得使钢筋截面积减少5%以上。

钢筋调直一直采用机械调直，常用的调直机械有钢筋调直机、弯筋机、卷扬机等。钢筋调直机用于圆钢筋的调直和切断，并可清除其表面的锈皮和污迹。

（三）钢筋切断

钢筋切断前应做好以下准备工作。

（1）汇总当班所要切断的钢筋料牌，将同规格（同级别、同直径）的钢筋分别统计，按不同长度进行长短搭配。一般情况下先断长料，后断短料，以尽量减少短头，减少损耗。

（2）检查测量长度所用工具或标志的准确性，在工作台上有量尺刻度线的，应事先检查定尺卡板的牢固和可靠性。在断料时应避免用短尺量长料，防止在量料中产生累计误差。

钢筋切断有人工剪断、机械切断、氧气切割三种方法。直径大于40mm的钢筋一般用氧气切割。手工切断的工具有断线钳（用于切断直径在5mm以下的钢丝）、手动液压钢筋切断机（用于切断直径在16mm以下的钢筋及直径在25mm以下的钢绞线）。

钢筋机械切断一般采用钢筋切断机，它将钢筋原材料或已调直的钢筋切断。其主要类型有机械式、液压式和手持式钢筋切断机。其中，机械式钢筋切断机又有偏心轴立式、凸轮式和曲柄连杆式等形式。

（四）钢筋弯曲成型

将已切断并配好的钢筋弯曲成所规定的形状尺寸是钢筋加工的一道主要工序。钢筋弯曲成型要求加工的钢筋形状正确，平面上没有翘曲不平的现象，便于绑扎安装。钢筋弯曲成型有手工和机械弯曲成型两种方法。

五、钢筋的连接

直条钢筋的长度通常只有9～12m，如果构件长度大于12m时，一般都要接长钢筋。钢筋的接长方式可分为绑扎连接、焊接连接、机械连接三类。

纵向钢筋宜优先采用机械连接接头或焊接接头，机械连接可采用直螺纹或挤压套筒，焊接可采用闪光对焊、电弧焊、电渣压力焊或气压焊。当钢筋直径小于等于14mm时采用绑扎搭接。当钢筋直径大于14mm时优先选用机械连接，也可选用焊接，机械连接采用二级质量等级。

（一）钢筋绑扎连接

钢筋绑扎连接的基本要求如下。

（1）当受拉钢筋的直径大于28mm，受压钢筋直径大于32mm时，不宜采用绑扎搭接接头。

（2）轴心受拉及小偏心受拉杆件（如榆架和拱架的拉杆等）的纵向受力钢筋和直接承受动力荷载结构中的纵向受力钢筋均不得采用绑扎搭接接头。

（3）搭接长度的末端与钢筋弯曲处相距大于等于10d，且接头不宜位于最大弯矩处。

（4）钢筋直径不大于12mm的受压，HPB300级钢筋末端，以及轴心受压结构中任意直径的受力钢筋的末端，可不做弯钩，但搭接长度不应小于钢筋直径的35倍。

（5）同一构件中相邻纵向受力钢筋的绑扎搭接接头宜相互错开。钢筋绑扎搭接接头连接区段的长度为$1.3l_1$（l_1为搭接长度），凡搭接接头中点位于该连接区段长度内的搭接接头均属于同一连接区段。同一连接区段内，有搭接接头的纵向受力钢筋截面面积占全部纵向受力钢筋截面面积的百分率应符合设计要求；无设计具体要求时，应符合规定：对梁类、板类及墙类构件，不宜大于25%；对柱类构件，不宜大于50%；当工程中确有必要增大接头面积百分率时，对梁类构件，不应大于50%，对其他构件可根据实际情况放宽。

（6）绑扎接头处的中心和两端均应用铁丝扎牢。

（7）绑扎搭接接头中钢筋的横向净距不应小于钢筋直径，且不应小于25mm。

（8）有抗震要求的受力钢筋搭接长度，对一、二级抗震设防应增加50%。

（9）在梁柱类构件的纵向受力钢筋搭接长度范围内，应按设计要求配置箍筋，箍筋直径不小于搭接钢筋较大直径的25%；受拉搭接区段的箍筋的间距不大于搭接钢筋较小直径的5倍，且不大于100mm；受压搭接区段的箍筋的间距不大于搭接钢筋较小直径的10倍，且不大于200mm；当柱纵向受力钢筋直径大于25mm时，应在搭接接头两个端面外100mm范围内各设置两个箍筋，其间距为50mm。

（二）钢筋焊接

钢筋焊接的方式有闪光对焊、电弧焊、电渣压力焊、埋弧压力焊、气压焊等。其中，对焊用于接长钢筋，点焊用于焊接钢筋网片，埋弧焊用于钢筋与钢板的焊接，电渣压力焊用于现场焊接竖向钢筋。焊接相关规定：焊工必须持证上岗。焊接前应先试焊，经测试合格后，方可正式焊接施工。钢筋接头严格按照设计施工图和施工规范进行施工，设置在同一构件内的钢筋接头应相互错开；在长度为35d且不小于500mm的截面内，焊接接头在受拉区不超过50%。

1.闪光对焊

闪光对焊是将两根钢筋安放成对接形式，利用电阻热使接触点金属熔化，产生强烈飞溅，形成闪光，迅速加顶锻力完成的一种压焊方法。钢筋闪光对焊的焊接工艺可分为连续闪光对焊、预热闪光对焊和闪光-预热闪光焊等，根据钢筋品种、直径、焊机功率、施焊部位等因素选用。

（1）连续闪光对焊适于焊接直径小于25mm的钢筋。连续闪光对焊的工艺过程包括连续闪光和顶锻过程。施焊时，先闭合一次电路，使两根钢筋端面轻微接触，此时端面的间隙中即喷射出火花般熔化的金属微粒——闪光，接着徐徐移动钢筋使两端面仍保持轻微接触，形成连续闪光。当闪光到预定的长度，使钢筋端头加热到将近熔点时，就以一定的压力迅速进行顶锻。先带电顶锻，再无电顶锻到一定长度，焊接接头即告完成。

（2）预热闪光对焊适于焊接直径大于25mm、端面较平的钢筋。预热闪光对焊是在连续闪光焊前增加一次预热过程，以扩大焊接热影响区。其工艺过程包括预热、闪光和顶锻过程。施焊时先闭合电源，然后使两根钢筋端面交替地接触和分开，这时钢筋端面的间隙中发出断续的闪光，而形成预热过程。当钢筋达到预热温度后进入闪光阶段，随后顶锻而成。

（3）闪光-预热闪光焊适于焊接直径大于25mm、端面不平整的钢筋。闪光-预热闪光焊是在预热闪光焊前加一次闪光过程，目的是使不平整的钢筋端面烧化平整，使预热均匀。其工艺过程包括一次闪光、预热、二次闪光及顶锻过程。施焊时首先连续闪光，使钢筋端部闪平，然后同预热闪光焊。

2.电弧焊

电弧焊是利用弧焊机使焊条与焊件之间产生高温电弧，使焊条和电弧燃烧范围内的焊件熔化，待其凝固便形成焊缝或接头。电弧焊广泛用于钢筋接头与钢筋骨架焊接、装配式结构接头焊接、钢筋与钢板焊接及各种钢结构焊接。弧焊机有直流与交流之分，常用的是交流弧焊机。

3.电渣压力焊

电渣压力焊是利用电流通过渣池产生的电阻热将钢筋端部熔化，然后施加压力使钢筋焊合。钢筋电渣压力焊分手工操作和自动控制两种。采用自动电渣压力焊时，主要设备是电渣焊机。电渣压力焊的焊接参数为焊接电流、渣池电压和通电时间等，可根据钢筋直径选择。

直径大于等于ϕ16mm的竖向钢筋连接，宜采用电渣压力焊。电渣压力焊只适用于竖向钢筋的连接，不能用于水平钢筋和斜筋的连接。

（1）工艺

将钢筋安放成竖向对接形式，利用焊接电流通过两钢筋端面间隙，在焊剂层下形成电弧过程和电渣过程，产生电弧热和电阻热，熔化钢筋，加压完成。

（2）施工注意事项

焊机的上、下钳口要保持同心。钢筋焊接端头要对正压紧且保持垂直。罐内倒焊剂，严禁将焊剂从罐内一侧倾倒。在低温条件下，焊剂罐拆除时间要较常温条件下适当延长。雨雪天气时，在无可靠遮蔽措施条件下禁止施焊。

4.埋弧压力焊

埋弧压力焊是利用焊剂层下的电弧，将两焊件相邻部位熔化，然后加压顶锻使两焊件焊合。

（1）特点。焊后钢板变形小，抗拉强度高。

（2）适用范围。钢筋与钢板做T形接头的焊接。

5.气压焊

气压焊是利用乙炔、氧气混合气体燃烧的高温火焰，加热钢筋结合端部，不待钢筋熔融使其在高温下加压接合。气压焊的设备包括供气装置、加热器、加压器和压接器等。

（三）钢筋机械连接

钢筋机械连接是指通过连接件的机械咬合作用或钢筋端面的承压作用，将一根钢筋的力传递至另一根钢筋的连接方式。这种连接方法的接头质量可靠，稳定性好，施工简便，与母材等强，但是成本高，工人工作强度大。常用钢筋机械连接类型有套筒挤压连接、锥螺纹连接和直螺纹连接。

1.套筒挤压连接

套筒挤压连接是把两根待接钢筋的端头先插入一个优质钢套筒，然后用挤压机在侧向加压数次，待套筒塑性变形后即与带肋钢筋紧密咬合达到连接的目的。特点是：强度高，速度快，准确、安全、不受环境限制。适用于（带肋粗筋）HRB400、RRB400级直径18～40d的钢筋，异径差不大于5mm。方法有径向挤压、轴向挤压。

2.锥螺纹连接

锥螺纹连接是用锥螺纹套筒将两根钢筋端头对接在一起，利用螺纹的机械咬合力传递拉力或压力。所用的设备主要是套丝机，通常安放在现场对钢筋端头进行套丝。

3.直螺纹连接

直螺纹连接是近年来开发的一种新的螺纹连接方式。它先把钢筋端部镦粗，然后切削直螺纹，最后用套筒实行钢筋对接。直螺纹连接的优点是：强度高，接头强度不受扭紧力矩影响，连接速度快，应用范围广，经济，便于管理。

钢筋机械连接接头质量检查与验收：

（1）工程中应用钢筋机械连接时，应由该技术提供单位提交有效的检验报告。

（2）钢筋连接工程开始前及施工过程中，应对每批进场钢筋进行接头工艺检验。工艺检验应符合设计图纸或规范要求。

（3）现场检验应进行外观质量检查和单向拉伸试验。

（4）接头的现场检验按验收批进行。

（5）对接头的每一验收批，必须在工程结构中随机截取3个试件进行单向拉伸试验，按设计要求的接头性能等级进行检验与评定。

（6）在现场连续检验10个验收批。

（7）外观质量检验的质量要求、抽样数量、检验方法及合格标准由各类型接头的技术规程确定。

六、钢筋的绑扎与安装

（一）准备工作

（1）现场弹线，并剔凿、清理接头处表面混凝土浮浆、松动石子、混凝土块等，清理接头处钢筋。

（2）校对需绑扎钢筋的规格、直径、形状、尺寸和数量等是否与料单、料牌和图纸相符。

（3）准备绑扎用的铁丝、绑扎工具（如钢筋钩、带扳口的小撬棍）、绑扎架等。钢筋绑扎用的铁丝，一般采用20～22号铁丝（火烧丝）或镀锌铁丝（铅丝），其中22号铁丝只用于绑扎直径在12mm以下的钢筋。

（4）准备控制混凝土保护层用的水泥砂浆垫块或塑料卡。水泥砂浆垫块的厚度应等于保护层的厚度。当保护层厚度等于或小于20mm时，垫块的平面尺寸为30mm × 30mm；大于20mm时，垫块的平面尺寸为50mm × 50mm。当在垂直方向使用垫块时，可在垫块中埋入20号铁丝。

塑料卡有两种：塑料垫块和塑料环圈。塑料垫块用于水平构件（如梁、板），在两个方向均有槽，以便适应两种保护层厚度。塑料环圈用于垂直构件（如柱、墙），使用时钢筋从卡嘴进入卡腔；塑料环圈有弹性，可使卡腔的大小适应钢筋直径的变化。

（5）画出钢筋位置线。平板或墙板的钢筋，在模板上画线；柱的箍筋，在两根对角线主筋上画点；梁的箍筋，则在架立筋上画点；基础的钢筋，在两个方向各取一根钢筋画点或在垫层上画线。钢筋接头的位置，应根据来料规格，按规范对有关接头位置、数量进行规定，使其错开，在模板上画线。

（6）绑扎形式复杂的结构部位钢筋时，应先研究逐根钢筋穿插就位的顺序。

（二）柱钢筋绑扎

（1）柱钢筋的绑扎应在柱模板安装前进行。

（2）框架梁、牛腿及柱帽等钢筋，应放在柱子纵向钢筋的内侧。

（3）柱中的竖向钢筋搭接时，角部钢筋的弯钩应与模板呈45°角（多边形柱为模板内角的平分角，圆柱形柱应与模板切线垂直），中间钢筋的弯钩应与模板呈90°角。

（4）箍筋的接头（弯钩叠合处）应交错布置在四角纵向钢筋上；箍筋转角与纵向钢筋交叉点均应扎牢（钢筋平直部分与纵向钢筋交叉点可间隔扎牢），绑扎箍筋时绑扣相互间成八字形。

（三）墙钢筋绑扎

（1）墙钢筋的绑扎也应在墙模板安装前进行。

（2）墙（包括水塔壁、烟囱筒身、池壁等）的垂直钢筋每段长度不宜超过4m（钢筋直径小于等于12mm）或6m（钢筋直径大于12mm）或层高加搭接长度，水平钢筋每段长度不宜超过8m，以利于绑扎。钢筋的弯钩应朝向混凝土内。

（3）采用双层钢筋网时，在两层钢筋内应设置撑铁或绑扎架，以固定钢筋间距。

（四）梁、板钢筋绑扎

（1）当梁的高度较小时，梁的钢筋架空在梁模板顶上绑扎，然后落位；当梁的高度较大（大于等于1.0m）时，梁的钢筋宜在梁底模上绑扎，其两侧或一侧模板后安装。板的钢筋在板安装后绑扎。

（2）梁纵向受力钢筋采取双层排列时，两排钢筋之间应垫以长度大于等于25mm的短钢筋，以保证其设计距离。钢筋的接头（弯钩叠合处）应交错布置在两根架立钢筋上，其余同柱。

（3）板的钢筋网绑扎，四周两行钢筋交叉点应每点扎牢，中间部分交叉点可相隔交错扎牢，但必须保证受力钢筋不移位。双向主筋的钢筋网，则须将全部钢筋相交点扎牢。采用双层钢筋网时，在上层钢筋网下面应设置钢筋撑脚，以保证钢筋位置正确。绑扎时应注意相邻绑扎点的铁丝要成八字形，以免网片歪斜变形。

（4）板上部的负筋要防止被踩下，特别是雨棚、挑檐、阳台等悬臂板（悬臂板受力筋在上部），要严格控制负筋位置，以免拆模后断裂。

（5）板、次梁与主梁交叉处，板的钢筋在上，次梁的钢筋居中，主梁的钢筋在下；当有圈梁或垫梁时，主梁的钢筋在上。

（6）框架节点处钢筋穿插十分稠密时，应特别注意梁顶面主筋间的净距要有30mm，以利于浇筑混凝土。

（7）梁板钢筋绑扎时，应防止水电管线位置影响钢筋位置。

第三节　混凝土工程施工

一、混凝土的制备

（一）混凝土的配制

混凝土就是将水泥、粗细骨料、水，按照一定的比例搅拌和成的混合材料。掺加外加剂和掺和料可以改善混凝土的某些性能。水泥的品种和强度等级是根据结构的设计和施工要求精确选定的。水泥进场后，要分别放置，做好记号。注意存放的水泥要放置在干燥的地方。水泥也有保质日期，一般为3个月。当超过3个月时，使用前必须重新取样检查。粗细骨料包括砂和石子，其中砂又可以分为河砂、海砂和山砂。粗骨料有碎石和卵石。混凝土中的骨料要求比较严格，要求质地坚固、颗粒级配良好、含泥量要小，有害杂质含量要满足国家有关标准要求。尤其活性硅、云石等含量，必须严格控制。混凝土拌和用水一般可以直接使用饮用水，当使用其他水的时候，水质要符合国家有关标准的规定。在混凝土工程中，广泛使用外加剂可以改善混凝土的相关性能。外加剂可以分为早强剂、减水剂、缓凝剂、抗冻剂、加气剂、防锈剂和防水剂等，使用前必须取样实际试验检查其性能。所有外加剂要经过严格审查，不得盲目使用。

在混凝土中加适量的掺和料，有两点好处：一是可以节约水泥，二是可以改善混凝土的性能。掺和料分为水硬性和非水硬性两种。水硬性掺和料在水中具有水化反应，可起到填充作用，如硅粉、石灰石粉等。掺和料的使用要服从设计要求，掺量要经过试验确定。

（二）混凝土的搅拌

1.搅拌机

现在的搅拌机按照搅拌机理一般分为自落式搅拌机和强制式搅拌机两种类型。强制式搅拌机正在慢慢代替自落式搅拌机。强制式搅拌机在构造上可分为立轴式和卧轴式两类。

立轴式搅拌机的拌筒为一个水平放置的圆盘，圆盘有内外筒壁，内筒壁轴心装有立轴，立轴上又装有搅拌叶片，一般为2～3组。当立轴旋转时，叶片即带动物料按复杂的轨迹运动，搅拌强烈，在短时间内即可完成搅拌。

卧轴式搅拌机可分为单轴式和双轴式。双轴式为双筒双轴工作，生产效率更高。卧轴式搅拌机的优点在于体积小、容量大、搅拌时间短、生产效率高等。

2.投料顺序

投料方法通常有两种，分别是一次投料和二次投料。一次投料是在上料斗中首先装进石子，然后加入水泥和砂，最后一起投入搅拌机。对自落式搅拌机要在搅拌筒内先加部分水，投料时用砂压住水泥，这样水泥就不会胡乱飞扬，并且水泥和砂先进入搅拌筒内形成水泥砂浆，可缩短包裹石子的时间。二次投料法经过我国的研究和实践形成了“裹砂石法混凝土搅拌工艺”，它是在日本研究的造壳混凝土（简称SEC混凝土）的基础上结合我国的国情研究成功的。该方法分两次加水，两次搅拌。用这种工艺搅拌时，先将全部的石子、砂和70%的拌和水倒入搅拌机，拌和15s使骨料湿润，再倒入全部水泥进行造壳搅拌30s左右，然后加入30%的拌和水进行糊化搅拌60s左右完成。与普通搅拌工艺相比，用裹砂石法搅拌工艺可使混凝土强度提高10%～20%，或节约水泥5%～10%。在我国推广这种新工艺，有巨大的经济效益。

3.混凝土搅拌时间

搅拌的时间就是从原材料全部投入搅拌筒内开始搅拌，到开始卸料为止所花的时长。混凝土搅拌的时间和混凝土搅拌的质量有密切的联系。在一定范围内，搅拌的时间越长，其强度就会越高，但过长时间的搅拌既不经济也不合理。为了保证混凝土的质量，必须合理控制搅拌时间。

4.进料容量

进料容量又称干料容量，是指在搅拌前期把各种材料的体积积累起来。进料容量和搅拌机搅拌筒几何容量的比例一般是0.22～0.40。超载（进料容量超过10%）会使材料在搅拌筒内没有充足的空间进行掺和，影响混凝土拌和物的均匀性；装料过少，不能充分发挥搅拌机的效能。

二、混凝土的运输

（一）混凝土运输的要求

混凝土的运输是指将混凝土从搅拌站送到浇筑点的过程。为了保证混凝土的施工质量，对混凝土拌和物运输提出以下基本要求。

（1）混凝土运输过程中，要能保持良好的均匀性，应控制混凝土不离析、不分层，并应控制混凝土拌和物性能满足施工要求。

（2）混凝土拌和物从搅拌机卸出至施工现场接收的时间间隔不宜大于90min。混凝土在初凝之前必须浇入模板内，并捣实完毕。

（3）场内输送道路应尽量平坦，以减少运输时的振荡，避免造成混凝土分层离析。同时还应考虑布置环形回路，施工高峰时宜设专人管理指挥，以免车辆互相拥挤阻塞。临时架设的桥道要牢固，桥板接头须平顺。

（4）冬期采用搅拌罐车运送混凝土拌和物时，搅拌罐应有保温措施。

（二）混凝土运输工具的选择

混凝土运输包括地面运输、垂直运输和楼面运输。

1.地面运输

若运输距离较远，就不适合采用预拌混凝土，这时多用混凝土搅拌运输车。若混凝土的来源是工地搅拌站，那么大多时候采用载重约1t的小型机动翻斗车或双轮手推车，较少用传送带运输机和窄轨翻斗车运输。

混凝土搅拌运输车，这种车在长距离运输混凝土方面效果显著。它的汽车底盘上斜置一搅拌筒，搅拌筒内有两条螺旋状叶片，可以在装入混凝土后的运输过程中慢速转动进行搅拌，防止混凝土离析；到达指定的运输地点后，反转搅拌筒就能迅速卸下混凝土。搅拌筒能容2～10m^{3}混凝土，混凝土的搅拌运输质量和卸料速度由搅拌筒的结构形状和其轴线与水平的夹角、螺旋叶片的形状和它与铅垂线的夹角决定。搅拌筒的驱动发动机可以是单独的或者汽车的，最好是液压传动。

2.垂直运输

目前，国内混凝土的垂直运输工具大多为塔式起重机、快速提升斗、混凝土泵及井架。混凝土在用塔式起重机运输时要搭配吊斗运输，以便于直接浇筑。混凝土泵适用于混凝土浇筑量大、浇筑速度快的工程。

3.楼面运输

混凝土楼面运输适用工具多为双轮手推车及机动灵活的小型机动翻斗车。

（三）泵送混凝土

泵送混凝土是指用泵运输混凝土。这也属于运输混凝土的方法之一，主要原理为将搅拌运输车中的混凝土卸至混凝土泵的料斗中，然后利用泵的压力通过管道使混凝土到达指定的地点进行浇筑，这样可以同时进行混凝土的水平和垂直运输。目前这种方法已经成为施工现场运输混凝土的关键方法，并且应用范围也愈加广泛，包括高层超高层建筑、立交桥、水塔、烟囱、隧道和各种大型混凝土结构工程的施工都可以使用。现在大功率的混凝土泵最大垂直输送高度已达432m，最大水平运距可达1520m。泵送混凝土设备的主要装置有混凝土泵、输送管和布料装置。

1.混凝土泵

常见的混凝土泵有活塞泵、气压泵和挤压泵等，其中用得最多的就是活塞泵。根据构成原理不同，活塞泵分为机械式活塞泵和液压式活塞泵，这两种用得多的是液压式活塞泵，而液压式活塞泵又可分成油压式及水压式，其中油压式较常用。常用液压活塞泵基本上是液压双缸式。按照混凝土泵的泵体移动与否又可以分成固定式和移动式。在使用固定式混凝土泵的时候，要用车辆拖到指定地点，它比较适合高层建筑的混凝土工程施工，优点为输送能力大、输送高度高；移动式混凝土泵车就是在汽车底盘上安装一个混凝土泵，附带装有全回转三段折叠臂架式布料杆，哪里需要混凝土就将车开到哪里。这种混凝土泵的优点在于不仅能够随工地管道运送到稍远些的地方，还可以通过布料杆在其回转的范围内浇筑。

2.混凝土输送管

泵送混凝土工作最关键的零件就是混凝土输送管，大致包括软管、弯管、直管及锥形管等。一般情况下，除软管外的混凝土输送管的材料都为耐磨锰钢无缝钢管，管径大致上包括80mm、100mm、125mm、150mm、180mm、200mm等，100mm、125mm、150mm管径的输送管最常使用。直管的标准长度包括0.5m、1m、2m、3m、4m，其中4m管为主管。弯管的角度包括150°、300°、450°、600°、900°，便于管道改变方向。锥形管便于连接不同管径的输送管，锥形管的长度大约为1m。一般管道出口处会接软管，目的在于以不移动钢管为前提增大布料范围。垂直输送时，在立管的底部要增设逆流阀，以防止停泵时立管中的混凝土反压回流。

3.布料装置

在浇筑地点设置布料装置十分必要，因为混凝土泵的供料一定要是连续的，输送量也很大。布料装置的设置有利于混凝土在经过运输之后直接进行摊铺或者浇筑入模，能够完全发挥混凝土泵的功能，也能使工作人员减轻体力劳动，更为轻松。布料装置又称为布料杆，主要构成零件为可回转、可伸缩的臂架和输送管。布料杆根据支承结构的差异分为两类：独立式和汽车式。

混凝土泵车由混凝土泵置于汽车上构成，车上置有“布料杆”，能够伸缩或屈折；下方末尾有软管，能够直接输送混凝土到浇筑地，方便快捷。为防止混凝土产生离析现象，就要保持混凝土的通畅，在输送时应尽量减少与输送管壁发生摩擦。

三、混凝土的浇筑与振捣

（一）混凝土的浇筑

1.混凝土浇筑前的准备工作

混凝土浇筑前的准备工作包括：

（1）在混凝土浇筑前应该先对模板和支架进行全方位的检查，确保标高、位置尺寸正确，强度、刚度、稳定性和严密性符合规定要求；模板中的垃圾、泥土和钢筋上油污应该及时处理干净；木模板应该浇水湿润，但是不能留有积水。

（2）对钢筋和预埋件应该请工程监管人员共同检查钢筋的级别、直径、排放位置及保护层厚度是否符合设计要求和规范要求，并认真做好隐蔽工程记录。

（3）提前准备和检查材料、机具等；注意查看天气预报，不能选择在雨雪天气浇筑混凝土。做好施工组织工作和技术、安全交底工作。

2.混凝土浇筑的一般规定

混凝土浇筑前不应发生初凝和离析现象。为了确保混凝土在浇筑的时候不出现离析现象，混凝土从高处倾落的时候高度最好不要超过2m。若超过2m，就应该设有溜槽或串筒。为确保混凝土结构的整体性，混凝土浇筑原则上最好是一次性浇完。混凝土的浇筑工作最好保持连续性，中间不宜断开。如果间隔时间超过了混凝土初凝时间，就要按照施工技术方案的要求留设施工缝；在竖向结构（如墙、柱）中浇筑混凝土时，应先浇筑一层50～100mm的水泥砂浆，然后分段分层灌注混凝土。其主要目的是避免出现烂根现象。

3.施工缝留设与处理

混凝土施工缝不应随意留置，其位置应事先在施工技术方案中确定。

（1）施工缝的留设。混凝土结构大多要求整体浇筑。若因为技术或者施工组织的原因，不能对混凝土结构一次性连续浇筑完成，需要较长的停歇时间，而且在停歇的时间内混凝土的初凝已经完成，这样再继续浇筑混凝土的时候，就会形成接缝，这就是施工缝。

施工缝留设的原则包括：

①宜留在结构受剪力较小的部位，同时方便施工。

②柱子的施工缝宜留在基础与柱子交接处的水平面上、梁的下面、吊车梁牛腿的下面、吊车梁的上面、无梁楼盖柱帽的下面。

③在楼板底面下20～30mm处应该留有高度大于1m的钢筋混凝土梁的水平施工缝，当板下有梁托时，留在梁托下部。

④单向平板的施工缝，可留在平行于短边的任何位置处。

⑤对于有主次梁的楼板结构，应该顺着次梁方向浇筑，施工缝应留在次梁跨度中间1/3范围内。

⑥墙的施工缝可以设在门窗洞口过梁跨度中间1/3范围内，也可留在纵横墙的交接处。

⑦楼梯的施工缝应留在梯段长度中间1/3范围，双向板、大体积混凝土等应按设计要求留设。

（2）施工缝的处理。继续在施工缝浇筑混凝土时，要等到混凝土的抗压强度不小于1.2MPa时再进行；在对施工缝浇筑混凝土之前，要清理掉施工缝表面上的水泥薄膜、松动石子和软弱的混凝土层，并加以充分湿润和冲洗干净，不能留有积水；浇筑时，施工缝处应该先铺一层水泥浆（水泥：水=1：0.4），或与混凝土成分相同的水泥砂浆，厚度为30～50mm，要确保接缝的质量；在浇筑过程中，施工缝应细致捣实，使其紧密结合。

4.后浇带混凝土施工

后浇带是在现浇混凝土结构施工过程中，为免受温度影响收缩产生裂缝而设置的临时施工缝。该缝需根据设计要求保留一段时间，然后浇筑混凝土，将整体结构连成整体。后浇带内的钢筋应完好保存。

（1）施工流程。后浇带的两侧混凝土处理为防水节点处理—清理—混凝土浇筑—养护。

（2）施工方法。后浇带的两侧混凝土处理，由机械切出剔凿的范围和深度，处理掉松散的石子和浮浆，露出密实的混凝土，然后用水冲刷干净。按照相关规定进行防水节点处理。后浇带混凝土的浇筑时间要按照设计要求来确定，当设计没有明确的规定要求时，要在两侧混凝土龄期达到42d后再继续施工。在后浇带浇筑混凝土前，在混凝土表面涂刷水泥净浆或铺一层与混凝土同强度等级的水泥砂浆，并及时浇筑混凝土。后浇带混凝土可采用补偿收缩混凝土，其强度等级应不低于两侧混凝土。后浇带混凝土保湿养护时间应不少于28d。

（二）混凝土的振捣

混凝土的浇筑必须布满钢筋的周围和各个角落。与此同时，为了减少混凝土中的气泡和空隙，混凝土浇筑之后的振捣必不可少。

混凝土有两种振捣方式，分别为人工振捣和机械振捣。人工振捣主要工具为捣锤或插钎，利用冲击力捣实混凝土，缺点在于效率低、效果差；机械振捣主要工具为振动器，利用振动力强迫混凝土振动进而捣实，其优点为效率高、质量好。目前多采用机械振捣。

机械振捣的原理为：未凝结的砼内部有很大的黏着力，若要让它产生位移，而又存在摩擦力。机械振捣时，砼受到强迫振动，其黏着力和摩擦力减小，从原来很稠的弹塑性体状态转化为暂时具有一定流动性的“重质液体”状态；振动结束后，砼又变回了原来的状态，这种转化可逆，并被称为“触变”。在振动时，重力作用致使骨料下沉，更加严密，气泡被挤出，水泥砂浆均匀分布填充空隙，砼就填满了模板的各个角落，变得更为密实。振动机械按照工作方式的不同分为内部振动器、外部振动器、表面振动器和振动台等。

内部振动器又叫作插入式振动器，由电机、软轴及振动棒构成，一般用在基础、柱、梁、墙等构件及大体积混凝土的振捣。按照振动棒内部构造的不同可以将其分成两类：偏心轴式和行星滚锥式（简称行星式）。目前较为常用的内部振动器为行星式内部振动器，其优点在于频率高、振幅小、所需功率小、重量轻、效率高、尺寸小、易于操作。

插入式振动器既可以斜向振捣，也可以垂直振捣。斜向振捣时，振动棒要与混凝土呈40° ~45° 角；垂直振捣为振动棒与混凝土表面垂直。

振动器在工作时要注意快插慢拔（快插的目的是防止先捣实表面砼致使上面砼与下面砼发生离析，慢拔的目的是使砼能填满振动棒抽出时所造成的空洞），插点的分布要均匀，按顺序逐点移动，不能产生遗漏现象，以便使混凝土均匀振实。一般情况下，振动棒有效作用半径为300 ~ 400mm。振动棒可以采用行列式或交错式的振动方式。

当分层浇筑混凝土时，为确保每层混凝土的均匀，需要来回抽动振动棒；此外，振捣上层混凝土的同时要将振动棒插至下层混凝土50 ~ 100mm，以使接缝填充完整。在振捣点进行振捣时，要注意时间适宜，不宜太短或太长，时间太短混凝土振捣不足，会使混凝土不够严密；时间太长会出现砂浆上浮，粗骨料下沉的情况，使下部混凝土脱模后出现蜂窝、孔洞。一般情况下，振捣时间适宜在30s左右，振捣标准为表面泛浆，不再出现气泡，无明显沉落。注意振捣时不能碰到钢筋和模板。

表面振动器也叫作平板振动器，构成零件主要为带偏心块的电动机和平板（木或钢板），其主要作用于混凝土的表面，一般用在楼板、地面、板形构件和薄壁结构等的振捣上。无筋或单层钢筋的结构中，振捣厚度应小于等于250mm；双层钢筋结构中，振捣厚度应小于等于120mm。相邻两段之间应搭接振捣50mm左右。

外部振动器也叫作附着式振动器。其主要固定在模板外侧的横档和竖档上，工作原理为偏心块旋转产生振动力，并通过模板传到混凝土，让混凝土产生振动使其紧密。外部振动器适合用在钢筋密集、断面尺寸较小的构件上。其最大振动深度为300mm左右。

振动台是一个支撑在弹性支座上的工作平台，振动机构安装在工作平台下，振动机构工作会带动工作台产生振动，这样在工作台上制作构件的混凝土就会被振实。振动台是混凝土制品厂中的固定生产设备，用于振实预制构件。

第四节　混凝土工程冬季施工

一、混凝土冬期施工原理

混凝土冬期施工原理为：利用水泥水化反应导致的混凝土凝结硬化而得到的强度。其中，水化反应的前提是水和温度，水是水化反应能否进行的必要条件之一。而温度会影响水化反应的速度。冬天施工气温低，水泥的水化作用明显减弱，混凝土强度速度增长缓慢。在气温达到0℃以下时，水化反应基本停止；当温度降到–4～–2℃时，新浇混凝土内部游离水开始结冰，水化作用完全停止，混凝土强度停止增长。混凝土结冰后体积膨胀，会在内部产生冰胀，使水泥石结构受到破坏，让混凝土的内部出现裂缝和孔隙，同时破坏混凝土和钢筋的黏性，造成结构强度的降低。受冻的混凝土解冻后，强度虽然能够继续增长，但是俨然已不能达到原来设计强度的等级。实验表明，混凝土在浇筑后会立即受冻，抗压强度损失约50%，抗拉强度损失约40%。受冻前混凝土养护的时间越长久，达到的强度会越高，从而水化物生成的也较多，能结冰的游离水也就较少，强度损失会降低。试验表明，混凝土遭受冻结后的强度损失，与受冻时间早晚、冻结前混凝土的强度、水灰比、水泥标号及养护温度等有关。

新浇混凝土如果在受冻前就具备抵抗冰胀应力的某一初期的强度值，然后遭受冻结，在恢复正常温度养护后，混凝土强度还能继续增长，并再经过28d的标准养护后，其后期强度可达到混凝土设计强度等级的95%以上。其受冻前的初期强度称为混凝土允许受冻的临界强度，即为混凝土受冻临界强度。

二、混凝土冬期施工的工艺要求

通常混凝土冬期施工要求常温浇筑，混凝土在达到受冻临界强度前应该用常温养护。为实现目标，可以选择水化热大、发热量大的水泥，采取降低水灰比、减少用水量、增加搅拌时间、对原材料进行加热、采用保温养护及掺外加剂等措施，加速混凝土的凝结硬化。

（一）对材料和对材料加热的要求

在冬期施工期间内，配合混凝土用的水泥，应该优先选用活性高、水化热量大的硅酸盐水泥和普通硅酸盐水泥；蒸汽养护用的水泥品种可经试验确定；水泥标号不宜低于425号，最小水泥用量不宜低于300kg/m^3；水灰比不应大于0.6。水泥不得直接加热，使用前1～2d应堆放在暖棚内，暖棚温度宜在5℃以上，并要注意防潮。

要求骨料在冬期施工前就必须冲洗干净准备好，干燥储备在地势较高且无积水的地面上，并在上面覆盖防雨雪的材料，要适当采取保温措施，防止骨料里面渗入冰碴或雪团。经热工计算，如果需要对原材料加热时，加热的顺序按照水—砂—石进行。不允许对水泥加热。水的比热容大，是砂、石骨料的5倍，加热起来较为简便，容易控制，所以应首先考虑加热水。在加热水未达到要求的时候，要考虑骨料的加热。砂石骨料可采用蒸汽直接通入骨料堆中的方式，加热比较快，能够充分利用热能，但会增加骨料的含水率，在计算施工配合比时，应加以考虑；也可在铁板或火炕上放骨料，用燃料直接加热，但这种方法只适用于骨料分散、用量小的情况。在加热水时，应该适当控制加热的最高温度，避免水泥与过热的水直接接触而产生“假凝”现象。水泥“假凝”现象是指水泥颗粒在遇到温度较高的热水时，颗粒表面会很快地形成薄而硬的壳，阻止水泥与水的水化进行，使水泥水化不充分，导致混凝土强度下降。

钢筋焊接和冷拉加工可在常温下施工，但温度不宜低于-20℃。采用控制应力方法冷拉时，冷拉控制应力应较常温下提高30N/mm^2。钢筋焊接应在室内进行，若必须在室外进行时，应有防雨雪挡风措施。严禁刚焊接好的接头与冰雪接触，避免造成冷脆事故。

（二）混凝土的搅拌、运输、浇筑

冬期施工中外界气温低，由于空气和容器的热传导，混凝土在搅拌、运输和浇筑过程中应该注意加强保温，防止热量损失过大。

1.混凝土的搅拌

冬期施工时，为了加强搅拌效果，应该选择强制式搅拌机。为确保混凝土的质量，还必须确定适宜的搅拌制度。冬期搅拌混凝土的合理投料顺序应与材料加热条件相适应。一般是先投入骨料和加热的水，待搅拌一定时间后，水温降低到40℃左右时，再投入水泥继续搅拌到规定时间，要绝对避免水泥“假凝”，投料量要与搅拌机的规格、容量相匹配，在任何情况下均不宜超载。搅拌时间与搅拌机的类型、容量，骨料的品种、粒径、干湿度，外加剂的种类，原材料的温度以及混凝土的坍落度有关。为满足各组成材料间的热平衡，冬期拌制混凝土的时间可适当延长。拌制有外加剂的混凝土时，搅拌时间应取常温搅拌时间的1.5倍。

对搅拌好的混凝土，应经常检查其温度和易性。若有较大差异，应检查材料加热温度、投料顺序或骨料含水率是否有误，以便及时调整。

2.混凝土的运输

混凝土的运输时间和距离应保证混凝土不离析、不丧失塑性，尽量减少混凝土在运输过程中的热量损失，缩短运输路线，减少装卸和转运次数；使用大容积的运输工具，并经常清理，保持干净；运输的容器四周必须加保温套和保温盖，尽量缩短装卸操作时间。

3.混凝土的浇筑

混凝土在浇筑前应对各项保温措施进行一次全面的检查，应该清掉模板和钢筋上的冰雪和污垢，尽量加快混凝土的浇筑速度，以防止热量散失过多。混凝土拌和的出机温度不能低于10℃，入模温度不得低于5℃，混凝土养护前的温度不得低于2℃。在制定浇筑方案的时候，首先应该考虑集中浇筑，不要分散浇筑；另外，在浇筑的过程中工作面应尽量缩小，减少散热面；采用机械振捣，振捣的时间比常温的时间要长，尽量提高混凝土的密实度；保温材料应随浇随盖，保证有足够的厚度，互相搭接之处应当特别严密，防止出现孔洞或空隙缝，以免空气进入，造成质量事故。

加热养护整体式结构时，施工缝的位置应设置在温度应力较小处。加热温度超过40℃时，由于温度高，势必在结构内部产生温度应力，因此在施工前应征求设计单位的意见，确定跨内施工缝设置的位置。留施工缝处，在混凝土终凝后立即用3～5kPa的气流吹除结合面上的水泥膜、污水和松动石子。继续浇筑时，为使新老混凝土牢固结合，不产生裂缝，要对旧混凝土表面进行加热，使其温度和新浇筑混凝土的入模温度相同。

为保证新浇的混凝土与钢筋的可靠黏结，当气温在-15℃以下时，直径大于25mm的钢筋与预埋件，可喷热风加热至5℃，并清除钢筋上的污土和锈渣。

冬期不得在强冻胀性地基上浇筑混凝土，这种土冻胀变形大，如果地基土遭冻必然引起混凝土的变形并影响其强度。在弱冻胀性地基上浇筑时，应采取保温措施，以免遭冻。

开始浇筑混凝土时，要做好测温工作，从原材料加热直至拆除保温材料为止，对混凝土出机温度、运输过程的温度、入模时的温度以及保温过程的温度都要经常测量，每天至少测量4次，并做好记录。在施工过程中，要经常与气象部门联系，掌握每天气温情况，如有气温变化，要加强保温措施。

三、混凝土冬期施工方法的选择

混凝土冬期施工方法总共有三类。

（1）混凝土养护期间加热的方法。其主要包括电热法、蒸汽加热法和暖棚法。

（2）混凝土养护期间不加热的方法。其主要包括蓄热法和掺化学外加剂法。

（3）综合方法。该方法就是把以上两种方法综合起来应用，如目前最常用的综合蓄热法，即在蓄热法基础上掺加外加剂（早强剂或防冻剂），或采用短时加热等综合措施。

混凝土冬期施工方法是为保证混凝土在硬化过程中避免早期受冻所采用的综合措施。要考虑自然气温、结构类型和特点、原材料、工期限制、能源条件和经济指标。对工期不紧和无特殊限制的工程，从节约能源和降低冬期施工费用考虑，应优先选用养护期间不加热的施工方法或综合方法；在工期紧、施工条件不允许时才考虑选用混凝土养护期间加热的方法，一般要经过技术经济比较确定。一个理想的冬期施工方案应该是用最低的冬期施工费用，在最短的施工期限内，获得优良的施工质量。

第五章　屋面及防水工程施工技术与管理

第一节　屋面防水工程

一、屋面及其种类

在建筑物中，屋面是顶部结构，主要目的在于阻挡风吹日晒和雨雪等对建筑物的侵蚀，其需要具备的功能有防水、保温、隔热等。建筑物地理位置和类型的不同对屋面的要求也有所不同。所以，产生了多样化的屋面构造形式。卷材防水屋面、涂膜防水屋面是较为常见的屋面。下面针对这两种类型进行具体阐释。

（1）卷材防水屋面是指采用黏结胶粘贴卷材或采用带底面黏结胶的卷材进行防水的屋面，既可以使用热熔，也可以使用冷粘贴固定于屋面基层，应该在具体设计要求的基础之上确定具体构造层次。

卷材防水屋面施工方法主要有以下四种。

①有采用胶粘剂进行卷材与基层及卷材与卷材搭接黏结的方法。

②利用卷材底面热熔胶热熔粘贴的方法。

③利用卷材底面自黏胶黏结的方法。

④采用冷胶粘贴或机械固定方法将卷材固定于基层、卷材间搭接采用焊接的方法等。

（2）涂膜防水屋面是将防水涂料涂刷在屋面基层上，经固化后形成一层有一定厚度和弹性的整体涂膜，进而实现防水的功能。应该依据设计的具体要求确定施工的层次。

二、卷材防水屋面

（一）卷材防水屋面常用材料

1.基层处理剂

使用基层处理剂的目的在于使防水材料与基层之间的黏结力得以增强。它主要运用于防水层施工之前，是在基层上预先涂刷的涂料。冷底子油及与各种高聚物改性沥青卷材和合成高分子卷材配套的底胶是较为常见的基层处理剂。在对基层处理剂进行选择时，要考虑其与卷材材性的相容性，避免出现与卷材腐蚀或粘接不良的现象。其中，冷底子油分为两种：快挥发性冷底子油和慢挥发性冷底子油，前者是用30%～40%的石油沥青加入70%的汽油混合而成，涂刷后干燥的时间为5～10h；后者是用30%～40%的石油沥青加入60%的煤油熔融而成，涂刷后干燥的时间为12～48h。

2.胶黏剂

一般来讲，胶黏剂可以分为两种类型：基层与卷材粘贴的胶黏剂及卷材与卷材搭接的胶黏剂。此外，依据胶黏剂构成材料的差异还可以分为改性沥青胶黏剂和合成高分子胶黏剂。

3.沥青胶结材料

沥青胶结材料是将一种或两种标号的沥青依据一定的比例进行混合，在熬制脱水之后，掺入适当品种和数量的填充材料配制而成。填充材料有石灰石粉、白云石粉、滑石粉、云母粉、石英粉、石棉粉和木屑粉等，填充量为10%～25%。耐热度与柔韧性是决定沥青胶结材料质量的关键性因素，具体要求是夏天高温时不流淌，冬季低温时不硬脆。

4.沥青卷材

沥青卷材是指用原纸、纤维织物、纤维毡等胎体材料对沥青进行浸涂，表面撒布粉状、粒状或片状材料制成的可卷曲的片状防水材料。纸胎沥青油毡、玻璃纤维胎沥青油毡和麻布胎沥青油毡是常见的沥青卷材。

5.高聚物改性沥青卷材

高聚物改性沥青卷材是可卷曲的片状防水材料，其涂盖层为合成高分子聚合物改性沥青，胎体为纤维织物或纤维毡，覆盖材料为粉状、粒状、片状或薄膜材料。

（二）结构层、找平层施工

1.结构层要求

一般来讲，钢筋混凝土结构是层面结构的主要形式，分为预制钢筋混凝土板和整体现浇细石混凝土板。钢筋混凝土结构的具体要求为板安置平稳，用细石混凝土嵌填在板缝之间使其更加密实。对于较宽的板缝而言，首先要在板下设吊模补放钢筋，之后再用细石混凝土进行浇注。

2.找平层施工

保持卷材铺贴的平整和牢固是找平层的主要功能。具体而言，找平层的要求有以下几个方面。

（1）必须保持清洁、干燥、平整，没有松动、起壳和翻砂现象。卷材屋面防水层质量受到找平层表面光滑度、平整度的影响。

（2）作为防水层的直接基层，要求强度达到5N/mm²以上时才允许铺贴屋面卷材防水层。

（3）为了方便油毡的铺贴，在墙、檐口、天沟等转角处均应做出小圆角。一般而言，水泥砂浆、细石混凝土或沥青砂浆是找平层施工主要的材料。在冬季、雨季时适合使用沥青砂浆，有困难和抢工期时可采用水泥砂浆。

（三）隔气层、保温层施工

1.隔气层施工

隔气层的主要作用是防止来自下面的蒸汽上渗，进而使保温材料保持干燥的状态。隔气层的两种具体做法是涂一层沥青胶或铺一毡二油。

2.保温层施工

保温层可分为三种类型，其分别为松散材料保温层、板状保温层和整体保温层。一般来讲，房屋应设置保温层，其主要作用在于冬季防寒、夏季防热。平整、干燥、干净且含水率在设计要求的范围之内是对铺贴松散材料保温层的基层的具体要求。在具体施工的过程中，材料的密实度、热导率必须与具体的设计要求相符合，且要对其质量进行检验，看其是否符合标准。

（四）防水层的施工

防水层施工之前的必要准备工作是刷干净油毡上的滑石粉或云母片，其目的在于增强油毡与沥青胶的黏结能力，并做好防火安全工作。

一般来讲，卷材铺贴有以下三种方法及具体要求。

（1）在完成屋面其他工程的施工之后才能进行卷材防水层施工。

（2）在对有多跨和有高低跨的房屋进行铺贴时，铺贴的顺序为从高到低、从远到近。

（3）在铺贴单跨房屋时，首先应该对排水比较集中的部位进行铺贴，之后铺贴的顺序要依据标高先低后高。坡面与立面卷材的铺贴应该由下向上，使卷材按流水方向搭接。

一般而言，屋面坡度决定了铺贴的方向。当坡度在3%以内时，卷材铺贴的方向应该与屋脊方向保持平行；当坡度处于3%～15%时，卷材的铺贴方向可依据当地的实际情况而定，或与屋脊平行，或与屋脊垂直，以保证卷材的稳定，不溜滑。

在铺贴平行于屋脊的卷材时，长边搭接大于等于70mm；短边搭接平屋面不应小于100mm，坡屋面不应小于150mm，相邻两幅卷材短边接缝应错开，大于等于500mm；上下两层卷材应错开1/3或1/2幅宽。

在对平行于屋脊的搭接缝进行搭接时，应该顺着流水的方向；在对垂直屋脊的搭接缝进行搭接时，应该顺着最大频率风向（主导风向）。

在对上下两层卷材进行铺贴时不宜相互垂直。

以下两种情况应该避免短边搭接：坡度超过25%的拱形屋面和天窗下的坡面上。如果必须使用短边搭接，在搭接处要采取一定的措施以达到防止卷材下滑的目的。

（五）卷材保护层的施工

在铺贴完卷材并检验合格之后，才能对保护层进行施工，以达到保护防水层免受损伤的目的。保护层的施工质量在很大程度上会影响防水层使用的年限，因此必须予以高度重视。通常主要的方式有以下几种。

1.绿豆砂保护层

在沥青卷材防水屋面中主要采用的保护层是绿豆砂。绿豆砂材料的优点在于具有低廉的价格，能在一定程度上保护沥青卷材，并降低其辐射热。所以，绿豆砂保护层广泛应用于非上人沥青卷材屋面中。

在具体进行绿豆砂保护层施工时，首先应该将沥青玛蹄脂涂刷在卷材表面，并趁热将粒径为3～5mm的绿豆砂（或人工砂）撒铺在表面。具体需要注意的有以下两个方面。

（1）绿豆砂在使用之前必须经过严格的筛选，颗粒要均匀，且需要用水冲洗干净。

（2）在铺贴绿豆砂时，需要在铁板上预先加热干燥（温度为130～150℃），且铺撒的绿豆砂要均匀，以便与沥青玛蹄脂牢固地结合在一起。

在对绿豆砂进行铺贴时，需要三个人共同完成。其中，一个人涂刷玛蹄脂，另一个人趁热铺撒绿豆砂，第三个人的主要任务是用扫帚扫平或用刮板刮平，之后用软轮轻轻滚一遍，使砂粒嵌入玛蹄脂。需要注意的是，为了避免将油毡刺破，在滚压过程中要用力恰当。对绿豆砂的铺贴应该与屋脊方向保持一致，顺卷材的接缝全面向前推进。

由于不同区域地理环境的差异，在选择绿豆砂进行时，要依据实际情况选择粒径不同的颗粒。对于降雨量较大的地区，适宜采用粒径为6～10mm的小豆石，原因是如果绿豆砂的颗粒较小，容易被大雨冲刷，使出水口堵塞。

2.细砂、云母及蛭石保护层

非上人屋面涂膜防水层的保护层常采用细砂、云母或蛭石。需要注意的是，在具体使用之前，要将粉料筛除。

3.预制板块保护层

砂或水泥砂浆可以应用于预制板块保护层的结合层。铺砌板块之前，应该先以排水坡度要求为依据进行挂线，以达到保护层铺砌的块体横平竖直的目的。

4.水泥砂浆保护层

对于隔离层而言，应该设置在水泥砂浆保护层与防水层之间。一般来讲，保护层用的水泥砂浆配合比（体积比）为水泥：砂=1：（2.5～3）。

在对保护层进行施工之前，应该在分析具体结构的基础上利用木模每隔4～6m设置纵横分格缝。在铺水泥砂浆的过程中，应该做到一边铺一边拍实，并使用刮尺使其保持平整，之后需要压出间距不大于1m的表面分格缝，工具是直径为8～10mm的钢筋或麻绳。最终凝固之前必须使用铁抹子压光保护层。对保护层的要求是平整，且排水坡度与具体的设计要求相符合。

5.细石混凝土保护层

使用细石混凝土对保护层进行整体浇筑之前，要先将隔离层铺在防水层上，如果有具体的设计要求，应依据具体的设计要求设置分格缝木模；如果没有具体的设计要求，通常每格面积不大于36m²，分格缝宽度为20mm。尤其需要注意的是，在对一个分格内的混凝土进行浇筑时要具有连续性，不能留有施工缝。

三、涂膜防水屋面

（一）涂膜防水屋面常用材料

1.防水涂料

防水材料是一种流态或半流态物质，涂刷于基层表面后经溶剂（或水）的挥发，或各组分之间的化学反应形成有一定厚度的弹性薄膜，进而隔绝表面与水，达到防水与防潮的目的。

高聚物改性沥青防水涂料、合成高分子防水涂料以及聚合物水泥防水涂料是较为常见的防水材料。下面针对这三种防水材料进行具体介绍。

（1）高聚物改性沥青防水涂料。这是一种薄质型防水涂料，基料是沥青，加入改性材料合成高分子聚合物，配制成水乳型或溶剂型防水涂料、氯丁胶乳沥青防水涂料、SBS改性沥青防水涂料、APP改性沥青防水涂料等。这些是高聚物改性沥青防水涂料的主要品种。

（2）合成高分子防水涂料。它的主要成膜物质是合成橡胶或合成树脂，并将其他辅助材料加入其中的一种单组分或多组分防水涂料。单组分（双组分）聚氨酯防水涂料、丙烯酸防水涂料、硅橡胶防水涂料、氯丁橡胶防水涂料等是合成高分子防水涂料的主要品种。

（3）聚合物水泥防水涂料。这是一种双组分防水涂料，由有机液料和无机粉料复合而成，优点在于具有较高的弹性和较好的耐久性。

2.密封材料

嵌缝油膏和聚氯乙烯胶泥是常见的密封材料。其中，嵌缝油膏的基料是石油沥青，将改性材料和其他填充料加入其中进行配制。沥青嵌缝油膏、沥青橡胶嵌缝油膏以及塑料嵌缝油膏是密封材料的主要品种。通常使用冷嵌对嵌缝油膏进行施工。

聚氯乙烯胶泥属于热塑型防水嵌缝材料，其成分主要为煤焦油、聚氯乙烯树脂和增塑剂、稳定剂、填充料等。一般来讲，聚氯乙烯胶泥采用现场配制，热灌施工。

（二）涂膜防水屋面施工

涂膜防水屋面与卷材防水层具有相同的施工顺序，对结构层的处理同样是涂膜防水施工前必不可少的准备工作。需要注意以下两个方面。

（1）在填充板缝时，在板端缝处需要进行柔性密封处理。

（2）就非保温屋面的板缝而言，应该留下凹槽，且深度大于等于20mm，并用油膏对嵌缝进行嵌填。

油膏嵌填前必须清理干净板缝，之后用冷底子油涂满整个板缝，待其干燥后，及时对板缝进行油膏嵌填，采用的方式既可以是冷嵌，也可以是热灌。油膏的覆盖宽度应超出板缝两边不少于20mm。嵌缝后，应沿缝及时做好保护层。

涂膜防水屋面的保温层及基层与卷材防水屋面具有相同的处理方法。在涂刷完基层处理剂并干燥后才可以进行涂膜防水的施工。防水涂膜应分遍涂布，待涂布的涂料干燥成膜后，方可涂布后一遍涂料，前后两遍涂料应该保持涂料的方向。一般来讲，涂布时，首先要使涂料在屋面基层上分散开来，利用脚皮刮板对涂料进行刮涂，使其保持厚薄均匀一致、不露底、不存在气泡、表面平整的状态。而且应用防水涂料多遍涂刷或用密封材料封严涂膜防水层的收头处。

在对防水涂料进行施工的过程中，在开裂、渗水的部位应该增设加胎体增强材料作为附加层。较为常用的胎体材料有聚酯无纺布和化纤无纺布。在对胎体增强材料进行铺贴时，应该与屋脊铺设相垂直，且要从屋面最低处开始向上铺贴。

特别需要注意的是，在以下几种情况下不能施工：第一，在涂膜防水层没有进行保护层施工之前，在防水层上不能进行施工，或是放置物品。第二，雨天或在涂层干燥结膜前可能下雨时，也不能施工；第三，在气温高于 35℃及日均气温在 5℃以下也不适宜施工。

第二节　地下防水工程

一、防水混凝土结构施工

防水混凝土是通过对混凝土的配合比进行调整或加入外加剂，使混凝土本身的密实性和抗渗性得以提高，使其有一定防水能力的整体式混凝土或钢筋混凝土。通常来讲，防水混凝土的抗渗等级不得小于S6。普通防水混凝土和外加剂防水混凝土是较为常见的防水混凝土，加气剂防水混凝土、减水剂防水混凝土和三乙醇胺防水混凝土是较为常见的外加剂防水混凝土。

（一）防水混凝土的材料要求

对防水混凝土的水泥品种进行选择的依据是设计要求。其对水泥的要求是：抗水性好、泌水小、水化热低并具有一定的抗腐蚀性，强度等级不应低于32.5级。在施工过程中有以下三种情况。

（1）在不受侵蚀性介质和冻融作用时，采用普通硅酸盐水泥、火山灰质硅酸盐水泥、粉煤灰硅酸盐水泥、矿渣硅酸盐水泥较为适宜。需要注意的是在矿渣硅酸盐水泥的具体使用过程中，必须将高效减水剂掺入其中。

（2）在受侵蚀性介质作用时，水泥的选用应该依据介质的性质决定。

（3）在受冻融作用时，普通硅酸盐水泥是优先的选择，而火山灰质硅酸盐水泥和粉煤灰硅酸盐水泥不适宜使用。

此外，还应注意以下问题：防水混凝土的砂采用中砂较为适宜，且要求含泥量（质量分数）不大于3%。石子最大粒径不宜大于40mm，不得使用碱活性骨料。应该采用不含有害物质的洁净水对混凝土进行搅拌。

（4）应该依据工程的需要，经过试验确定减水剂、膨胀剂、防水剂、密实剂、引气剂、复合型外加剂等外加剂的品种和掺量。尤其需要注意的是，对于所有外加剂的质量必须符合国家或行业标准一等品及以上的要求。如果要将粉煤灰掺入混凝土，要求粉煤灰的级别不应低于二级，掺量不宜大于20%，硅粉掺量不应大于3%。可以按照工程抗裂的具体需要将钢纤维或合成纤维掺入防水混凝土中，通常各类材料的总碱量在每立方米防水混凝土中不得大于3kg。

（二）防水混凝土的配合比要求

对于防水混凝土的配合比有以下规定。

（1）水泥用量不得少于320kg/m³。

（2）掺有活性掺和料时，水泥用量不得少于280kg/m³。

（3）砂率宜为35%～40%，泵送时可增至45%；灰砂比宜为1：1.5～1：2.5。

（4）水灰比不得大于0.55。

（5）普通防水混凝土坍落度不宜大于50mm。

防水混凝土采用预拌混凝土时，入泵坍落度宜控制在（120±20）mm，入泵前坍落度每小时损失值不应大于30mm，坍落度总损失值不应大于60mm；将引气剂或引气型减水剂掺入其中时，混凝土含气量应控制在3%～5%；防水混凝土采用预拌混凝土时，6～8h为较为适宜的缓凝时间。

（三）防水混凝土施工

在防水混凝土施工的过程中，要求模板平整、稳定、牢固，拼缝严密不漏浆。为了避免水沿缝隙渗入防水混凝土中，固定模板的螺栓和铁丝不宜从防水混凝土结构穿过。防水混凝土结构内部设置的各种钢筋或绑扎铁丝不得与模板接触。固定模板用的螺栓应采用工具式螺栓或螺栓加堵头，螺栓上应加焊方形止水环。将模板拆除之后，为了使留下的凹槽封堵密实，必须加强防水措施，而且防水涂料应涂抹在迎水面。

为了使防水混凝土工程的质量得到保障，应严格按照施工验收规范和操作规程进行防水混凝土的配料、搅拌、运输、浇捣和养护。防水混凝土在具体的施工过程中，需要注意以下四个方面。

（1）必须采用机械对拌和物进行搅拌，通常时间不应少于2min。但是，在有外加剂掺入防水混凝土中时，搅拌时间的确定由外加剂的技术要求决定。防水混凝土拌和物在运输后如果出现离析现象，必须再次进行搅拌；当坍落度损失后不能满足施工要求时，应加入原水灰比的水泥浆或掺加减水剂再次进行搅拌。但是不能将水直接加入其中。

（2）必须采用高频机械对防水混凝土进行振捣密实，通常10～30s是较为适宜的振捣时间，具体标准是混凝土泛浆和不冒气泡，应该尽量避免漏振、欠振和超振现象的出现。在将引气剂或引气型减水剂掺入其中时，防水混凝土的振捣应该采用高频插入式振捣器。

（3）防水混凝土的浇筑应该分层进行，每层厚度不宜超过30～40cm，相邻两层浇筑时间不应超过2h。对混凝土进行浇筑时的自由下落高度不得超过1.5m；如果超过了1.5m，就需要使用串筒或溜槽。

（4）防水混凝土的浇筑应该具有连续性，宜少留施工缝。当留设施工缝时，应遵守以下规定。

①在剪力与弯矩最大处或底板与侧墙的交接处不应留设墙体水平施工缝，高出底板表面大于等于300mm的墙体上是较为适宜留设施工缝的位置。

②在拱（板）墙接缝线以下150～300mm处适宜留设拱（板）墙结合的水平施工缝。

③如果墙体有预留孔洞，则施工缝距孔洞边缘之间的距离不应该小于300mm。

④垂直施工缝的设置适宜与变形缝相结合，要尽量避免设置在地下水和裂隙水较多的地段。

在施工缝上继续浇筑混凝土之前，首先应将施工缝处的混凝土表面凿毛，对浮粒和杂物进行清理，用水冲洗干净，并保持湿润状态；之后再将厚度为20～25mm的水泥砂浆铺在上面，继续浇筑。浇筑时水泥砂浆所用材料和灰砂比与混凝土的材料和灰砂比应该保持一致。在对大体积防水混凝土进行施工时，设计强度应为混凝土60d强度；采用低热或中热水泥，掺加粉煤灰、磨细矿渣粉等掺和料；掺入减水剂、缓凝剂、膨胀剂等外加剂。

如果施工时天气炎热，则通常要采取一定的降温措施，如降低原材料温度、减少混凝土运输时吸收外界热量等。要在混凝土内部预先埋设管道，以使冷水散热；混凝土不仅要保温，而且要保湿，混凝土中心温度与表面温度的差值不应大于25℃，混凝土表面温度与大气温度的差值不应大于25℃。如果施工时天气寒冷，混凝土入模温度不应低于5℃；其养护方法主要有综合蓄热法、蓄热法、暖棚法等，同时要使混凝土表面保持湿润状态，避免混凝土出现早期脱水的状态。

二、水泥砂浆防水施工

所谓水泥砂浆防水层指的是用水泥砂浆、素灰（纯水泥浆）交替抹压涂刷四层或五层的多层抹面的泥砂浆防水层。其能够防水的原因在于分层闭合，构成一个多层整体防水层，且层的残留毛细孔道互相堵塞住，防止水分的渗透。在基础垫层、初期支护、围护结构及内衬结构验收合格之后，才能够进行水泥砂浆防水层的施工，可用于结构主体的迎水面或背水面。普通水泥砂浆、聚合物水泥防水砂浆、掺外加剂或掺和料防水砂浆等是较为常用的水泥砂浆防水层，具体施工通常采用多层抹压法。

（一）水泥砂浆防水层的材料要求

通常来讲，水泥砂浆防水层对材料的要求如下。

（1）采用强度等级不低于32.5MPa的普通硅酸盐水泥、硅酸盐水泥、特种水泥，过期或受潮结块水泥坚决不能使用。

（2）砂宜采用中砂，含泥量不大于1%，硫化物和硫酸盐含量（质量分数）不大于1%。

（3）对聚合物乳液的要求是外观应无颗粒、异物和凝固物，固体含量（质量分数）应大于35%，一般选用专用产品。

（4）外加剂的技术性能应该达到国家或行业产品标准一等品以上的质量要求。依据工程的具体需要确定各种材料的配合比。其中，水泥砂浆的水灰比宜控制在0.37～0.40或0.55～0.60范围内。水泥砂浆灰砂比宜用1：2.5，其水灰比在.60～0.65之间，稠度宜控制在7～8cm。如掺外加剂或采用膨胀水泥时，应依据专门的技术规定决定其配合比。

（二）泥砂浆防水层施工

对基层的处理是施工之前必不可少的环节，要求其表面平整、坚实、粗糙、清洁，并充分湿润、无积水，而且应该用与防水层相同的砂浆将基层表面的孔洞、缝隙堵塞抹平。防水砂浆层施工之前应该将预埋件、穿墙管预留凹槽内嵌填密封材料。防水层的第一层将素灰抹在基面上，厚度为2mm，分两次涂抹完成。第二层抹水泥砂浆，厚度为4～5mm，在第一层初凝时抹上，增强两层之间的黏结。第三层抹素灰，厚度为2mm，要在第二层凝固并有一定强度、表面适当洒水湿润后进行。第四层抹水泥砂浆，具体操作与第二层相同。如果采用的是四层防水，那么第四层应该提浆压光；如果采用的是五层防水，则第五层应该再刷一遍水泥浆，并抹平压光。无论是四层防水还是五层防水，各层之间应该紧密贴合，且要连续施工。如果必须留茬时，采用阶梯坡形茬，依层次顺序操作，层与层之间的搭接要紧密。同时，需要注意的是离阴阳角处不得小于200mm。

此外，泥砂浆防水层的施工会受到天气的影响。在雨天及5级以上大风天气中不适宜进行水泥砂浆防水层的施工。如果施工时处于冬季，气温不应低于5℃，且基层表面温度应保持0℃以上。如果施工时处于夏季，在35℃以上或烈日照射下不适宜进行施工。在普通水泥砂浆防水层终凝后，必须及时进行养护工作，具体要求为养护温度不宜低于5℃，养护时间不得少于14天，且养护期间应保持湿润。

值得注意的是，聚合物水泥砂浆防水层的聚合物水泥砂浆拌和后在使用时是有时间限制的，一般要在1h内用完，施工中不得任意加水。防水层没有硬化之前，要避免浇水养护或直接受雨水冲刷，硬化后的养护应该采取干湿交替的方法。如果环境较为潮湿，养护可以在自然条件下进行。

三、卷材防水层施工

较为常用的防水处理方法是地下室卷材防水，原因是卷材防水层的韧性和延伸性对侧压力、振动和变形具有一定的承受能力。沥青防水卷材、高聚物防水卷材和合成高分子防水卷材，以及利用胶结材料通过冷粘、热熔黏结等方法形成的防水层是较为常用的卷材。

在地下室卷材防水层施工过程中外防水法（卷材防水层粘贴在地下结构的迎水面）是主要的防水方法。外防水可以分为外防外贴法和外防内贴法，其依据是保护墙施工先后和卷材铺贴的位置差异。

（一）外防外贴法施工

所谓外防外贴法就是在垫层铺贴好底板卷材防水层后，对地下需要防水结构的混凝土底板与墙体进行施工，等拆除墙体侧模之后，在墙面上直接铺贴卷材防水层。

外防外贴法的施工程序包括以下三个步骤。

（1）对防水结构的底面混凝土垫层进行浇筑，并在垫层上砌筑部分永久性保护墙。将一层油毡干铺到墙下，墙的高度一般大于等于*B*+（200～500）mm（*B*为底板厚度）。

（2）在永久性保护墙上用石灰砂浆砌高度为150mm×（油毡层数+1）的临时保护墙。在永久性保护墙上和垫层上涂抹1：3水泥砂浆找平层，通常采用石灰砂浆进行找平。等找平层基本干燥后，用冷底子油将其涂满。之后，再对立面和平面卷材防水层进行分层铺贴，并临时固定顶端。

（3）在完成防水结构施工之后，要揭开并清理干净临时固定的接茬部位的各层卷材，再将水泥砂浆找平层涂抹在此区段的外墙表面上，将冷底子油涂满找平层，在结构层面上将卷材分层错梯搭接向上铺贴，并及时做好防水层的保护结构。

（二）外防内贴法施工

外防内贴法是指在垫层四周砌筑保护墙之后，在垫层和保护墙上铺贴卷材防水层，然后对地下需防水结构的混凝土底板与墙体进行防水施工。

具体来讲，外防内贴法的施工程序包括以下几个步骤。

（1）对底板的垫层进行铺贴。在垫层四周砌筑永久性保护墙，之后将1：3水泥砂浆找平层涂抹在垫层及保护墙上。待其基本干燥并涂满冷底子油后，沿保护墙与底层对防水卷材进行铺贴。

（2）完成铺贴之后，将最后一层沥青胶涂刷在立面防水层上，趁热将干净的热砂或散麻丝粘上。等到冷却之后，立即涂抹厚度为10～20mm 的1：3水泥砂浆找平层。

（3）将一层厚度为30～50mm的水泥砂浆或细石混凝土保护层铺设在平面上，之后再进行防水结构的混凝土底板和墙体的施工。

卷材防水层的施工要求包括：铺贴卷材的基层表面必须牢固、平整、清洁和干燥。阴阳角处均应做成圆弧或钝角。在对卷材进行粘贴前，应该使用与卷材相容的基层处理剂涂满基层表面。在对卷材进行铺贴时应该将胶结材料涂刷均匀。

其中，在使用外贴法和内贴法对卷材进行铺贴时，铺贴的顺序存在差异。使用外贴法时，铺贴顺序为先铺平面，后铺立面，平立面交接处应交叉搭接；使用内贴法时，铺贴顺序为先铺立面，后铺平面。此外，在对立面卷材进行铺贴时，应先铺转角，后铺大面。一般来讲，对于卷材搭接长度的要求为长边不应小于100mm，短边不应小于150mm，上下两层和相邻两幅卷材的接缝应相互错开1/3幅宽，避免相互垂直铺贴。卷材的接缝应该在立面和平面的转角处，在平面上距离立面大于等于600mm处最为合适。所有转角处均应铺贴附加层。卷材与基层和各层卷材间要黏结牢固，要将搭接缝密封好。

第三节　室内其他部位防水工程

一、外墙防水工程

建筑外墙防水防护要达到的目的是防止雨水、雪水侵入墙体。如果外墙使用合理，且采取正常的维护措施，适宜进行墙面整体防水。此外，也可以采用节点构造防水措施，应用于年降水量≥400mm地区的其他建筑外墙。

（一）外墙整体防水构造

砂浆防水层适宜设置分格缝，具体位置是墙体结构不同材料的交接处。水平分格缝适宜与窗口上沿或下沿保持平行和齐整；垂直分格缝间距不宜大于6m，且宜与门、窗框两边线对齐。对于分格缝来讲，8～10mm是较为适宜的宽度，并且应该对密封材料的分格缝进行密封处理。但是需要注意的是，当使用保温层的抗裂砂浆层兼做防水防护层时，防水防护层不宜设置分格缝。

1.无外保温外墙的防水构造

外墙采用涂料饰面时，在找平层和涂料饰面层之间应该设置防水层，可以采用普通防水砂浆。当外墙采用块材饰面时，防水层的位置应该在找平层和块材黏结层之间。普通防水砂浆是防水层采用的主要材料。外墙采用幕墙饰面时，防水层的位置应该位于找平层和幕墙饰面之间。普通防水砂浆、聚合物防水砂浆、聚合物水泥防水涂料、聚合物乳液防水涂料、聚氨酯防水涂料或防水透气膜是防水层采用的主要材料。

2.外保温外墙的防水构造

采用涂料饰面时，可以将聚合物水泥防水砂浆或普通防水砂浆应用于防水层。如果保温层的抗裂砂浆层能够达到聚合物水泥防水砂浆性能指标要求，就可以同时发挥防水防护层的作用。通常，防水层设置在保温层和涂料饰面之间，乳液聚合物防水砂浆厚度不应小于5mm，干粉聚合物防水砂浆厚度不应小于3mm。

采用块材饰面时，聚合物水泥防水砂浆适宜应用于防水层之中，厚度与上述规定一致。如果保温层的抗裂砂浆层达到聚合物水泥防水砂浆性能指标要求，亦可兼做防水防护层。采用幕墙饰面时，防水层的位置应该处于找平层和幕墙饰面之间，聚合物水泥防水砂浆、聚合物水泥防水涂料、聚合物乳液防水涂料、聚氨酯防水涂料或防水透气膜是防水层较为适宜采用的材料。对于防水砂浆厚度要求与上述规定是一样的，防水涂料应该保持小于1.0mm的厚度。如果外墙保温层选择的保温材料是矿物棉，则防水透气膜较为适宜应用于防水层中。

聚合物水泥防水砂浆防水层中应增设耐碱玻纤网格布或热镀锌钢丝网，并应用锚栓固定于结构墙体中。

3.外墙饰面层防水构造

防水砂浆饰面层应该依据建筑层高设置分格缝。但是，需要注意分格缝间不应大于6m；8 ~ 10mm为较适宜的缝宽。面砖饰面层适宜留设宽度为5 ~ 8mm的块材接缝，在对接缝进行填充时，可以采用聚合物水泥防水砂浆。在对防水饰面进行涂刷时要均匀，应该依据具体的工程与材料确定涂层的厚度，但是一般来讲不得小于1.5mm。上部结构与地下墙体交接部位的防水层应与地下墙体防水层搭接在一起，搭接长度不应小于150mm，且应用密封材料封严防水层的收头。对于有保温的地下室外墙防水防护层，应该与保温层的深度相一致。

（二）外墙细部防水构造

1.门窗

在填充门窗框与墙体间的缝隙时，通常适宜采用聚合物水泥防水砂浆或发泡聚氨酯材料。门窗框也应该做好防水工作，且门窗框间应预留凹槽，将密封材料嵌填其中。此外，门窗上楣的外口应做滴水处理；外窗台应该设置外排水坡度，坡度大于等于5%。

2.雨篷、阳台

雨篷应该设置外排水坡度，坡度应大于等于1%，外口下沿应做滴水线处理；雨篷与外墙交接处的防水层应连续；雨篷防水层应沿外口下翻至滴水部位。不封闭阳台应向水落口设置排水坡度，坡度大于等于1%，且应该用密封材料对水落口周围留槽嵌填。阳台外口下沿应做滴水线设计。

3.女儿墙压顶

一般来讲，适宜采用现浇钢筋混凝土或金属对女儿墙进行压顶，且应该向内找坡，坡度不应小于2%。当压顶材料采用混凝土时，外墙防水层应上翻直到压顶的位置，可以采用防水砂浆作为内侧的滴水部位防水层的材料。当压顶材料采用金属时，防水层应做到压顶的顶部，采用专用金属配件对金属压顶固定。

（三）外墙防水施工

1.外墙防水砂浆施工

在防水砂浆达到设计强度的80%后才能进行砂浆防水层分格缝的密封处理。需要注意的是，在密封之前，应该清理干净分格缝，嵌填密封材料要密实。砂浆防水层转角适宜抹成半径大于等于5mm的圆弧形，转角抹压应顺直。门框、窗框、管道、预埋件等与防水层相接处应该设置凹槽，宽度一般为8～10mm，并对其进行密封处理。

2.外墙保温层的抗裂砂浆层施工

应该依据设计的要求决定抗裂砂浆层的厚度、配比。尤其是要将纤维等抗裂材料掺入其中时，应依据设计的要求决定具体的配比，并均匀搅拌。当外墙保温层采用有机保温材料时，在对抗裂砂浆施工时首先应该对界面涂刮，对材料进行处理，之后再对抗裂砂浆分层抹压。耐碱玻纤网格布或金属网片适宜设置在抗裂砂浆层的中间。其中，金属网片应该牢固固定在墙体结构上，而在对玻纤网格布进行铺贴时，应该保持平整，避免出现褶皱，大于等于50mm是两幅间搭接的适宜宽度。

在涂抹抗裂砂浆时，应该平整、压实，避免出现接茬印痕。防水层为防水砂浆时，抗裂砂浆表面应搓毛。在抗裂砂浆终凝之后应进行保湿养护。防水砂浆适宜的养护时间不少于14d。需要注意避免在养护期间受冻。

二、厨房、卫生间防水工程

厨房和卫生间防水工程要对排水和防水都予以重视。其中，对于卫生间防水工程，防水层和室内排水的要求都较高；而对于厨房，通常排水是防水工程的重点。实践证明，在目前常见的防水事故中，相较于其他防水工程，发生厨房、卫生间防水事故的频率更高。所以，厨房、卫生间防水工程的施工必须严格按照设计要求和规范进行。卫生间的施工和维修具有很大的难度，原因是空间小、管道多。在具体的施工过程中，需要注意以下问题：通常采用加胎体增强材料的涂膜防水，以满足较好的防水要求和防水结构的耐久性要求。防水层必须向排水管方向设置找坡层，以便于厕浴间积水的排出。厨房的防水要求比厕浴间要低一些。在厨房中，排水是防水的重点所在。在厨房防水施工过程中，地面以及用水器具的排水处理是需要重点关注的。

（一）厨房、卫生间常用防水材料

厨房、卫生间常用防水材料主要包括：

（1）主体材料。聚氨酯防水涂料、氯丁胶防水涂料、硅橡胶防水涂料等是厕浴间与厨房防水工程中较为常用的防水涂料。其中，氯丁胶乳沥青防水涂料是将聚氯乙烯乳状液与乳化石油沥青按照一定的比例进行混合乳化后形成的水乳型防水涂料，呈现出来的颜色是深棕色。SBS橡胶改性沥青防水材料是一种水乳型弹性沥青防水涂料，主要原料为沥青、橡胶、合成树脂。氯丁胶乳沥青防水涂料和SBS橡胶改性沥青防水涂料必须经过复试合格之后才能使用。

（2）主要辅助材料。为了增强厕浴间防水的胎体，常使用玻璃纤维布作为附加材料。如果没有特殊的设计要求，中碱涂膜玻璃纤维布或无纺布是较为常用的材料。除此之外，应该选用直径2mm左右的砂粒，含泥量（质量分数）不大于1%；适宜选用32.5级硅酸盐水泥、普通硅酸盐水泥或矿渣硅酸盐水泥。

（二）厨房、卫生间防水施工

厨房、卫生间防水施工包括：

（1）基层处理。卫生间的楼面结构层应采用现浇混凝土或整块预制混凝土板，其混凝土的强度等级不应低于C30，通常采用芯模留孔的方法对楼面上的孔洞进行施工。楼面结构层四周支承处除门洞外，应设置向上翻的高度不应小于120mm、宽度不应小于100mm的边梁。

卫生间找平层的厚度大约为20mm，通常采用1：3水泥砂浆进行找平，应向地漏处找2%的排水坡度，地漏处坡度为3%～5%。应该避免出现积水现象。对于找平层来说，应平整坚实，所有转角应做成半径为10mm 的均匀一致的平滑小圆角。对于处理好的基层的要求是平整、密实，避免出现酥松、起砂的现象。如果出现裂缝，应该首先对有渗漏的部位进行修补和找平，之后再进行防水层的施工。

防水工程的具体实施必须在贯穿厨房和卫生间地面及楼面的所有立管、套管施工完毕，固定牢固并经过验收合格，且用豆石混凝土填满管周围缝隙之后进行。

（2）防水施工。一般来讲，厨房和卫生间防水工程的范围包括地面防水、墙面防水、穿板管道防水、地漏防水和用水器具防水等多个子工程。其中，在防水处理方面，地面防水、墙面防水与采用加胎体增强材料的涂膜防水施工方法基本相同。需要引起注意的是，与地面面层相比，厕浴间地面防水层四周应该高出250mm，墙面的防水层高度应不小于1800mm，浴盆临墙防水层高度应超过浴盆400mm。

管道的防水处理是厨房和卫生间防水工程中需要特别注意的。防水材料的铺设在穿过楼面管道四周时应该沿着向上的方向，高于套管上口。而在与墙面贴近之处，防水材料的铺设应该依据设计的高度沿着向上的方向。在确定穿过楼板管件的具体位置之后，要使用掺膨胀剂的豆石混凝土对管道孔洞、套管周围的缝隙进行浇筑，使其严实不留缝隙。如果是较大的孔洞，应采用吊底模浇灌，用密封材料将管根处封闭起来，沿着向上的方向刮涂30 ~ 50mm。

在对阴阳角和突出基面结构连接处进行处理时，应做成半径大于等于20mm的圆弧或钝角，且应该增加铺涂防水材料。具体可依据工程情况及使用的标准来选择防水材料。变形缝、施工缝和新旧结构接头处应沿缝隙剔成凹槽，宽度和深度为30 ~ 50mm，应沿凹槽两侧将表面尽可能凿成锯齿状，并用清水冲洗，然后将缝隙用嵌缝材料填充严实。之后再涂刷一遍防水涂料，随后铺贴一层无纺布，再用防水涂料在布上涂刷一遍。地漏的防水处理也是厨房和卫生间的防水施工中需要引起重视的。

用水器具的安放需要注意：安放位置准确、平稳。必须用高档密封材料密封用水器具的周围，在两种材料接合处必须加软垫，用聚氨酯嵌缝材料封闭严实。在对坐便器进行安装打孔时，不能将防水层打透。

蓄水试验与面层处理。蓄水试验要在防水层工程完成之后才能进行，灌水高度应达到找坡最高点水位20mm以上，蓄水时间不小于24h。如果出现渗漏，要先对其进行修补，之后再进行蓄水试验，不出现渗透才合格。此外，在蓄水试验合格后，防水层实干后，需要加盖25mm厚1：2的水泥砂浆保护层，并对保护层进行保湿养护。可将地砖或者其他面层装饰材料铺贴在水泥砂浆保护层上，铺贴面层材料所用的水泥砂浆宜加107胶水，同时要充填密实，避免出现空鼓和高低不平的现象。卫生间内的排水坡度和坡向应在施工过程中特别注意，在地漏附近50mm处可依据实际情况适当增大排水坡度。应在完成卫浴间所有装饰工程之后进行第二次蓄水试验，其目的在于检验防水层完工后是否被水电或其他装饰工程损坏，检验合格即完成了厕浴间的防水施工。

第六章　建筑工程结构检测

第一节　混凝土强度检测技术

一、后锚固法检测混凝土强度技术

后锚固微破损法所检测的混凝土破坏力，和混凝土强度同属于力学范围，混凝土破坏力与混凝土强度之间应具有良好的相关关系。同条件试块对比试验证明，后锚固微破损法检测精度应高于非破损检测方法。后锚固微破损法检测混凝土强度对结构混凝土损伤很小，而检测结果准确性很高、离散性小，不受龄期、养护方法、表面状况、环境条件等限制，具有广阔推广应用前景。

（一）试验简图和仪器设备

后锚固法试验装置应由钻孔机、锚固件、定位圆环注胶器、测力系统等组成。钻孔机、测力系统应具有产品合格证，测力系统的计量仪表应定期校准。

后锚固法试验装置的反力支承圆环应有足够的强度和刚度，内径应为120 ± 2mm，净高不应小于50mm；壁厚不应小于10mm；锚固深度应为30 ± 0.5mm，锚固件尺寸允许误差应为 ± 0.1mm。锚固件应采用屈服强度不小于355MPa的金属材料制作。

1.测力系统

测力系统由拉杆、加荷装置、测力仪、紧固螺母及反力支承圆环组成。测力仪应具备以下技术性能。

（1）最大额定拔出力应不小于50kN。

（2）工作最大拔出力应在额定拔出力的20%～80%范围以内。

（3）工作行程不应小于6mm。

（4）允许示值误差应为仪器额定拔出力的±2%。

（5）测力装置应具有峰值保持功能。

2.测力仪校准

当遇有下列情况之一时，测力仪应进行校准。

（1）新仪器启用前。

（2）经维修后。

（3）出现异常时。

（4）达到校准有效期限（有效期限为一年）。

（5）遭受严重撞击或其他损害。

3.钻孔机

钻孔机宜带有控制垂直度及深度的装置，可采用金刚石薄壁空心钻或冲击电锤。金刚石薄壁空心钻应带有冷却水装置。

（二）试验步骤及破坏形式

（1）用钻头直径26mm的冲击钻或外径27mm薄壁金刚石空心钻在混凝土检测面钻孔，空气压缩机与钢丝刷清孔。

（2）将定位圆盘注胶器拧在锚固件上，控制好锚固深度，用快速固化胶将定位圆盘注胶器封闭、固定在混凝土表面。

（3）待快速固化胶硬化，通过自注胶孔注入配制好的锚固胶，注入量应当以持压漏斗中充满锚固胶为准，持压漏斗中锚固胶液面高度应比钻孔孔壁高5mm。根据连通器原理，当持压漏斗中充满锚固胶时，孔内锚固胶注满，且当锚固胶渗入钻孔周围的混凝土时，持压漏斗中的胶会给予补充。当孔内锚固胶固化后，将定位圆盘拧下。

（4）安装内径为120mm反力支承圆环和多功能数显测力仪，将拉杆连接头与锚固件连接，转动加力手柄，拉杆向上移动，锚固件受拉，传感器受压。根据力平衡原理，锚固件拉力与传感器压力相等，从传感器连接的数显仪上读出力值。检测时匀速加载，加载速率控制在0.5～1.0kN/s，施加拔出力直至混凝土破坏，测力仪读数不再增加，记录混凝土破坏时的极限拉力。

（三）后锚固微破损法专用检测仪器设备研制

1.定位圆盘注胶器

在检测构件的侧面埋设锚固件时，在注入黏结树脂后，如直接插入锚固件，由于重力的影响，锚固件会自然下倾，黏结树脂也会从孔中流出。定位圆盘注胶器拧在锚固件上，保证锚固件垂直于检测面，同时可控制锚固深度，再在定位圆盘注胶器上增加注胶孔和排气孔，压力灌入法注入锚固胶，实现竖直检测面胶的饱满灌注，定位圆盘注胶器能保证锚固件垂直于混凝土检测面，并确保锚固件有效锚固深度为30 ± 0.5mm。定位圆盘注胶器应设有注胶孔、排气孔及持压漏斗。持压漏斗深度应不小于20mm，在混凝土侧立面埋设锚固件时，持压漏斗应向上，确保锚固胶注满锚固件与混凝土的空隙。

定位圆盘注胶器安装步骤如下：先对检测部位打孔、清孔，把锚固件拧在定位圆盘注胶器上，定位圆盘到锚固件锚固头的距离为锚固深度，在定位圆盘注胶器上涂上快速硬化胶粘剂，将锚固件连同定位圆盘注胶器粘贴在检测部位，持压漏斗开口向上，锚固件垂直于检测面固定在孔中间。快速硬化胶粘剂固化后，自注胶孔注入配制好的锚固胶，注入量应当以持压漏斗中充满锚固胶为准。根据连通器原理，当持压漏斗中充满锚固胶时，孔内锚固胶注满，且当锚固胶渗入钻孔周围的混凝土时，持压漏斗中的胶会给予补充。当孔内锚固胶固化后，将定位圆盘注胶器拧下检查注胶效果。

2.多功能数显测力仪

后锚固法试验破坏力一般不大于40kN，试验的加载速率对检测结果影响非常显著。为提高检测精度，要求匀速加载，加载速率控制在0.5 ~ 1.0kN/s。设计制作量程分别为10kN、30kN、50kN的多功能数显测力仪。此仪器操作简单，测力准确，精度不低于± 1%，加荷速度便于控制，便于现场携带使用。机械传力、手动加载、结构简单，不会出现液压式测力仪液压油渗漏、油泵无力等故障。检测时，将拉杆连接头与锚固件连接，转动加力手柄，拉杆向上移动，锚固件受拉，传感器受压，根据力平衡原理，锚固件拉力与传感器压力相等，从传感器连接的数显仪上读出力值。压力传感器灵敏度、准确度、稳定性等均高于普通油压表，提高了检测精度。

（四）后锚固法检测混凝土强度技术要点

1.检测前宜搜集的资料

检测前宜搜集的资料如下。

（1）工程名称及建设单位、设计单位、施工单位和监理单位名称；

（2）被检测结构或构件名称、混凝土设计强度等级及施工图纸；

（3）水泥品种、出厂日期及强度、安定性检验报告，砂石品种、粗骨料最大粒径以及混凝土配合比情况等；

（4）施工时材料计量情况、模板类型、混凝土浇筑和养护情况及成型日期；

（5）结构或构件的试块混凝土强度试压资料以及相关的施工技术资料；

（6）存在的质量问题及检测原因。

2.仪器设备检查

检测前，应检查钻孔机、测力系统的工作状态是否正常，钻头、锚固件的规格尺寸是否满足要求。

3.检测方式选择

混凝土强度检测可采用以下两种方式进行。

（1）单个构件检测。适用于单个柱、梁、墙、基础等构件检测。当检测批构件总数少于9个时，按单个构件检测，其检测结论不得扩大到未检测的构件或范围。

（2）按批抽样检测。适用于检测批混凝土强度的检测。

大型结构按施工顺序可划分为若干个检测区域，每个检测区域作为一个独立构件，根据检测区域数量及检测需要，选择检测方式。

4.测点布置

当混凝土表层与内部的质量有明显差异时，应将表层混凝土清除干净后方可进行检测。构件的测点应符合下列要求。

（1）每一构件至少均匀布置3个测点。当最大拔出力或最小拔出力与中间值之差大于中间值的15%时（包括两者均大于中间值的15%），应在最小拔出力测点附近再加测两个测点。

（2）按批抽样检测时，应根据构件类型和受力特征布置测点，每个构件测点数量不得少于1个，测点总数不得少于10个。

（3）测点应优先布置在构件混凝土成型的侧面。混凝土成型的侧面确实无法布置测点时，可在混凝土成型的顶面布置测点，此时应清除混凝土表层浮浆，并使测点部位混凝土在100mm长度内不平整度不大于0.2mm，保证反力支承圆环面与混凝土面完全接触。

（4）测点宜布置在构件的受力较大或薄弱部位，相邻两测点的间距不应小于300mm，测点距构件边缘不应小于150mm。

（5）检测面不应有装饰层、浮浆、油垢。

（6）测点应避开接缝、蜂窝、麻面部位，同时避开对检测结果有影响的钢筋、预埋件，保证破坏面无外露钢筋及预埋件。

（7）测点应标有编号，便于分析不同部位混凝土质量状况；查找最小拔出力测点部位，以便在其附近增加测点；当试验出现异常时便于分析原因。

5.操作步骤

（1）在钻孔过程中，钻头应始终与混凝土表面保持垂直，成孔尺寸应符合下列规定。

①钻孔直径应为27±1mm；

②钻孔深度应为45±5mm。

（2）清孔与锚固。孔壁残留的粉尘会降低锚固胶与混凝土之间的黏结效果。所以，钻孔完毕后，应采用空气压缩机、吹风机等清除孔内粉尘，使孔壁清洁、干燥。

将锚固件的螺杆拧入定位圆盘注胶器后放入检测孔中，使锚固件的锚固深度为30±0.5mm，用快硬材料将后锚固连接件紧密粘贴在待检测混凝土表面，封闭后锚固连接件外露螺杆，从注胶孔向锚固件与混凝土的空隙中注胶，锚固胶从持压漏斗中溢出时，停止注胶，封堵注胶孔。待锚固胶固化后，将定位圆盘注胶器从锚固件上拧下，对测点编号，并检查记录锚固胶饱满状况。

（3）拔出试验。测力系统与锚固件用拉杆连接，施加拔出力应连续均匀，其速度控制在0.5～1.0kN/s。加力至混凝土破坏、测力仪读数不再增加为止，记录拔出力值，精确至0.1kN。

当后锚固法试验出现下列异常情况之一时，应做详细记录，并将该值舍去。查明出现异常的原因，排除不利影响后，在其附近补测一个测点。

①锚固件拔断；

②锚固件在混凝土孔内滑移或拔脱破坏；

③被测构件在拔出检测过程中出现混凝土开裂；

④反力支承环内的混凝土仅有小部分破损或被拔出，而大部分无损伤；

⑤在拔出混凝土的锥形破坏面上，有粒径超过40mm的碎石、裂缝、蜂窝、孔洞、疏松等缺陷，或有泥土、砖块、煤块、钢筋、铁件等异物；

⑥在反力支承环外出现混凝土裂缝。

在检测过程中应采取有效措施防止测力系统或机具脱落，在检测后应对混凝土破损部位进行修补。修补方法常采用比检测混凝土实际强度高一个强度等级的细石混凝土，修补前应清理干净破坏面并充分湿润，修补后应充分养护。

当对后锚固法检测结果有怀疑时，宜进行钻芯修正。钻取芯样部位、芯样加工技术要求及修正量计算等均应符合钻芯法的有关规定。

（4）注意事项。采用后锚固法进行检测的人员应通过专业培训并考核合格。现场检测作业应遵守有关安全及劳动保护规定。采用后锚固法检测混凝土强度，还应符合国家有关标准的规定。

（五）后锚固法测强曲线

1.适用条件

后锚固法适用于符合下列条件的混凝土抗压强度的检测。

（1）符合普通混凝土用材料且粗骨料为碎石，粗骨料最大粒径不大于40mm，干密度为2000～2800kg/m³的普通混凝土。

（2）抗压强度为10～80MPa。

（3）采用普通成型工艺。

（4）自然养护或蒸汽养护出池后经自然养护7d以上，且混凝土表层为干燥状态。

2.制定专用测强曲线或通过试验进行修正

当混凝土有下列情况之一时，不得按所给出测强曲线计算测点混凝土抗压强度换算值，但可按规定制定专用测强曲线或通过试验进行修正。

（1）粗骨料最大粒径大于40mm。

（2）特种成型工艺制作。

（3）长期处于高温、潮湿或浸水环境。

二、剪压法检测混凝土强度技术

（一）剪压法定义和基本原理

剪压法是一种对构件具有直角边的角部微破损的方法，检测精度较高，损伤也比较轻，有比较广阔的应用前景。剪压法是用专用剪压仪对混凝土构件直角边施加垂直于承压面的压力，使构件直角边产生局部剪压破坏，并根据剪压力来推定混凝土强度的检测方法。因此，不适用于表层与内部质量有明显差异或内部存在缺陷的结构或构件混凝土强度的检测。用剪压法检测混凝土的抗压强度时，其构件截面应具备能固定剪压仪的条件，所检测构件应具有两个平行的面，另一侧面需与两个平行面垂直。

（二）剪压仪

1.剪压仪结构

剪压仪由基架、螺杆、油缸、手摇泵、数字压力表等组成。

2.剪压仪技术要求

用于混凝土强度检测的剪压仪应有产品合格证和经校准后符合测试要求的校准证书。使用时的环境温度应为-10℃～40℃，同时还应符合下列规定。

（1）剪压仪压头的直径应为20±0.2mm。

（2）剪压仪应设有限位装置。剪压仪就位后，压头圆柱面与构件承压面垂直的相邻面应相切。

（3）压头工作行程不应小于15mm。

（4）最大剪压力不应小于70kN。

（5）在最大剪压力下，基架侧向变形不应大于基架长度的1/500。

（6）数字压力表最小分度应为0.1kN，数字压力表每递增5kN后的读数与标准压力传感器或测力计的相对误差宜在±2%以内。

（7）数字压力表应具有峰值保持、延时断电功能和数据储存功能。

（8）承压板尺寸不宜小于40mm×45mm，且其任意转动的角度不宜小于2°。

（9）剪压仪上宜设防止仪器坠落的安全装置。

剪压仪的压头直径是确定的。若直径不统一，引起剪压部位承压面面积发生变化，从而导致剪压力的不同。剪压仪压头的直径之所以取20±0.2mm，是考虑到梁、柱、墙的钢筋保护层厚度一般不小于25mm，这样可避免混凝土中钢筋对剪压仪检测的影响。剪压仪的螺杆、油缸尺寸等确定最大剪压力不宜大于90kN。一般而言，仪器设备的使用范围在20%～80%的量程时较准确。平时使用时，剪压仪的剪压力宜控制在70kN以下。

3.剪压仪校准与保养

剪压仪是用来产生剪压力的仪器。一般量测剪压力大小是通过量测油压系统的油压大小来实现的。油缸和活塞之间存在摩擦力，而且摩擦力大小随着仪器的使用次数、油的黏度变化及更换零件等因素会有变化，并将影响剪压力的量测精度。为此，规程规定了定期校准，更换油及零件后以及维修后需进行校准。剪压仪具有下列情况之一时，应进行校准：新剪压仪启用前，超过校准有效期，累计剪压次数超过1000次，遭受严重撞击或其他损害，更换液压油及零件，维修后，对测试值有怀疑时。剪压仪的校准有效期宜为1年，应对装配于剪压仪上的数字压力表读数、压头直径和工作行程进行校准，对定位螺杆尺寸与基架变形状况进行核查，校准结果应符合剪压仪的技术要求。

剪压仪应按下列要求进行保养。

（1）仪器外露部件应进行定期擦洗，重点擦洗定位螺杆与加压螺杆上的灰尘等杂物，擦洗后应在螺杆上涂抹润滑油；

（2）当仪器长时间不用时，应将数字压力表内的电池取出。

剪压仪使用完毕后应将挤压头退回缸体内，使回程弹簧处于自由状态；应清除仪器上的污垢、灰尘，将仪器平放在干燥阴凉处。

（三）检测准备

1.搜集资料

在结构或构件混凝土强度检测前，检测人员宜对下列情况进行了解：工程名称及建设、设计、施工、监理（或监督）单位名称；结构或构件名称、外形尺寸、数量及混凝土设计强度等级；水泥品种、强度等级；砂、石种类与粒径；混凝土配合比等；混凝土生产与输送方式，模板、浇筑、养护情况及成型日期等；必要的设计图纸和施工记录；检测原因。

2.检测方式选择

结构或构件混凝土强度可按单个构件检测或按检验批抽样检测。按检验批抽样检测时，构件抽样数不应少于同批构件数的10%；当同一检验批中构件混凝土外观质量较差或构件混凝土强度差异较大时，构件抽样数不应少于同批构件数的15%。当结构或构件需按检验批进行检测时，同时符合下列条件的同一单位（单体）工程的构件方可作为同一检验批。

（1）混凝土强度等级相同。

（2）混凝土原材料、配合比、成型工艺、养护条件及龄期基本相同。

（3）构件种类相同。

（4）所处环境相同。

3.测区布置

测位数量与布置应符合下列规定。

（1）在所检测构件上应均匀布置3个测位。当3个剪压力中的最大值和最小值与中间值之差的绝对值均超过中间值的15%时，应再加测两个测位。

（2）测位宜沿构件纵向均匀布置，相邻两测位宜布置在构件的不同侧面上。测位离构件端头不应小于0.2m，两相邻测位间的距离不应小于0.3m。

（3）测位处混凝土应平整，无裂缝、疏松、孔洞、蜂窝等外观缺陷。测位不得布置在混凝土成型的顶面。

（4）测位处相邻面的夹角应在88°～92°之间。当不满足这一要求时，可用砂轮略做打磨处理。

（5）测位应避开预埋件和钢筋。

（6）结构或构件的测位宜标有清晰的编号。

考虑到构件不同侧面的测位剪压力可能有差异，相邻两测位宜布置在构件的不同侧面上，以保证测位有一定的代表性。

剪压检测时，在承压平面内的破坏面宽度一般小于100mm，距承压面的深度一般小于80mm；测位离构件端头过近，易引起对剪压面的约束作用，使剪压力不能反映混凝土的实际强度，因此规定测位离构件端头不应小于0.2m；如果两相邻测位间的距离过近，会引起相邻测试点破坏面的重叠，从而导致剪压力不能反映混凝土的实际强度，因此规定两相邻测位间的距离不应小于0.3m。测位处混凝土的裂缝、疏松、孔洞、蜂窝等外观缺陷会影响剪压力的大小，应避开外观质量有缺陷的部位。混凝土成型的顶面往往不平，表面水泥浆过多，不能真实反映混凝土的强度，因此应避免在混凝土成型的顶面布置测位。对于现浇楼板而言，应将测位布置在楼板底面。剪压检测前可用钢筋磁感仪或雷达仪检测钢筋或预埋件的位置，测位应避开钢筋或预埋件。检测后应查看破坏面有无钢筋或埋件，如果有钢筋或预埋件，则应按要求重测。

（四）剪压力测量

检测前，应对剪压仪的工作状态进行检查。在确认其工作状态良好后，方可进行检测。由于剪压仪不固定在构件上，主要通过手扶维持；另外，剪压检测时有角部混凝土崩落现象，因此应注意安全。检测时，应将剪压仪在测位安装就位，圆形压头轴线与构件承压面应垂直，压头圆柱面与构件承压面垂直的相邻面应相切。

对构件进行检测时，应采取有效保护措施，防止剪压仪及混凝土脱落伤人。开启数字压力表后，应按清零键并使数字压力表处于峰值保持状态。摇动手摇泵手柄，应连续均匀施加剪压力，加力速度宜控制在1.0kN/s以内，直至剪压部位混凝土破坏；记录破坏状态和破坏时的剪压力，精确至0.1kN。剪压检测后，构件一般在测位的角部混凝土碎裂、剥落，剥落后的缺陷呈“斧头状”，被剪面的缺陷呈圆形。缺陷部位混凝土的破坏特征有混凝土中的粗骨料与砂浆的界面破坏、粗骨料破坏、粗骨料及其与砂浆的界面同时破坏、构件出现裂缝。对与承压方向垂直的钢筋配筋率达0.2%以上的钢筋混凝土构件而言，破坏特征为出现裂缝的现象几乎很少；对素混凝土而言，粗骨料最大粒径较大时混凝土中的粗集料碎裂往往伴随被测构件开裂。当剪压破坏面出现下列情况之一时，检测无效，并应在距测位0.3～0.5m处补测。

（1）有外露的钢筋。

（2）有外露的预埋件。

（3）有夹杂物。

（4）有空洞。

（5）其他异常情况。

当检测结果异常时，应特别注意破坏的状况，避免出现因测位处非剪压破坏而引起的测试结果失真的情况。其他异常情况主要指以下三种情况：其一，当剪压仪安装不妥，加压后剪压仪滑脱，而引起剪压破坏面过小、剪压力偏低；其二，当测位处有粗骨料，加压后仅粗骨料从混凝土中剥脱，也引起剪压破坏面过小、剪压力偏低；其三，当剪压破坏面中未发现有粗骨料时，剪压力会偏低。

检测后，应对剪压检测造成的混凝土破坏部位进行修补。剪压检测后，构件角部局部破坏属正常现象，但应注意剪压后剪压部位是否有裂缝产生。产生的裂缝对构件受力有一定影响，应用恰当的修复方法来恢复原有构件受力性能。

三、无约束后锚固法检测混凝土强度技术

（一）无约束后锚固法介绍

1.概念

无约束后锚固拔出法检测混凝土强度是在混凝土硬化后，在其表面固定一混凝土钻孔设备钻孔，孔径比锚固件直径大1～2mm；为了使反力环内外混凝土分离，用金刚石钻头在孔的外部钻取同心圆芯样，钻到特定深度，待钻孔干燥后用高强快速固化胶粘剂将锚固件锚固至特定深度，等胶粘剂硬化后拔出锚固件，根据拔出力推定混凝土强度。

2.试验步骤

（1）在混凝土检测面固定混凝土钻孔机，用外径d=27mm的金刚石钻头钻取芯样，钻芯深度控制在40～50mm，然后取出小芯样，形成直径d=27mm的孔；保持混凝土钻孔机的底盘不动，取下外径27mm的金刚石钻头，换上内径75mm的金刚石钻头继续钻进，钻进深度不小于27mm孔深，退钻，得到内径75mm圆环槽。

（2）用暖风机或酒精喷灯将混凝土试样吹干。

（3）锚固件拧在定位圆盘注胶器上，放入直径27mm孔内，用快硬胶将定位圆盘注胶器粘贴在75mm圆环槽上，封闭定位圆盘注胶器周围。

（4）快硬胶硬化后，从定位圆盘注胶器注入快速固化型胶（如环氧树脂或高强结构胶等），锚固件埋入混凝土中，定位圆盘注胶器保证锚固件与混凝土检测面垂直。

（5）待锚固胶固化后，连接安装检测仪，给锚固件一个垂直于混凝土向外的拉力，使混凝土从75mm圆环槽根部拉断，拉出直径75mm、内部埋有锚固件的混凝土短圆柱体，破坏深度等于锚固深度。记录混凝土拉断时的极限拉力。

（6）由于混凝土抗拉强度很低且混凝土受拉面积较小，试验的加载速率对检测结果影响非常显著。本试验采用匀速加载，加载速率控制在0.1kN/s。

3.无约束后锚固法需要控制的两个重点

（1）钻芯机钻的两个圆同心度偏差不大于1mm，防止锚固件偏心造成拉力偏心。为解决此问题，课题组设计了专用双筒金刚石水钻钻头——内筒外径d=27mm，外筒内径D=75mm，也可选择便于拆装钻头的钻芯机。钻芯机在混凝土上牢固固定后，先安装外径27mm钻头，钻27mm孔；再卸下外径27mm钻头，安装内径75mm钻头，钻内径75mm圆环槽。因钻芯机位置不变，这两个圆必然同心。

（2）埋入锚固件与混凝土检测面必须垂直，防止锚固件偏斜受拉，为解决此问题研制出控制螺杆垂直度的定位圆盘。

（二）无约束后锚固法试验参数确定

1.锚固深度

锚固深度越小，破坏深度就越小，对结构的损伤也越小。但锚固深度太小，在锚固件受拉后被拉混凝土不再沿锚固件底面与75mm圆环槽根部连接面破坏，而是分裂破坏成几块，不能得到直径75mm的混凝土短圆柱体。同时，混凝土表层受养护方法、风化、碳化等影响较大，因此锚固深度应不小于30mm。

2.锚固深度和75mm圆环槽深度关系

因混凝土抗拉强度很低，在拉力作用下，锚固件与75mm圆环槽之间混凝土受拉破坏，而75mm圆环槽底部为应力集中位置，所以破坏面为锚固件底面与75mm圆环槽根部连接面。为保证破坏面为规则的受拉平面断裂，试验时控制锚固深度与75mm圆环槽深度相同。

四、拉脱法与直拔法检测混凝土抗压强度技术

直拔法检测混凝土抗压强度技术是在混凝土结构或构件上钻制高径比为直径和深度均为44mm的直拔试件，用机械方法或胶将直拔连接头与钻制的直拔试件连接，安装直拔仪（或其他测力仪），将直拔试件在原位拔断，测定直拔试件拔断时的极限拉力，建立直拔试件极限拉力与混凝土抗压强度相关关系，根据混凝土极限拉力推定出混凝土抗压强度。

拉脱法检测混凝土抗压强度技术是在混凝土结构实体上钻制拉脱试件，采用具有专用拉脱仪与拉脱试件连接，将拉脱试件在原位拔断，测定拉脱试件拔断时的极限拉力，建立拉脱试件极限拉力与混凝土抗压强度相关关系，根据混凝土极限拉力推定出混凝土抗压强度。

拉脱法检测混凝土抗压强度技术具有高效、快速、准确、对结构损伤小、适用范围广等特点。适用于钢筋密集部位检测，拉脱试件不需加工处理，采用的设备轻巧、便于携带、操作简单、成本较低。此技术推广应用具有良好的社会经济效益。

拉脱法适用范围：

（1）适用于检测10～100MPa的3～360d结构混凝土。

（2）适用于检测钢筋密集部位混凝土结构（主、副筋间距≥50mm）。

（3）适用于检测早龄期混凝土强度，可为预应力结构张拉或放张提供数据。

（4）适用于隧道管片、喷射混凝土强度的检测。

（5）适用于建筑工程、铁路道桥、水利港口等工程结构混凝土强度的检测。

五、抗折法检测混凝土抗压强度技术

抗折法检测混凝土抗压强度是在被测混凝土结构或构件上随机钻取抗折试件，将抗折试件放入抗折装置中进行抗折试验，检测抗折试件折断时的极限力，测量抗折试件直径，计算出抗折试件的抗折强度，预先建立抗折试件的抗折强度代表值与对应的150mm立方体试件抗压强度相关关系，根据抗折试件的抗折强度推定混凝土抗压强度。

抗折法检测混凝土抗压强度的操作步骤如下。

（1）在被测混凝土结构或构件上随机钻取3个直径44mm混凝土芯样，作为抗折试件。

（2）测量抗折试件直径。将抗折试件放入抗折装置的试件导管内，将抗折试件的两端固定。抗折试件的中央区域通过带插孔连接板与拉力杆连接，并在插孔内插抗折试件（施力轴），启动手摇油泵通过拉力杆给抗折试件的中点处施加向上的拉力。

（3）逐渐增大拉力直至抗折试件被折断，读取荷载表上混凝土芯样抗折试件折断时的极限力，通过抗折强度计算公式，计算抗折试件的抗折强度。

（4）重复上述（2）、（3）步骤，确定另两个混凝土抗折试件的抗折强度。

（5）根据预先建立抗折试件的抗折强度代表值与对应的150mm立方体试件抗压强度相关关系，推定混凝土抗压强度。

此技术试验误差小，检测精度高，用于检测结构混凝土抗折强度更合适。

六、表面锚固法检测混凝土强度技术

（一）表面锚固法介绍

1.试验简图和仪器设备

在混凝土检测面切割直径75mm、深度大于15mm的圆形槽，用高强结构胶将直径75mm圆盘锚固件粘贴在圆形槽内，待结构胶硬化后，连接安装检测仪，检测混凝土拉脱破坏力，由混凝土拉脱破坏力推定出混凝土强度。

2.试验步骤及破坏形式

（1）用专用圆环切槽机或钻芯机，在150mm立方体试块六个面中间分别切出六个直径75mm、深15～20mm的圆形槽。

（2）用吹风机将试块表面吹干，然后用角磨机将试块钻芯附近表面浮浆清除，并露出部分石子。表面吹净后，涂一层具有渗透作用的环氧类胶粘剂。

（3）待渗透性环氧类胶完全固化后，再用快速固化型胶将钢制圆形锚固件粘贴到已经涂抹渗透性环氧类胶的混凝土圆形槽表面。

（4）待胶完全固化后，连接安装检测仪，给圆形锚固件施加垂直混凝土表面向外的拉力，直到表层混凝土被拉脱破坏，检测混凝土表面锚固力，由混凝土表面锚固力推定出混凝土强度。由于混凝土抗拉强度很低且圆盘截面积较小，试验的加载速率对检测结果影响非常显著。本试验采用匀速加载，加载速率控制在0.05kN/s。

在此检测方法中，拉脱破坏形式可能出现下列五种情况：锚固件与胶分离，胶与混凝土分离，胶层内部分离，混凝土基层部分剥离，混凝土基层完全剥离。

显然，前三种破坏不属于混凝土的破坏，与混凝土强度不可能有联系；而第四种破坏形式为混凝土的部分剥离破坏也不能准确反映混凝土特性；只有第五种破坏形式完全属于混凝土的破坏，能够反映混凝土的特性。所以，在试验过程中我们首先要控制拉脱破坏以第五种形式出现，这就要求对粘贴用胶进行选择。

要实现混凝土基层完全拉脱破坏，必须保证胶与混凝土之间、胶与锚固件之间有足够的黏结强度，胶本身有足够的强度。通过试验对比分析，确定锚固件粘贴用胶分两层，第一层胶必须保证混凝土与胶的可靠黏结，应选择与混凝土有良好浸润的树脂；第二层胶必须保证锚固件与胶的可靠黏结，应选择与钢铁有良好黏结性能的粘钢专用胶等。

（二）表面锚固法试验参数确定

1.锚固件直径（及圆环槽直径）

理论分析，锚固件直径太大，易出现受力不均，破坏面不完整；锚固件直径太小，表面锚固力离散性会较大，受各种因素影响会更明显。试验初期，进行50mm、75mm两种直径的试验。为对比两种直径试验结果的优劣，采用线性回归对两种直径锚固件试验数据进行分析，得到圆形锚固件直径为75mm、50mm表面锚固法回归曲线。50mm锚固件直径的相关系数小于75mm锚固件直径的相关系数，50mm锚固件直径的标准差大于75mm锚固件直径的标准差。因此，选择锚固件直径为75mm。

2.圆环槽深度

理论分析，圆环槽深度过小时，锚固件拉脱破坏受圆环槽以外混凝土约束作用，表面锚固力因约束作用不同会有较大离散性。因此，圆环槽深度至少要大于锚固件拉脱破坏作用范围。

（三）影响表面锚固法主要因素分析

混凝土是一种多项复合材料，它的各种性能必然受其自身及外界各种因素的影响。为了探讨各影响因素对表面锚固力及混凝土立方体抗压强度的不同作用，笔者参照国内已有的试验资料和经验，对诸多的影响因素，如水泥品种、粗细骨料状况、成型养护条件及掺入不同外加剂等分别进行对比分析。希望通过分析消除不利因素的影响，提高回归曲线精度，同时对测强曲线的检测条件、适用范围提出合理建议。

表面锚固法实质是通过检测混凝土表层的拉脱剥离破坏力推定混凝土抗压强度。影响表面锚固法检测准确性的主要因素有三大类：混凝土原材料性质及配合比例的影响，混凝土施工方法、龄期、养护方法、环境条件的影响，试验仪器系统及操作技术。

（四）表面锚固法检测混凝土强度技术主要研究成果

（1）同条件试件表面锚固法与无损检测方法测强曲线对比显示，表面锚固法回归公式的相关系数最接近1，剩余标准离差和平均相对误差最小，证明表面锚固法回归曲线精度高于回弹法和超声回弹综合法。

（2）普通塑性混凝土、流动性混凝土与大流动性高性能混凝土对比试验显示，普通混凝土与大流动性高性能混凝土回归线基本重合，可认为普通混凝土与高性能混凝土采用表面锚固法试验结果无显著差异，可用同一条测强曲线。

（3）在严格遵守试验操作规程的情况下，特别是在严格控制加载速率的情况下，表面锚固力与同条件混凝土立方体试块抗压强度具有良好的线性相关关系。随着混凝土强度的提高，石子与水泥胶砂结构的强度相近，材料趋向匀质，石子在检测中影响减少，因此可以进行高强混凝土的强度检测。

（4）表面锚固法适用于表层与内部质量均匀的混凝土强度检测。

（5）表面锚固法与现行的混凝土非破损检测方法比较，受原材料、施工方法、龄期、养护方法等因素影响较小，具有试验方法可靠、操作简单、测试精度高、测试费用低、对结构基本无损伤、可重复检测等优点，具有在我国推广应用的前景。

第二节　现场砌体砂浆强度检测

一、检测依据

《贯入法检测砌筑砂浆抗压强度技术规程》（JGJ/T 136–2017）。

贯入法适用于工业与民用建筑砌体工程中砌筑砂浆抗压强度的现场检测，并作为推定抗压强度的依据；不适用于遭受高温、冻寒、化学侵蚀、火灾等表面损伤的砂浆检测以及冻结法施工的砂浆在强度回升阶段的检测。

二、仪器设备及主要技术性能

贯入式砂浆强度检测仪，简称贯入仪。

（1）测量前，首先将数显表调零。方法为：将数显表装测针的一方垂直放在量规上，将移动主尺往下推，使测针与扁头在同一水平线上，按一下调零按钮使数显表调零。

（2）调零后，将移动主尺水平左推使测针完全超出扁头，插入贯入孔，手握主机将移动主尺水平往前推，数显表上显示的深度为实际的贯入深度。

（3）测钉长度应为40 ± 0.10mm，直径应为3.5mm，尖端锥度应为45°，测钉量规的量规槽长度应为39.5 ± 0.10mm。

（4）测钉量规。将测钉量规放置在一水平面上，待检测的测钉根部抵住量规槽的一端，顺着量规槽的方向将测钉的钉尖放下，看测钉能否通过量规。若通过了，此根测钉应废弃；若不能通过，则可以继续使用，直至使用到能再次检测被判废时为止。

三、检测技术

（一）用贯入法检测砌筑砂浆的要求

（1）自然养护。

（2）龄期为28d或28d以上。

（3）自然风干状态。

（4）强度为0.4～16.0MPa。

（二）测试前应搜集的资料

（1）建设单位、设计单位、监理单位、施工单位和委托单位名称。

（2）工程名称、结构类型、有关图纸。

（3）原材料试验资料、砂浆品种、设计强度等级和配合比。

（4）砌筑日期、施工及养护情况。

（5）检测原因。

（三）测点的布置

（1）检测砌筑砂浆抗压强度时，应以面积不大于25m^{2}的砌体构件或构筑物为一个构件。

（2）当按批抽样检测时，应取龄期相近的同楼层、同品种、同强度等级砌筑砂浆且不大于250m^{2}砌体为一批，抽检数量不应少于砌体总构件数的30%，且不应少于6个构件。

基础按一个楼层计。

（3）被测灰缝应饱满，其厚度不应小于7mm，并应避开竖缝位置门窗洞口后砌洞口和预埋件的边缘。

（4）多孔砖砌体和空斗墙砌体的水平灰缝深度应大于30mm。

（5）检测范围内的饰面层、粉刷层、勾缝砂浆、浮浆以及表面损伤层等，应清除干净，使待测灰缝砂浆暴露并经打磨平整后再检测。

（6）每一构件应测试16个点，测点应均匀地分布在构件的水平灰缝上，相邻测点水平间距不宜小于240mm，每条灰缝不宜多于两个测点。

（四）贯入检测

（1）贯入检测操作程序如下。

①将测钉插入贯入杆的测钉座中，测钉尖端朝外，固定好测钉；

②用摇柄旋紧螺母直至挂钩挂上为止，然后将螺母退至贯入杆顶端；

③将贯入仪扁头对准灰缝中间，并垂直贴在被测砌体灰缝砂浆的表面，握住贯入仪把手，扳动扳机，将测钉贯入被测砂浆中。

（2）每次试验前，应清除测钉附着的水泥灰渣等杂物，同时用测钉量规检验测钉的长度；当测钉能够通过测钉量规槽时，应重新选用新的测钉。

（3）在操作过程中，当测点处的灰缝砂浆存在空洞或测孔周围砂浆不完整时，该测点应作废，另选测点补测。

（4）贯入深度的测量操作程序如下。

①将测钉拔出，用吹风器将测孔中的粉尘吹干净。

②将贯入深度测量表扁头对准灰缝，同时将测头插入测孔中，并保持测量表垂直于被测砌体灰缝砂浆的表面，从表盘中直接读取测量显示值，并做好记录。

③直接读数不方便时，可用锁紧螺钉锁定测头，然后取下贯入深度测量读数。

第三节　钢筋保护层厚度检测

一、检测依据

《混凝土结构工程施工质量验收规范》（GB 50204-2015）。

二、一般规定

（1）钢筋保护层厚度检验的结构部位和构件数量应符合下列要求。

①钢筋保护层厚度检验的结构部位，应由监理（建设）、施工等各方根据结构构件的重要性共同选定。

②对梁类、板类构件，应抽取构件数量的2%且不少于5个构件进行检验；当有悬挑构件时，抽取的构件中悬挑梁类、板类构件所占比例均不宜小于50%。

（2）对选定的梁类构件，应对全部纵向受力钢筋的保护层厚度进行检验；对选定的板类构件，应抽取不少于6根纵向受力钢筋的保护层厚度进行检验。对每根钢筋，应在有代表性的部位测量1个点。

（3）进行钢筋保护层厚度检验时，纵向受力钢筋保护层厚度的允许偏差是：对梁类构件为+10mm、-7mm，对板类构件为+8mm、-5mm。钢筋保护层厚度检验的检测误差不应大于1mm。

三、主要仪器设备

多功能探头的使用是有方向性的，当它与钢筋轴向平行时最灵敏，与钢筋轴向垂直时最不灵敏。因此，使用时探头方向应该和钢筋轴向平行。

多功能探头有小范围和大范围之分，使用箭头可以在两种检测范围之间切换，激活的检测范围显示在显示屏上。当保护层厚度大于显示屏幕所示的范围时，才采用大检测范围。例如，当钢筋直径为16mm，保护层为60mm时，应采用大检测范围。探头能自动补偿混凝土中磁性骨料或特种水泥磁性成分的影响。

四、检测步骤

（1）连接各部件，打开显示器，启动仪器。

（2）设置参数，如钢筋直径、编号、保护层下限值，等等。仪器有菜单辅助功能，按照显示器屏幕上的菜单操作即可。按“MENU”键。

（3）复位。将探头放在空气中（远离钢筋1m左右），按“RESET”键使信号值显示为0（在检测中要不时重复该步骤检查）。

（4）测定。沿垂直钢筋轴向移动探头，如果信号条向右边增长，且保护层数字变小，则说明探头正邻近钢筋；如果信号条向左边减小，且保护层数字变大，则说明探头正远离钢筋；当信号条由小变大再变小，即产生一个突变时，仪器会发出短促的声音，并且最小的数字即混凝土保护层厚度会自动存在“Memo”中。若信号条变化慢，则说明探头沿着钢筋轴向移动，应改变方向，沿垂直钢筋轴向移动探头。

（5）按“STORE”键存储检测值（用↓键可删除最后一个值）。

（6）按“END”键显示所存储的记忆值的统计结果（如平均值、方差等）。

五、结果评定

合格评定的标准是结构实体检验中钢筋保护层厚度的合格点率应达到90%及以上。但当一次检测结果的合格点率小于90%但不小于80%时，可再抽取相同数量的构件进行检验；当按两次抽样总和计算的合格点率为90%及以上时，钢筋保护层厚度的检验结果仍可判为合格；否则，为不合格。

第七章　地基与桩基承载力检测

第一节　地基载荷试验

一、检测依据

《建筑地基处理技术规范》（JGJ 79–2012）。

二、试验目的

地基载荷试验包括浅层平板载荷试验和深层螺旋板载荷试验，其中平板载荷试验应用广泛。平板载荷试验是在一定面积的承压板上向地基逐级施加荷载，测定天然地基或人工地基的压力与变形特性的原位测试方法，它反映承压板下1.5～2.0倍压板直径或宽度范围内地基的综合性状。平板载荷试验适用于测定各种天然地基或人工地基承压板影响范围内的地基承载力等技术指标。

平板载荷试验的主要目的：

（1）测定地基的比例界限、极限荷载，为确定地基承载力特征值提供依据；

（2）确定地基的变形模量；

（3）确定地基的基床系数；

（4）估算地基的固结系数和不排水抗剪强度等。

一般平板载荷试验常以确定地基的承载力与变形模量为主要目的。当在压板下埋设压力测试原件时，也可测定压板与地基的接触压力分布或复合地基中的桩土应力比。在湿陷性黄土场地，可通过现场浸水载荷试验测定黄土地基的湿陷起始压力等。

三、试验装置与设备

平析载荷试验常采用油压千斤顶加荷，反力系统由平台堆载或地锚等构成，也有的利用坑壁或坑顶承担反力，这类装置加荷、卸荷安全简便，目前应用已较广泛；载荷试验装置中的主要设备仪器有以下几种。

（一）承压板

承压板应选用具有足够刚度的圆形或方形板，常用的为钢板或钢筋混凝土板。承压板面积为：对天然地基及一般人工地基（ 垫层地基、强夯地基及预压地基等），不应小于$0.25m^2$；对复合地基应为单桩或多桩承担的处理面积。压板应放置在试验地基的表面，板底宜铺设厚度小于20mm的中、粗砂找平层，试坑宽度不应小于承压板宽度或直径的3倍。

（二）加荷设备

加荷系统由承压板、立柱、千斤顶、测力及稳压设备等组成。千斤顶的总压力应超过预计加荷总量的1.25倍。压力测控可用油压表或压力传感器实现，并与稳压设备配套连接。反力由堆载或地锚抗拔力提供，堆载或地锚抗拔力应超过预计加荷总量的1.25倍。

（三）观测仪器

沉降观测宜采用百分表等精密仪表，精度不低于0.01mm，量程宜大于地基最大沉降量，尽可能避免中途调表。有条件时，宜采用自动加压与观测记录系统，与计算机相连，按程序自动处理试验数据和编制图表。

（四）试验方法与要求

常规的地基平板载荷试验采用分级加荷维持沉降相对稳定的方法，即慢速法，其试验方法与技术要求如下。

（1）加荷分级不应少于8级，最大加载量不应小于人工地基设计要求的2倍。

（2）每级加载后，按间隔10min、10min、10min、15min、15min，以后为每隔半小时测读一次沉降量。当在连续2h内，每小时的沉降量小于0.1mm时，则认为已趋于稳定，即可加下一级荷载。

（3）当出现下列情况之一时，即可终止加载。

①承压板周围的土明显地侧向挤出；

②沉降量急骤增大，荷载—沉降曲线出现陡降段；

③在某一级荷载下，24h内沉降速率不能达到稳定；

④沉降量与承压板宽度或直径之比大于或等于0.06；

⑤对人工地基，若未达到极限荷载，而最大加荷压力已大于设计要求压力值的2倍。

当满足前三种情况之一时，其对应的前一级荷载定为极限荷载；后两种情况，宜以最大加荷作为极限荷载。

（4）卸荷方法。卸荷级数可为加荷级数的一半，每卸一级，间隔半小时，读记回弹量。待卸完全部荷载后，间隔3h读记总回弹量。

五、浸水载荷试验

浸水载荷试验主要用于湿陷性黄土场地测定湿陷起始压力，也可检验人工地基消除地基湿陷性的效果，测定处理后地基的湿陷量。

（1）用荷载试验测定湿陷起始压力，可选择下列方法中的一种。

①双线法载荷试验。应在场地内相邻位置的同一标高处，做两个载荷试验，其中一个在天然湿度的土层上进行，另一个在浸水饱和的土层上进行。

②单线法载荷试验。应在场地内相邻位置的同一标高处，至少做3个不同压力的浸水载荷试验。

③饱水法载荷试验。应在浸水饱和的土层上做1个载荷试验。

（2）用荷载试验测定湿陷起始压力，应符合下列要求。

①承压板面积不宜小于5000cm^2，试坑边长（或直径）应为承压板长（或直径）的3倍；

②每级加荷增量不应大于25kPa，试验终止压力不宜小于200kPa；

③每级加荷后的下沉稳定标准为每隔2h的下沉量不大于0.2mm；

④湿陷起始压力值的确定。根据试验，整理绘制曲线图，在曲线（压力与浸水沉降量关系曲线）上，取其转折点所对应的压力作为湿陷起始压力值。当曲线上的转折点不明显时，可取浸水沉降量与承压板宽度之比不大于0.017所对应的压力作为湿陷起始压力值。

第二节　桩基载荷试验

一、检测依据

《建筑基桩检测技术规程（附条文说明）》（DGJ 08-218-2003）。

二、试验目的

单桩竖向抗压静载试验采用接近于竖向抗压桩的实际工作条件的试验方法，确定单桩竖向（抗压）极限承载力作为设计依据，或对工程桩的承载力进行抽样检验和评价。当埋设有桩底反力和桩身应力、应变测量元件时，尚可直接测定桩周各土层的极限侧阻力和极限端阻力。除对以桩身承载力控制极限承载力的工程桩试验加载至承载力设计值的1.5倍外，其余试桩均应加载至破坏。

三、试验装置与设备

（1）试验加载装置一般采用油压千斤顶加载，千斤顶的加载反力装置可根据现场实际条件取下列三种形式之一。

①锚桩横梁反力装置。锚桩、反力梁装置能提供的反力应不小于预估最大试验荷载的1.2～1.5倍。采用工程桩做锚桩时，锚桩数量不得少于4根，并应对试验过程锚桩上拔量进行监测。

②压重平台反力装置。压重量不得少于预估试桩破坏荷载的1.2倍，压重应在试验开始前一次加上，并均匀稳固放置于平台上。

③锚桩压重联合反力装置。当试桩最大加载量超过锚桩的抗拔能力时，可在横梁上放置或悬挂一定重物，由锚桩和重物共同承受千斤顶加载反力。千斤顶平放于试桩中心，当采用两个以上千斤顶加载时，应将千斤顶并联同步工作，并使千斤顶的合力通过试桩中心。

（2）荷载与沉降的量测仪表。荷载可用放置于千斤顶上的应力环、应变式压力传感器直接测定，或采用连于千斤顶的压力表测定油压，根据千斤顶率定曲线换算荷载。试桩沉降一般采用百分表或电子位移计测量。对于大直径桩应在其两个正交直径方向对称安置4个位移测试仪表，中等和小直径桩可安置两个或三个位移测试仪表。沉降测定平面离桩顶距离不应小于0.5倍桩径，固定和支承百分表的夹具和基准梁在构造上应确保不受气温、振动及其他外界因素影响而发生竖向变位。

四、试验要求

（一）试桩制作要求

（1）试桩顶部一般应予加强，可在桩顶配置加密钢筋网2～3层，或以薄钢板圆筒做成加劲箍与桩顶混凝土浇成一体，用高标号砂浆将桩顶抹平。对于预制桩，若桩顶未破损可不另做处理。

（2）为安置沉降测点和仪表，试桩顶部露出试坑地面的高度不宜小于600mm，试坑地面宜与桩承台底设计标高一致。

（3）试桩的成桩工艺和质量控制标准应与工程桩一致，为缩短试桩养护时间，混凝土强度等级可适当提高，或掺入早强剂。

（二）从成桩到开始试验的间歇时间

在桩身强度达到设计要求的前提下，对于砂类土，不应少于10d；对于粉土和黏性土，不应少于15d；对于淤泥或淤泥质土，不应少于25d。

（三）试验加载方式

采用慢速维持荷载法，即逐级加载，每级荷载达到相对稳定后加下一级荷载，直到试桩破坏，然后分级卸载到零。当考虑结合实际工程桩的荷载特征可采用多循环加、卸载法（每级荷载达到相对稳定后卸载到零）。当考虑缩短试验时间，对于工程桩的检验性试验，可采用快速维持荷载法，即一般每隔一小时加一级荷载。

（四）加卸载与沉降观测

（1）加载分级。每级加载为预估极限荷载的1/15～1/10，第一级可按2倍分级荷载加荷。

（2）沉降观测。每级加载后间隔5min、10min、15min各测读一次，以后每隔15min测读一次，累计1h后每隔30min测读一次，每次测读值记入试验记录表。

（3）沉降相对稳定标准。每1h时的沉降不超过0.1mm，并连续出现两次（由1.5h内连续三次观测值计算），认为已达到相对稳定，可加下一级荷载。

（4）终止加载条件。当出现下列情况之一时，即可终止加载。

①某级荷载作用下，桩的沉降量为前一级荷载作用下沉降量的5倍。

②某级荷载作用下，桩的沉降量大于前一级荷载作用下沉降量的2倍，且经24h尚未达到相对稳定。

③已达到锚桩最大抗拔力或压重平台的最大重量时。

（5）卸载与卸载沉降观测。每级卸载值为每级加载值的2倍，每级卸载后隔15min测读一次残余沉降。读两次后，隔30min再读一次，即可卸下一级荷载。全部卸载后，隔3～4h再读一次。

第三节 桩基动力检测

一、检测依据

《建筑基桩检测技术规程（附条文说明）》（DGJ 08-218-2003）。

《建筑基桩检测技术规范》（JGJ 106-2014）。

单桩静载试验确定桩的承载能力，无疑是最准确可靠的一种方法，但因试验需在现场解决少则几十吨、多则上千吨的反力装置，因此也是历时最长、费用最高的一种试验方法，在工程中难于广泛应用。多年来，国内外科技工作者都试图用动测方法来解决桩的承载能力，并进行了大量试验研究。无论哪种动测法，均应满足下列原则：应做足够数量的动静对比试验，以检验方法本身的准确程度（误差应在一定范围以内），并确定相应的计算参数或修正系数；试验本身可重复；为非破损试验；方法简便快捷。

目前国内已用于工程检验的动测法大致可分两类：高应变动力检测和低应变动力检测。

二、单桩高应变动力检测

这类方法均用相当质量的落锤按一定（或不同）落高，锤击桩顶，使桩产生以毫米计的变形量（大应变），用设置在桩顶的传感器及振动仪器测记振动参数或其波形，通过位移计（机械百分表或位移传感器均可）测读每击的贯入度，然后用多种方法分析测试数据用于判定单桩的极限承载能力和评价桩身的结构完整性。

（一）常用方法

1.锤击贯入试桩法

此法由四川省建筑科学研究院等单位，通过系统试验研究，并制定了试验方法和操作要求，在国内不少地方应用。此法是用质量为（1.0～2.0）×10^3kg的自由落锤（极限荷载600～1500kN），按不同落高锤击带有力传感器的柱顶，用SC–16型光线示波器记录桩顶锤击力峰值，用百分表测量贯入度，根据每根试桩试验结果所测得的一组参数，根据锤击贯入试桩经验公式，即可确定单桩极限承载能力。在正常情况下每天可试桩4～6根。

2.输入锤击力波的桩基波动方程分析法

此法特征是在计算承载能力时输入锤击力波，而有别于“锤击贯入试桩法”。现已在西北地区推广。

3.波动方程分析法

波动方程分析法最早由原南京工学院和海洋石油勘探开发设计研究院引入我国，并首次应用于渤海石油平台钢管桩的承载能力评估，取得了可喜成果。

4.打桩分析仪法

这几年，上海、福州等地引进了几台美国PDA打桩分析仪及瑞典PID打桩分析系统，这是目前世界上较流行的一种测试方法，主要用于打桩时确定承载能力。

（二）检测要求

工程地质条件、桩型、成桩机具和工艺相同，同一单位施工的基桩（单桩），检测桩数。

三、单桩低应变动力检测

低应变动力检测主要用于桩身完整性的评价。若有可靠的本地区的竖向承载力动静对比资料时，机械阻抗法及动力参数法也可用于推算单桩竖向承载力。

（一）检测要求

对于一柱一桩的建筑物或构筑物，全部基桩应进行检测；非一柱一桩时，应按施工班组抽测，并根据工程重要性等因素，由有关部门商定抽测数量。检测混凝土灌注桩桩身完整性时，抽测数不得少于该批桩总数的20%，且不得少于10根；检测混凝土灌注桩承载力时，抽测数不得少于该批桩总数的10%，且不得少于5根；对混凝土预制桩，抽测数不得少于该批桩总数的10%，且不得少于5根。当抽测不合格的桩数超过抽测数的30%时，应加倍重新抽测。加倍抽测后，若不合格桩数仍超过抽测数的30%，应全部检测。

（二）检测方法

1.反射波法

反射波法适用于检测桩身混凝土的完整性，推定缺陷类型及其在桩身中的位置。检测时，应进行激振方式和接收条件的最佳方式选择。

2.机械阻抗法

机械阻抗法又分稳态激振和瞬态激振两种方式，适用于检测桩身混凝土的完整性。有同条件动静对比试验资料时，本法可用于推算单桩的承载力。

3.动力参数法

动力参数法又分为频率–初速法和频率法。当有可靠的同条件动静试验对比资料时，频率–初速法可用于推算不同工艺成桩的摩擦桩和端承桩的竖向承载力；频率法适用限于摩擦桩。

4.声波透射法

声波透射法适用于检测桩径大于0.6m混凝土灌注桩的完整性。

（三）桩身质量评定标准

采用反射波法检测桩身质量时，可参考以下标准分类评定。

（1）I类（完整桩）。波形规则，桩底反射清晰；桩身完好，达到设计要求；波速正常，桩身密实、均匀。

（2）II类（基本完整桩）。波形规则，桩底反射比较清晰；但波形有小的畸变，桩身有小的缺陷，如轻微离析、轻度缩径等，对单桩承载力没有影响，波速正常，桩身基本密实均匀。

（3）III类（完整性较差桩）。波形不规则，有较大畸变；桩底反射不清楚，波速偏低，有较严重缺陷，桩身密实度、均匀性较差，对单桩承载力有一定影响。该类桩一般要求设计单位提出处理意见。

（4）IV 类（有严重缺陷桩）。波形严重畸变，认为有严重缺陷、断桩等，波速低；桩身密实度、均匀性很差，承载力一般达不到设计要求。该类桩一般不能使用，需进行工程处理。

四、桩基检测

（一）桩基质量检验方法

桩基质量检验的两种基本方法：一种是静载试验法（或称破坏试验），另外一种是动测法（或称无破坏试验）。

（二）静载试验法

（1）静载试验是对单根桩进行竖向抗压（抗拔或水平）试验，通过静载加压，确定单桩的极限承载力。在打桩后经过一定的时间，待桩身与土体的结合趋于稳定，才能进行试验。对于预制桩，土质为砂类土，打桩后与试验的时间应不少于10d；如果是粉土或黏性土，则不应少于15d；对于淤泥或淤泥质土，不应少于25d。灌注桩在桩身混凝土强度达到设计等级的前提下，对砂类土不少于10d，对黏性土不少于20d，对淤泥或淤泥质土不少于30d。

（2）桩的静荷载试验根数应不少于总桩数的1%，且不少于3根；当总桩数少于50根时，应不少于两根。

（3）桩身质量应进行检验，检验数不少于总数的20%，且每个柱子承台下不得少于1根。

（4）一般静荷载试验可直观地反映桩的承载力和混凝土的浇筑质量，数据可靠。但其装置较复杂笨重，装、卸操作费工费时，成本高，测试数量有限，并且易破坏桩基。

（三）动测法（动力无损检测法）

（1）动测法是检测桩基承载力及桩身质量的一项新技术，作为静载试验的补充。动测法是相对于静载试验而言的，它是对桩、土体系进行适当的简化处理，建立起数学–力学模型，借助现代电子技术与测量设备采集桩、土体系在给定的动荷载作用下所产生的振动参数，结合实际桩、土条件进行计算，所得结果与相应的静载试验结果进行比较，在积累一定数量的动静试验对比结果的基础上，找出两者之间的某种关系，并以此作为标准来确定桩基承载力。该法应用波在混凝土介质内的传播速度、传播时间和反射情况来检验、判定桩身是否存在断裂、夹层、颈缩、空洞等质量缺陷。

（2）动测法具有仪器轻便灵活、检测快速（单桩检测时间仅为静载试验的1/50）、不破坏桩基、相对也较准确、费用低、可进行普查等优点。不足之处是需要做大量的测试数据，需静载试验来充实完善、编写电脑软件，所测的极限承载力有时与静载荷值离散性较大，等等。

（3）单桩承载力的动测方法很多，国内有代表性的方法有动力参数法、锤击贯入法、水电效应法、共振法、机械阻抗法、波动方程法等，最常用的是动力参数法和锤击贯入法两种。

五、桩基工程安全施工

（1）打桩前应对现场进行详细的踏勘和调查；对地下的各类管道和周边的建筑物有影响的，应采取有效的加固措施或隔离措施，以确保施工的安全。

（2）机具进场要注意危桥、陡坡、陷地和防止碰撞电杆、房屋等，以免造成事故。

（3）施工前应全面检查机械，发现问题及时解决，严禁带病作业。

（4）机械设备操作人员必须经过专门培训，熟悉机械性能，经专业部门考核取得操作证后方能上岗作业，不违规操作。杜绝机械和车辆事故发生。

（5）在打桩过程中遇有地坪隆起或下陷时，应随时对桩架及路轨调平或垫平。

（6）护筒埋设完毕、灌注混凝土完毕后的桩坑应加以保护，避免人和物品掉入。

（7）打桩时桩头垫料严禁用手拨正，不要在桩锤未打到桩顶即起锤或过早刹车，以免损坏桩机设备。

（8）成孔钻机操作时，注意钻机安定平稳，以防止钻架突然倾倒或钻具突然下落而发生事故。

（9）所有现场作业人员佩戴安全帽，特种作业人员佩戴专门的防保工具。

（10）所有现场作业人员严禁酒后上岗。

（11）施工现场的一切电源、电路的安装和拆除必须由持证电工操作，电器必须严格接地、接零和使用漏电保护器。

第八章　现场混凝土强度检测

第一节　回弹法检测构件混凝土强度

一、回弹法研究必要性及发展方向

回弹法的优越性有以下几点：回弹仪构造简单、性能可靠，容易校正、维修、保养，而且易于大批量稳定生产；检测技术易于掌握，操作方法简便，易于消除系统误差；回弹值与混凝土抗压强度之间易于建立具有较小检测误差的测强相关曲线；不需要或很少需要现场检测的事先作业；几乎不受构件形状、大小的限制，检测灵活、迅速、效率高，费用低，特别适用于现场大批量随机检测；在检测过程中对结构或构件无任何损坏，检测后不影响其结构受力体系。

随着高强、高性能、大流动性混凝土的普及使用，对建筑结构混凝土强度现场检测提出更高要求，回弹法的局限性日渐明显，主要包括：回弹法受各种因素影响较多，使回弹法检测精度变低、适用范围受限；混凝土抗压强度高于60MPa时，回弹值随混凝土强度增长不明显，普通混凝土回弹仪不再适用。

为突破回弹法的局限性，发挥回弹法的优点，回弹法的研究方向应向如下方面发展：高性能混凝土中普遍使用各种外加剂和掺和料，分析原材料、配合比、外加剂、掺和料、坍落度、龄期、碳化深度、养护方法等因素对回弹法测强的影响，提高回弹法检测精度；混凝土抗压强度高于60MPa时，采用高强混凝土回弹仪检测，从理论和实践两个方面，对比分析各种高强混凝土回弹仪技术性能，分析各种高强混凝土回弹仪检测精度及影响因素，分析高强混凝土回弹法检测的可行性，建立高强混凝土回弹法测强曲线；对比泵送混凝土与塑性混凝土回弹法检测数据，分析出现差异的原因，分别建立测强曲线；留长龄期混凝土试块，对长龄期混凝土回弹法检测进行探索。

二、混凝土回弹仪

（一）回弹仪分类

随着被检测材料种类的增多，回弹仪使用范围越来越广，加之电子学、计算机技术的发展，目前在我国应用最广泛的有如下类型回弹仪。

（1）HT3000（重型）混凝土回弹仪。它主要用于大型结构的高强混凝土检测。

（2）HT225、ZC3-A（中型）、BY07M225、BY2002HT、ZBL-S210型混凝土回弹仪它们主要用于普通混凝土强度检测。

（3）HT75、ZC4砖回弹仪。它们主要用于烧结普通黏土砖强度检测。

（4）HT20、ZC5砂浆回弹仪。它们主要用于砌体结构中砌筑砂浆强度检测。

（5）H550、H450高强混凝土回弹仪。它们主要用于强度等级高于C50的混凝土检测。

（6）各种智能回弹仪。将上述各种回弹仪自动化，能自动处理和记录回弹次数、回弹值、测试角度等。

今后，随着回弹仪在工程实测中的广泛应用及对检测技术要求的提高，回弹仪生产的类型将逐渐增加，并将不断更新，以适应新形势发展的需要。回弹仪属计量器具，因此从事回弹仪生产的单位，必须取得计量器具许可证；购买回弹仪时一定要注意回弹仪上必须有计量器具许可证号及CMC标志。

混凝土回弹仪作为检测一般建筑结构或构件普通混凝土抗压强度的一种非破损检测仪器，在我国应用已有50多年的历史。但在实际应用中存在不少问题，过去有偏见认为这种方法误差比较大，检测混凝土强度不太可靠，因此一直没有发挥其应有的作用。

调查和实测表明，在影响检测精度的诸多因素中以仪器的质量及其稳定性的差异尤为突出，原因是各生产厂家生产的回弹仪内部零部件加工精度及其装配尺寸不一致，它们在检测条件相同的情况下，测得的回弹值有差异，直接影响了检测混凝土抗压强度的可靠性。近年来，为保证各台回弹仪具有基本一致的检测性能，为确保回弹仪工作时应有的标准状态，各回弹仪生产厂家和有关技术、科研单位做了许多有益的工作，使回弹法检测混凝土强度技术在全国广泛推广应用，检测精度也大幅提高。

（二）M225型回弹仪的发展与应用

随着计算机的发展和应用，很多厂家将数字技术应用于回弹仪，生产出数字回弹仪。数字回弹仪以普通回弹仪为基础，增加数据自动读取和处理功能，极大地提高了检测、数据处理与检测报告编制的工作效率。

以下三种M225型回弹仪在国内具有较先进的技术水平。

（1）博远BY2002HT型数字回弹仪。该型回弹仪由浙江省B公司开发生产。其传感器采用“光栅–光耦”非机械接触方式回弹采样发明专利，不改变机械式回弹仪的原有机械构造并保留了指针直读功能，完全避免了传统数显回弹仪所采用的电位器采样方式因机械磨损、接触不良等弊病而导致仪器采样精度、可靠性和耐久性差的技术缺陷，具有很高的采样精度，其可靠性、稳定性和耐久性指标得到极大的提高；数字回弹传感器分体式专利，使得传感器常规机械维护简单、方便，不影响电子采样系统，大大增加了数字回弹传感器的机械稳定性和可靠性；两项专利技术的使用，大大延长了数字回弹传感器的使用寿命。

（2）ZBL–210数显回弹仪。该型回弹仪由北京Z公司开发生产。用户可更换机械部分，使用更长久；大屏幕反射式液晶显示、适合野外作业；全中文显示，人机界面友好，易学易用；机内数据分析，现场查看测量结果；存储数据可传输至计算机处理并具有功能强大的Windows数据处理软件。

（3）α–5000cn系列回弹仪。该型回弹仪由天津G公司开发生产。其具有现场数据自动采集、显示、存储功能；随机配有数据处理软件，给出四种回弹法地方测强曲线回归方程及超声回弹综合法测强曲线回归方程，可手动输入检测回弹值、进行计算处理或直接编制混凝土强度检测报告。

（三）M225型回弹仪影响检测性能的主要因素

1.主要零件的质量

（1）拉簧的刚度系数。由仪器的构造和冲击能量可算出拉簧的刚度系数应为785N/m（0.8kgf/cm），刚度系数的变化直接影响仪器工作时的冲击能量，同时影响测得的回弹值。

不同刚度系数的拉簧在混凝土试块上所测得的回弹值有显著差异。其差异随刚度系数的增加而回弹值有所降低。这是由于混凝土本身的性能所引起，即当弹击拉簧的刚度系数增大时，弹击锤的冲击动能也随之增大，在混凝土上产生的塑性变形功相应增加，而回弹动能随之减小，使得回弹值略有降低。

弹击拉簧刚度系数在一定范围内变化时，钢砧率定值无显著变化，说明在所变化的冲击动能范围内，对弹性回弹动能无显著影响。

（2）弹击杆前端的曲率半径及后端的冲击面。根据设计，弹击杆前端的曲率半径r=25mm。随着r值的增大，在试块上测得的回弹值增高，并随着试块表面硬度的增大而趋于明显。这是因为对于同一台仪器在相同冲击能量的情况下，弹击杆前端的曲率半径大，消耗在塑性变形中的能量减小，因此r偏大时，回弹值偏高。另外，变化r时，对高硬度试块的影响比对低硬度试块的影响大，因此r愈大，表面硬度高的试块测得的回弹值偏高的现象愈明显。

弹击杆前端的曲率半径的差异，对钢砧率定值的影响不明显，这是因为在钢砧上不能产生塑性变形。因此，当只变化r时，并不能对钢砧率定值产生明显的影响。

国内中型回弹仪的弹击杆后端冲击面原有两种加工形状，即有环带和无环带的平面。弹击杆的冲击面形状对试块的检测结果影响不大。另外，冲击面为平面的弹击杆，不论在钢砧上还是在试块上，所测得的回弹值的极差均小于冲击面有环带的弹击杆，说明冲击面为平面的弹击杆，其检测稳定性较好。为与国外定型的中型回弹仪一致，弹击杆后端冲击面的形状规定为平面。

（3）指针长度和摩擦力f。根据设计，指针块上的指示线应位于正中，指示线至指针片端部的水平距离（指针长度）为20mm，此值直接影响回弹值的大小。指针摩擦力是指在机壳滑槽中指针块在指针导杆全长上推动时的摩擦力f，按设计要求f=0.6N。实测表明，指针摩擦力如果过小，回弹时指针出现滑动，使回弹值偏高；如摩擦力过大，影响弹击锤的回弹力，使回弹值偏低。因此，指针摩擦力应控制在0.5～0.8N。

（4）影响弹击锤起跳位置的有关零件。弹击锤是否相应于刻度尺的“100”处脱钩和弹击锤的冲击长度是否等于75mm，是影响弹击锤是否相应于刻度尺上的推算“0”处起跳的因素。为了保证仪器工作时的冲击长度为75mm，就必须使缓冲压簧的压缩长度为一定值。缓冲压簧的压缩长度取决于以下四个方面因素。

①缓冲压簧的刚度系数；

②压簧的压缩力；

③弹击拉簧的拉伸力；

④脱钩时挂钩与弹击锤挂钩处的摩擦。

仪器工作时，对仪器施加的作用力使弹击拉簧拉伸，压簧压缩，挂钩脱钩，这三部分力通过中心导杆传递给缓冲压簧，从而使缓冲压簧压缩一定的长度。因此，为了保证弹击锤的冲击长度为75mm，弹击拉簧、压簧、缓冲压簧的质量必须按设计要求加工，以保证各台仪器质量的一致性。另外，还有一个因素影响弹击锤起跳点，即弹击锤脱钩状态时，挂钩尾部与法兰上表面的孔隙保持最小，并使各台仪器保持一致。

2.机芯装配质量

机芯装配尺寸能否按照仪器的构造和工作原理进行装配，是使仪器达到正常状态的关键。关于机芯主要零件的装配尺寸及有关零部件的质量要求已于前面提到，但为了确保仪器具有正常的检测性能，在机芯的装配质量方面必须注意以下重要环节。

（1）调零螺丝。在机芯的弹击拉簧工作长度为61.5mm、弹击锤的冲击长度为75mm的前提下进行整机调零（调零螺丝的长度，使弹击锤脱钩瞬间，指针块上的指示线应停留在刻度尺的“100”处）。尾盖上的调零螺丝应始终处于紧固状态，不得有松动现象或位移现象。

（2）弹击拉簧固定。拉簧的一端固定于拉簧座上，另一端固定于弹击锤上。固定好后，三连件（拉簧座、弹击拉簧和弹击锤）装入中心导杆，此时弹击拉簧在中心导杆上不得有歪斜现象，否则会影响弹击拉簧的工作性能。此处重要的是弹击拉簧按图纸的加工质量要达到要求。

（3）机芯同轴度。机芯同轴度是指弹击杆和弹击锤与中心导杆工作时，是否在同一轴心线上。通过大量试验表明，机芯同轴度好的仪器，弹击杆和弹击锤的冲击面碰撞时，接触良好，声音清脆，在钢砧上能测得较高而稳定的率定值；反之，声音沉闷，率定值不稳定且较低。因此，当率定值达不到要求时，应检查各零件的加工质量或调换弹击杆，即调整机芯同轴度，使钢砧率定值符合标准。

如果弹击杆的冲击面与其内孔、弹击锤的冲击面与其中心锤孔的垂直以及中心导杆的垂直度达到一定加工精度，则三者装配起来的机芯，同轴度一定较好。

（四）钢砧率定的主要作用

M225型回弹仪的检验方法，是采用在洛氏硬度HRC=60±2的标准钢砧上，将仪器垂直向下率定，检测其平均率定值是否为80±2，并以此作为出厂合格检验以及使用过程中是否需要调整的标准。而实际上，影响仪器性能的主要因素（如弹击拉簧的工作长度、弹击锤的冲击长度、弹击拉簧的刚度系数等）对率定值均无显著影响。经试验研究认为，钢砧率定具有以下五个方面作用。

（1）在仪器其他条件符合要求的情况下，检验仪器的冲击能量是否等于或接近2.207J。此时在钢砧上的率定值应为80±2，此值作为校验仪器的标准之一。

（2）钢砧率定值能比较灵活地反映出弹击杆、中心导杆和弹击锤的加工精度以及它们三者工作时的同轴度是否符合要求。当不符合要求时，则率定值低于78，由此会带来对检测值的影响。

（3）在仪器其他条件符合要求的情况下，转动弹击杆在中心导杆内的位置，在钢砧上的率定值均应为80±2，以此可以校验仪器本身检测的稳定性。

（4）在仪器其他条件符合要求的条件下，用来校验仪器经使用后内部零件有无损坏或出现某些障碍（包括传动部位及冲击面有无污物等）。出现上述情况时率定值偏低且稳定性差。

（5）在仪器的其他条件符合要求的情况下，反映（而不是校验）弹击锤的起跳位置是否相应于刻度尺上推算的“0”处。由于仪器各零部件的加工和装配都有一定的公差，因此即使装配尺寸都符合要求，所有仪器弹击锤的起跳点也未必都位于“0”处起跳。

综上所述，钢砧率定值在一定条件下可以反映仪器的部分质量和性能。但必须指出，只有在仪器三个装配尺寸和主要零件质量校验合格的前提下，钢砧率定值才能作为校验仪器是否合格的一项标准。仪器有下列情况之一时，应在钢砧上进行率定试验：回弹仪当天使用前，检测过程中对回弹值有怀疑时。如率定试验结果不在规定的80±2范围内时，应对回弹仪进行常规保养后再率定。若再次率定仍不合格，应送专门校准机构校准。

仪器使用过程中的率定值，如果低于78且不小于72时，国外是按80%的比例来修正试块上测得的回弹值，这种做法是不恰当的。因为采用在不产生塑性变形的钢砧上的率定值，直接按线性关系来修正产生塑性变形占较大比重的混凝土构件上的回弹值，并且据此修正后的回弹值来换算与回弹值成非线性关系的混凝土强度值，这在理论和实验上还必须做进一步探讨。因此，如果率定值试验结果不在规定的80±2范围内，应对仪器进行常规保养后再率定。如再次率定仍不合格，仪器不得用于检测。

三、混凝土分类

混凝土回弹仪的多样性是为了适应混凝土的多样性，由于外加剂、掺和料等的使用，混凝土本身的性能多种多样。常用混凝土分为以下几种。

（1）普通混凝土。它是干密度为2000～2800kg/m³的水泥混凝土。

（2）塑性混凝土。它是混凝土拌和物坍落度为10～90mm的混凝土。

（3）流动性混凝土。它是混凝土拌和物坍落度为100～150mm的混凝土。

（4）大流动性混凝土。它是混凝土拌和物坍落度等于或大于160mm的混凝土。

（5）高强混凝土。它是强度等级为C60及其以上的混凝土。

（6）泵送混凝土。它是可在施工现场通过压力泵及输送管道进行浇筑的混凝土。

随着高层建筑和大体积混凝土工程的日益增多及其规模的日益扩大，泵送混凝土技术及施工方法得到了快速的发展。泵送混凝土工艺可以极大地提高混凝土的浇筑施工效率，施工速度快，能有效改善混凝土的施工性能；且具有输送混凝土能力大、速度快、缩短工期、降低费用及能连续作业的特点，尤其对于高层建筑和大体积基础混凝土的施工，更能显示出它的优越性。

泵送混凝土是在混凝土泵的压力推动下沿输送管道进行运输，并在运输管道出口处直接浇筑的混凝土。泵送混凝土必须具有工程设计所需的强度，还应具有能顺利通过输送管道、不阻塞、不离析、粘塑性良好等性能。为此，泵送混凝土中大量使用外加剂和掺和料，使混凝土的物理力学性能发生改变。这些改变对泵送混凝土现场回弹法检测也产生了显著影响，对比研究证明泵送混凝土与塑性混凝土应该分别建立测强曲线。

高强度混凝土多用于高层建筑结构，为达到高强度及良好施工性能，大量使用各种外加剂、掺和料。高强混凝土中的外加剂、掺和料是与水泥同等重要的材料。高强混凝土所用粗、细骨料一般也是经过挑选的。试验证明：采用高强混凝土回弹仪检测高强混凝土检测结果较准确，能够满足现场工程质量检测监督的需要。

四、回弹测强影响因素分析

（一）回弹不同浇筑面的影响

对于一般梁、板的构件来说，由于混凝土的分层泌水现象，使构件浇筑底面石子较多，回弹数值偏高；浇筑顶面由于泌水，水灰比略大，面层疏松，回弹值偏低。通过对比发现，试块顶面的回弹值较侧面低5%～10%，而浇筑底面则较侧面高10%～20%。此外，检测面的平整度对回弹测强也有较大影响，如浇筑顶面打磨后，石子外露，使得回弹值有时比浇筑侧面还要高。因此，检测时尽可能选择构件浇筑的侧面，避开顶面和底面。因为顶面、底面质量随混凝土强度等级、施工方法等不同有较大差异，如不得已而检测混凝土的浇筑顶面或底面时，则需将测得的回弹值进行修正。

（二）原材料及配合比的影响

组成混凝土的主要成分是粗骨料、细骨料、胶凝材料、水。高性能混凝土为达到耐久性、流动性等要求，大量使用外加剂、掺和料；同时，从节能环保考虑，提倡使用工业废料，如粉煤灰、工业矿渣等，使高性能混凝土原材料组成更复杂，因此原材料对高性能混凝土回弹法检测影响也更复杂。

1.石子粒径、级配、人工砂对回弹法测强的影响

因材料供应、施工要求等不同，同一强度等级混凝土使用石子粒径、级配也不同，如基础垫层常用大粒径石子，而现浇板、楼梯等常用小粒径石子。为分析石子粒径、级配对回弹法测强的影响，课题组进行对比试验。近几年，因天然砂资源减少，为保持河床稳定，保证堤坝安全，政府限制在河道挖砂，人工砂的使用越来越普遍。因人工砂生产工艺简单，成本低，部分大型混凝土搅拌站自产自用，人工砂与天然砂使用比例达到1∶1。为分析人工砂对回弹法测强的影响，课题组进行对比试验。

2.外加剂对回弹法测强的影响

外加剂在高性能混凝土中使用非常普遍，常用的有防止开裂、提高抗渗性的膨胀剂，增加流动性的减水剂，等等。课题组选择山东省常用外加剂进行对比试验，分析外加剂对回弹测强的影响。加入膨胀剂的膨胀混凝土，在回弹值相同时推定强度值高于普通混凝土，且强度越低越明显。理论分析，膨胀剂使混凝土密实度增加，强度显著提高，对表

面硬度提高不明显。建议对膨胀混凝土使用回弹法检测混凝土强度时，考虑进行修正。

掺泵送剂混凝土坍落度为160～230mm，而普通混凝土坍落度低于100mm，所以测强曲线显示出较大差异，此现象与坍落度对回弹测强的影响是一致的。相同回弹值对比，掺泵送剂混凝土抗压强度明显比塑性混凝土抗压强度高，分析认为泵送剂的主要成分是减水剂，减水剂的水泥分散作用使水泥颗粒在水中均匀分散，降低水胶比，减小混凝土孔隙率，使水泥的水化反应更充分，水泥石结构更坚固。同时，改善水泥石与骨料间界面过渡区的性质，提高混凝土强度。硬化后混凝土由水泥石、骨料、水泥石与骨料间界面三相组成，在骨料和水泥石之间有一个氢氧化钙的白色环，这就是所谓的过渡层。它由氢氧化钙和钙矾石的粗大结晶组成，具有比水泥石高的孔隙率，是混凝土结构中的薄弱层。界面过渡区的强度取决于三个因素：（1）孔的体积和孔径大小；（2）CH晶体的大小与取向；（3）界面上存在的微裂缝和孔隙。不掺减水剂的混凝土水灰比较高，毛细管水含量较高，表现为总孔隙率较大，孔径较大，界面过渡区厚度大。同时，由于混凝土泌水性，往往造成粗骨料下表面形成水囊，干燥后形成孔隙，有时因收缩变形，界面处出现裂缝，在外力作用下因应力集中，使混凝土提前破损。

3.掺和料对回弹法测强的影响

硬化后混凝土由水泥石、骨料、水泥石与骨料间界面三相组成，在骨料和水泥石之间有一个氢氧化钙的白色环，这就是所谓的过渡层。它由氢氧化钙和钙矾石的粗大结晶组成，具有比水泥石高的孔隙率，是混凝土结构中的薄弱层。掺减水剂、矿渣、粉煤灰使混凝土微观结构发生改变。减水剂降低水灰比，减少混凝土单位体积用水量，使混凝土密实度提高，界面过渡层的厚度减小，混凝土强度大幅度提高。矿渣、粉煤灰在混凝土中有三个方面的作用：胶凝作用、填充润滑作用、火山灰反应；在提高混凝土密实度同时，使过渡区氢氧化钙进一步反应生成C-S-H凝胶，矿渣、粉煤灰的火山灰反应促进C-S-H凝胶进一步水化，形成结构紧密的C-S-H（Ⅳ），水泥石与骨料间过渡区孔隙率减小，黏结性能提高，过渡区不再明显，混凝土强度大幅提高。

因为混凝土水泥石与骨料间过渡区结构的改变对提高混凝土强度有很大作用，对提高混凝土表面硬度作用不大，所以虽然掺减水剂、矿渣、粉煤灰使混凝土强度和表面硬度都提高了，但是混凝土强度增长大于混凝土表面硬度增长。

因为在混凝土硬化早期，粉煤灰对混凝土强度的贡献不明显，所以低强度时粉煤灰混凝土与不掺外加剂掺和料混凝土测强曲线较接近。而同时掺矿渣、粉煤灰、减水剂的混凝土回弹值偏低。微观分析认为：矿渣火山灰活性、细度都大于粉煤灰，矿渣早期水化产物中包含大量AFT晶体；大量AFT晶体互相搭接，有利于水泥浆体在早期获得较高的强度；同时，矿渣促进早期C-S-H凝胶的生成，使浆体在早期形成较密实的结构。所以，在硬化早期，矿渣、粉煤灰混凝土强度增长较快，同强度对比矿渣、粉煤灰混凝土回弹值偏低。

分析认为这种现象的实质是矿渣、粉煤灰混凝土强度增长梯度大于表面硬度增长梯度。

（三）坍落度的影响

混凝土按坍落度分为三种类型。

（1）塑性混凝土。其坍落度为10～90mm。

（2）流动性混凝土。其坍落度为100～150mm。

（3）大流动性混凝土。其坍落度大于等于160mm。课题研究制作试件实测大流动性混凝土坍落度最大为230mm。

当混凝土抗压强度低于25MPa时，三种混凝土测强曲线相差不大。抗压强度低于25MPa的流动性及大流动性混凝土外加剂用量相对较少，回弹值减少不明显，回弹值–混凝土强度关系曲线与塑性混凝土无明显差异。当混凝土抗压强度高于20MPa时，塑性混凝土回弹值高于流动性与大流动性混凝土回弹值，且强度越高越明显。分析认为：流动性混凝土与大流动性混凝土为实现其流动性，使用了泵送剂、减水剂等；这些外加剂的使用可降低水灰比，减少混凝土单位体积用水量，使混凝土密实度提高；同时，流动性混凝土与大流动性混凝土胶凝材料比例增加，砂率增加，石子粒径偏小，使表面硬度降低，回弹值偏小。同时，大量使用粉煤灰、矿渣等掺和料，改善了混凝土中骨料与水泥石之间过渡区的结构，混凝土强度和表面硬度也都提高了；但是，混凝土立方体抗压强度提高的梯度大，而表面硬度提高的梯度小，并且混凝土强度越高，外加剂、掺和料用量越大，相同混凝土强度对比，回弹值的差异越明显。

第二节　超声回弹综合法检测构件混凝土强度

一、超声回弹综合法基本原理

（一）超声回弹综合法检测混凝土强度基本原理

超声回弹综合法是指采用非金属超声检测仪、混凝土回弹仪、深度尺，检测混凝土的超声声速值、回弹值及碳化深度，然后利用已建立起来的测强公式推算混凝土抗压强度的一种方法。回弹值及碳化深度值测试时的操作要点与回弹法的要求相同。

（二）超声回弹综合法检测的优点

回弹法检测混凝土强度实质是通过混凝土表面硬度推定混凝土强度，具有简便、快捷、无损伤等优点。但单一回弹法受各种因素影响，有时测强误差较大。随着建筑技术的发展，高强高性能混凝土日渐普及应用，混凝土原材料不再是单一的水泥、水、砂、石子；粉煤灰、矿渣、硅粉、外加剂等在混凝土中大量使用，改变了混凝土的微观结构和物理力学性能，使混凝土细分为抗渗混凝土、防冻混凝土、泵送混凝土、高强混凝土、自流平免振混凝土等。单一回弹法检测混凝土强度有时会有较大误差，为解决此问题，各国科研人员进行各种探索，超声回弹综合法检测混凝土强度是国内外研究最多、应用最广的一种无损检测方法。

二、超声波基本知识

（一）超声波的定义

当物体振动时会发出声音，科学家们将每秒钟振动的次数称为振动的频率，它的单位是赫兹（Hz）。声波是物体机械振动状态（或能量）的传播形式。所谓振动是指物质的质点在其平衡位置附近进行的往返运动。譬如，鼓面经敲击后，它就上下振动，这种振动状态通过空气媒质向四面八方传播，这便是声波。

声波按频率分为：

（1）次声波。其频率小于20Hz。

（2）可闻声波。其频率为20Hz ~ 20kHz。

（3）超声波。其频率为20kHz ~ 10^3MHz。

（4）特超声波。其频率大于10^3MHz。

我们人类的耳朵能听到的声波频率为16 ~ 20000Hz。因此，当物体的振动超过一定的频率，即高于人耳听阈上限时，人们便听不出来。超声波是指振动频率大于20kHz以上的声波，其每秒的振动次数（频率）甚高，超出了人耳听觉的上限（20000Hz），人们将这种听不见的声波叫作超声波。超声波和可闻声波本质上是一致的，它们的共同点都是一种机械振动在材料介质中的传播，需要振动源和弹性介质，符合机械波的特征和基本规律。

（二）振动与波

任何一块固体材料，从微观的角度来看，都可以看成许多质点的集合体。这些质点之间通过一定的方式彼此联系，在弹性材料中，这种联系具有弹性性质；在弹-粘-塑性材料中，这种联系则具有弹塑性性质。固体材料的每一个质点都受到周围质点的牵连。因此，当其中某一质点受激励产生振动时，必然把振动能量传递给周围的质点，使周围质点也产生振动。在完全弹性的物体中，这种传递可一直延续下去；而在弹-粘-塑性的物体中，由于质点间“粘性元件”的弛豫而使能量逐渐损耗。

这种机械振动的传播过程即为机械波或声波。由此可见，材料中的波动是振动的必然结果，它和振动一样，与材料的应力-应变性质有着密切的联系。根据质点的振动方向与波的传播方向的不同，可将机械波分为若干种类型。

（1）纵波。质点的振动方向与波的传播方向一致，这种波称为纵波。产生纵波时，物体中质点的振动以疏密相间的形式向前传播。在较稀疏的区段内材料受到拉伸，在较稠密的区段内材料受到压缩。由于纵波常由质点间的容变弹性和长变弹性引起，因此凡有容变弹性和长变弹性的物质均能传播纵波，即纵波在固体、液体、气体中均能传播。

（2）横波。质点的振动方向垂直于波的传播方向，这种波动称为横波。在物体中的质点产生剪切变形。由于液体和气体中没有剪切特性，因此横波只能在固体中传播。

（3）表面波。质点的振动与传播方向之间的关系介于纵波和横波之间，并沿着物体表面传播，振幅随着深度的增加而迅速衰减的波称为表面波。

（4）板波。在板厚与波长相当的薄板中传播的波，只能在固体介质中传播。

此外，还有许多波动类型，但从运动学的角度来看，根据运动的叠加原理，任何复杂波形都是纵波和横波的叠加。纵波和横波是两种最简单、最基本的波。

波在物体中传播时，如果物体中各质点均做连接不断的运动，这种波称为连续波。在连续波中，若各质点均做同频率的谐振动，则这种连续波称为余弦波（也称简谐波或正弦波）；如果物体中各质点做单个或间歇的脉冲振动，这种波称为脉冲波。在混凝土检测中常用的超声波就是声脉冲。而运用频谱分析的方法，不论是脉冲波还是非余弦的连续波，都可以认为是由许多不同频率的余弦波合成的。因此，余弦波是最基本的形式。

许多质点在振动时，各同相位的点所构成的轨迹平面，称为波阵面。而振动传播的方向称为波线。在某一时刻各质点振动传播的前沿的轨迹平面，称为波前。根据波阵面不同，机械波又可分为平面波、球面波和柱面波。

三、混凝土超声检测分析仪

（一）混凝土超声检测仪的发展及其基本组成

混凝土超声检测仪的作用，是向待测的结构混凝土发射超声脉冲，使其穿过混凝土，然后接收穿过混凝土后的脉冲信号，仪器显示超声脉冲穿过所需的时间，接收信号的波形、波幅等。根据超声脉冲穿越混凝土的时间和距离，即可计算声速；根据波幅，可求得超声脉冲在混凝土中的能量衰减；根据所显示的波形，经适当处理可得到接收信号的频谐等信息。

仪器是检测技术的物质基础和基本装备。仪器的发展为检测技术的发展提供了条件，而检测技术的发展又对仪器提出了更高的要求，两者相辅相成。近年来，仪器的研究工作已向小型化、自动化和智能化的方向发展，仪器设备的进步发展为检测技术的发展提供了基础。

模拟式整个仪器由同步分频、发射与接收、扫描与示波、计时显示及电源五部分组成。这种超声检测仪属于第二代、第三代仪器，现已逐渐退出了检测领域。

数字式混凝土超声波检测仪，是将接收到的模拟信号，经高速A/D转换成离散的数字量直接输入计算机，通过有关软件进行分析处理，自动判读声时、波幅和主频率值并显示于仪器屏幕上。这种超声仪具有对数字信号进行采集、处理和存储等高度智能化的功能。数字式混凝土超声波检测仪主要由计算机主机、高压发射系统、程控放大系统、数据采集与传输系统、电源五部分构成。

1.数据采集与传输系统

数据采集与传输系统是应用高速A/D转换器，将连续的模拟波形信号转换成离散的数字信号。主要技术指标是采样频率、采样位数、最大采样长度。

（1）采样频率。采样频率即单位时间内采集的样本点数。采样频率越高，采集的样本点间隔时间越小，对声时的分辨率越高。混凝土质量检测一般要求声时分辨率为0.1μs，为达到此分辨率，采样频率应大于10MHz。

（2）采样位数。采样位数即采集数字信号的精度。位数超越，字长越长，信号精度越高。一般为8位。

（3）最大采样长度。最大采样长度即一次采集的最大样本点数。在相同的采样频率下，采样长度越长，采集到的波形样本时间序列越长。

2.程控放大及衰减系统

该系统是用来调整接收信号的幅度及合适的信噪比，使之符合数据采集系统输入端要求。当测距较短或测试对象质量较好时，接收到的信号很强，易出现首波截幅或失真，此时应将信号衰减；当测距较大或测试对象质量较差时，接收到的信号很弱，需要将信号放大，但增益过大又造成信噪比降低。因此，在每次测试时，需根据信号的强弱和信噪比大小，用放大、衰减系统进行综合调节，使接收信号最优，便于正确判读。

3.脉冲波发射系统

超声脉冲波的产生是通过电压脉冲激励发射换能器，使其压电体产生振动来实现；振动能量的大小取决于激励脉冲电压的高低，检测时应根据被检测对象具体情况选择激励脉冲电压。通常情况下，当测距较短或测试对象质量较好时，可选择200～500V；当测距较大或测试对象质量较差时，可选择800～1000V。

4.主机和电源

主机可采用通用型计算机,也可用一体化的通用工控机。电源可用AC220V或DC12V等。

（二）智能型非金属超声检测分析仪的技术指标

超大规模集成电路和计算机技术的高速发展，为混凝土超声波检测仪进入数字化、智能化提供了有利的条件。仪器实现智能化，促进混凝土超声检测技术更好更快地发展。人们在进行混凝土质量超声检测过程中，逐渐体会到，尽可能多地采集混凝土中超声传播信息，有利于对被检测混凝土的质量情况做出更全面可靠的判断和评价。

智能式非金属超声检测仪由计算机、高压发射与控制、程控放大与衰减、A/D转换与采集四大部分组成。高压发射电路受主机同步信号控制，产生受控高压脉冲，激励发射换能器，电声转换为超声脉冲传入被测介质；接收换能器接收到穿过被测介质的超声信号，并转换为电信号，经程控放大与衰减对信号做自动增益调整，将接收信号调节到最佳电平，输送给高速A/D采集板，经A/D转换后的数字信号再高速地传入计算机，由计算机进行波形显示、声学参数判读和存储，并进行必需的分析处理。

（1）手动游标读数。手动调节示波屏上的游标信号，使其前沿对准接收波的初始点，此时的声时读数即为手动游标读数。

（2）自动整形读数。仪器内部对接收波进行放大、整形，使其成方波，以方波的前沿去关闭计时器，仪器上即显示出时间读数。

（3）程序判读声时。在智能式仪器中，依据存贮的声波数据由程序来进行的首波自动判读。

（4）发射方式。它是产生超声脉冲的方式。它分单次激发与连续激发两种，连续激发要求一定的激发频率。

（5）换能器。它是实现电能、声能相互转换功能的器件。

（6）衰减器。衰减器是指定量地改变电压的装置，用dB或衰减比值表示。

（7）接收灵敏度。对数字式仪器来说，接收灵敏度是指能使计数器关门的最小接收信号；对智能式仪器来说，接收灵敏度是指首波达到一定的量化数值所要求的最小接收信号。

（三）智能型混凝土超声检测分析仪的性能特点

1.数字信号的采集

智能型超声仪均将波动信号的时间与幅度转换成数字量，变成数字信号，以便用数值计算的方法完成对信号的处理。由于数字信号可存储，可不受时间顺序的约束，能按照理论算法进行运算，从而使仪器具有高度自动化、智能化的处理功能。因此，数字化信号采集与处理功能是智能化超声检测仪的基本条件。

智能型超声仪在高速A/D数据采集和 DMA数据传输方式（直接将数据自RAM中存取而不经CPU控制的方法）的支持下，具有对重复周期信号的高速重复采集功能，在屏幕上可获得良好动感的数字波形动态效果，对于重复信号可实时监测被测信号，观察接收波形的动态变化，同时对于超声检测中观察换能器的耦合效果、在时域波形中识别缺陷反射信号、对孔检测时随换能器升降实现自动扫描检测等都具有重要的实用价值。

2.声参量检测

超声仪的基本功能是产生、接收、显示超声脉冲，并经测量获取声时、波幅、频率等声学参数。声参量测试的准确性、精密性、重复性以及高速、简便、易操作等要求是衡量超声仪性能的重要指标。

（1）首波的判定与捕捉。在混凝土声测技术中，首波到达时，首波波峰值是重要的参数，因此首先必须准确地判定并捕捉到首波。以往常规的超声仪采用波形整形触发原理，当接收信号脉冲幅度达到一定量值（关门电平）时即判定为首波。采用这种方法，一方面因本机噪声或外界干扰过大容易造成误判，另一方面因首波幅度低缓容易造成滞后丢波。智能型超声仪设置了专用参数“基线控制线”，它是在基线上下的一对水平幅度线，距基线间距可调。它的作用相当于固定的关门电平变为可调，只要将基线控制线调至介于首波波幅与噪声之间，均可以快速准确地捕捉到首波；在此基础上，可以实现声时、幅度、主频等参量的自动判读。

（2）声时测量。智能型超声仪声时测试技术指标一般为：声时精度：0.1s；声时测试重复性：末位±2个字；声时测试相对误差：<1%。

智能型超声测试仪一般具有自动判读和手动判读两种方式。手动判读是人工移动水平游标，屏幕实时显示游标所在位置的声时值；自动判读则是在自动判定首波基础上，利用软件判读方法自动反推到首波起始位置，获得首波声时值。

声时自动判读的特点在于：

①利用基线控制线有效地解决了由于前误判或滞后丢波而引起的声时测量误差；

②可以判定出首波的真实起始点，有效地解决了在信噪比低、首波起点不明显的条件下人为读数偏差过大的问题。

实践表明，即使在大测距、小信号、高噪声的条件下，只要具有一定的首波信噪比，智能型超声仪可以有效快速地进行测试。对个别有疑问的测点，可以使用手动游标判读。

（3）波幅测量。波幅直接反映了超声波传播过程中的衰减程度，或在常规超声仪中，示波器显示的模拟波形不能量化，只能采用等幅测量的方法，直读衰减器的量值，一般动态范围为80dB，精度为±0.5dB。智能型超声仪的分级增益放大与衰减相互配合，通过计算机控制可做闭环的自动调节，动态范围为133dB，加之屏幕显示的数字化波形样品的量化范围是42dB，波幅总的动态范围达175dB。单次采样的波列样品可以用波形文件格式存储，根据波形文件中记录的工作参数和全波列样品点的LSB值，可以很容易地计算出全波列所有样本的波幅（dB）值。在仪器、换能器、信号电缆以及发射电压保持不变的条件下，多次测量过程中的波幅值具有相互可比性。

（4）频率测量及频谱分析。超声脉冲通过被测混凝土时，由于多种频率成分的衰减不同，高频成分比低频成分的衰减大，因而主频率将向低频端漂移。因此，脉冲波主频率的漂移程度，是混凝土对超声衰减作用的重要表征量。智能型超声仪提供了幅度谱分析功能，即在频率域中表征动态信号幅度随频率的分布情况，并在检测模式下可自动判定主频率，参加FFT运算的波段窗口既可按设定的频率分辨率自动确定，也可在时域波形中用手动游标人工截取（矩形窗）。

对声时测试中零声时的标定与设置，既可应用标准声时棒进行自动零声时标定功能，又可人工输入已标好的零声时值。

在波形采集中既可自动调整采样起始点和波幅，使之满足已设定的状态参数；又可在声参量变化不大的测试中，以“记忆”方式延续保持上一测点的工作状态，以提高采样速度。

3.数据输入输出的文件管理

混凝土超声检测过程中参数多、数量大，因此数据的现场记录以及后期分析的数据录入工作都很烦琐。智能型超声分析仪对数据输入输出的文件管理功能使上述烦琐的工作变得简便、有序且易于管理。文件的存贮、调用、查看等功能在屏幕提示下可以直观、简易、快速地完成。仪器配有大容量硬盘和各种接口，易于实现数据文件的大量存贮。

4.配置分析软件包

为便于对检测结果的分析，智能型仪器配置了内容丰富的应用软件。

（四）超声换能器

1.压电效应

某些晶体或多晶陶瓷受到压力或拉力而产生变形时，晶体产生极化或电场，表面出现电荷，这种现象称为压电效应。反之，若在晶体或多晶陶瓷表面上施加一电压，则在电场作用下产生变形，这种现象称逆压电效应。具有压电效应的晶体或多晶陶瓷称为压电体。

向压电体施加一定幅值的脉冲电压时，压电体便引起相应变形而产生振动，向外发出声波，从而实现了电→声转换，即为发射换能器。若压电体接触到具有振动的物体，会引起拉伸或压缩变形而产生与物体振动频率相对应的脉冲电信号，从而实现了声→电转换，即为接收换能器。

压电效应实质上与晶体中原子的排列及电荷几何中心的平衡有关。在某方向压力作用下，氧原子被挤入硅原子之间，对面的硅原子则被挤入氧原子之间，因而正负电荷的几何中心不再重合，在一个表面就呈现负电荷，在另一个表面呈现正电荷。这种施力方向与电荷产生方向一致的压电效应称纵向压电效应。若加力方向改为上述方向的垂直方向，产生施力方向与产生电荷方向垂直的压电效应，称为横向压电效应。

在混凝土超声检测仪中，目前应用最多的是压电陶瓷，它是一种多晶体。以钛酸钡为例。当温度高于某一温度时，它属于立方晶系；而温度低于这个温度时，它属于四方晶系。由于在居里点以下时，呈四方晶系，钛离子向长轴方向移动，因而使电荷几何中心不再重合，出现自发极化，并在晶体中出现与自发极化方向一致的小区域，称为电畴。每个电畴均具有压电性，但在整块多晶体中取向混乱。所以，压电陶瓷经极化处理使电畴转向，成定向排列，才能具有总体压电效应。显然，压电陶瓷的使用温度不应超过居里点。同时，随使用时间的延长，或受冲击等因素的影响，电畴的定向排列渐趋混乱，而使灵敏度下降，通常称为老化。

除压电效应外，也可利用磁致伸缩效应等获得超声波，但在检测中应用较少。由此可见，在一片状压电体两平行平面上加一电压时，根据晶体切割方向或压电陶瓷极化处理方向不同，可产生厚度方向的振动或径向的振动。根据上述压电效应原理，可将压电陶瓷制成各种不同形式，如圆管状、环状、半球壳状等；而且还可用简单形状的压电片进行复合和列阵组合，采用不同的极化方向和电场施加方向，以获得各种不同辐射状态的超声换能器。

压电体在一定的温度范围内具有压电效应，而超出这一范围即失去压电效应，这一温度范围的下限称下居里温度，上限称上居里温度。上下居里温度的区间越大，适应性就越强。自然气候条件下混凝土检测一般均在居里温度范围之内，在蒸汽养护池内测量时也应将温度控制在居里温度范围之内。石英是最早使用的压电材料，其居里点较高，适用于高温下的检测，但它较易产生其他不希望产生的振动方式，而且压电转换性能较差。硫酸锂晶体发射性能介于石英和钛酸钡之间，但接收性能较佳，其阻抗与石英相同，因而可以与石英互换。硫酸锂振子所含不希望有的振动方式较少，加大阻尼后可获得比较窄的发射脉冲，但制作大尺寸的晶片比较困难，居里点较低，而且易溶于水，需密封使用。

压电陶瓷的发射性能较好，但接收性能不如石英和硫酸锂。它的电气阻抗与石英和硫酸锂的悬殊较大，因而不能互换使用。由于压电陶瓷在加工过程中都需进行极化处理，在工艺上不易控制，所以各批材料之间特性差异比较大，而且有时效作用，有老化的现象。它的居里点为100～130℃，不宜用于高温。但压电陶瓷价格便宜，可制成各种形状，这是目前混凝土检测中使用最广的一种压电材料。

2.探头

探头按波形不同可分为纵波探头及横波探头，在混凝土声速测量中主要使用纵波探头；当需要测量剪切模量时，应采用横波探头。

（1）纵向探头又可分为平面探头和径向探头。平面探头的常用结构由压电体、外壳、绝缘压块、吸声块、弹簧等组成。外壳起保护、支承和绝缘的作用，其紧贴压电体的面板的厚度应按多层介质反射及透射公式计算。晶片应根据发射及接收频率的要求选择适当的压电材料及尺寸。压电体两面镀以银膜，形成两个极板。一个极板直接与外壳连接而接地，另一个极板则通过引线及接插件与反射电路连接，压电体与外壳一般用环氧树脂、502胶等胶结。为了消除压电体反向辐射，使发射脉冲宽度变窄，可加一块吸声块。吸声块一般用阻尼较大而声阻抗与压电体接近的材料（如钨粉加环氧树脂或有机玻璃等）制成，表面加工成螺纹并做成楔形，使反向辐射经多次反射后在吸声块中被衰减，而且使压电体自振阻尼加大。混凝土测试中因一般测试距离较大，发射脉冲宽度要求不高，而且发射频率较低，吸声块作用不明显，因而探头中常省去吸声块。压电体极板的引线通过电器接插件引出，它应保持引线与发射或接收电路的接触良好，在长期使用中反复接插，往往接触不良，这是常见故障之一。

在检测基桩等下部结构的混凝土时，采用深孔检测，需使用径向发射的纵波探头。它利用圆片状或管状压电陶瓷的径向振动来发射或接收超声波。目前，常用的有增压式径向发射探头。其外形呈圆柱状，内部构造是：在一金属圆管内等距排列一组径向振动压电陶瓷圆片，圆片周边与金属管内壁密合，圆片间可串联、并联或串并联混合联结。这种组合方式可使金属圆管表面上所受到的声压全部加在面积较小的压电陶瓷圆片的周边柱面上，从而起到增压和提高灵敏度的作用。为了减少声压在金属管上的损失，常把金属管切成两瓣或四瓣。为了供水下使用，整个换能器和电缆接头均需要用树脂或橡胶类材料加以密封。密封材料的选择应以尽量减少声能的损失为准。

径向发射探头还可用管状压电陶瓷或空心球状压电陶瓷制作，而且还可把发射和接收探头组合在一个整体中，用于单孔检测。

（2）横波探头有直入式和斜入式两种。直入式横波探头主要利用压电陶瓷片在适当极化方向能产生横向振动的原理，构造与平探头的相似。斜入式探头又称斜探头，它主要是利用界面上的波形转换现象。其基本构造与纵波探头的相同，只是在压电晶片前垫一块楔形波形转换板。斜入式横波探头主要用于较均质的材料检测。它在混凝土中应用时，所产生的横波信号较弱，与纵波混杂，难以识别。无论是直入式还是斜入式探头，为了使横波的切变运动较好地传入混凝土中，都必须把探头用水杨酸苯酯等胶粘剂与混凝土牢固黏结，或用适当的夹具将它们夹紧，一般柔性耦合剂不宜使用。在使用横波探头时，还必须注意使发射与接收探头的横波偏振方向一致，否则接收灵敏度很低。

3.产生声脉冲的其他方式

除了声压电换能器外，磁致伸缩换能器也可用于混凝土检测。这种换能器主要是应用某些铁氧体所具有的磁致伸缩特性，即在这些材料中沿某一方向施加磁场时，材料沿这一方向的长度会随磁场的强弱而发生变化的特性。产生这种现象的原因是这些材料都具有磁畴结构。在外磁场中，磁畴为使自己磁化方向与外磁场方向一致而转向；外磁场愈强，转动角度越大。从宏观上看，如果磁畴沿自发磁化方向的长度比其他方向要长（或短），则表现沿外磁场方向的长度就愈长（或愈短）。因而，只要形成一个变化的磁场，即可由一定磁致伸缩体变换为一定形式的超声能。

目前，常用的磁致伸缩材料主要有镍铁合金、铝铁合金、铁氧体等。用磁致伸缩材料制成的探头一般频率范围主要为数万赫兹。

另一种获得声脉冲的方法是锤击法：用一铁锤冲击混凝土表面即产生一脉冲向四周传播。若在某种传播途径中置两个接收探头，通过仪器比较声脉冲从A探头到B探头所需要的时间，即可算出声速。也可用一个探头，测出从锤击点到探头接收到信号的时间间隔，同样可算出声速。用锤击法所形成的声脉冲，宽度较大，所以常用于较大体积混凝土构筑物的测试。

为了获得较陡、较窄的大功率脉冲，也可利用电极在水中放电的效应，制成电火花脉冲发生器，作为声脉冲发射源。它一般用于地下大体积混凝土的深井探测，或岩体探测。

（五）超声仪维护

仪器的可靠使用是当前无损检测方法推广使用的关键所在，仪器的可靠性一方面有赖于仪器设计质量、元件质量及工艺水平的提高，另一方面也与合理使用和精心的维护保养有很大关系。某些单位的混凝土超声检测仪因现场使用条件恶劣，再加上保养不善，长期搁置，导致无法使用。其实，对于超声检测仪器，只要工厂设计和生产保证质量，再加上精心维护，它的可靠性是可以满足要求的。

由于超声检测仪的修理技术牵涉到电子学知识，一般应由专职技工修理。本部分内容仅就使用保养的一般常识问题加以说明。

所谓仪器的可靠性，是指仪器在一定的使用条件下，在一定的时间内，保持其性能完善的能力。但它随着使用时间的增加，可靠性将逐步降低，也就是说故障越来越多。仪器的故障大体上可分为两类：一类是偶然性故障，例如因仪器积灰而短路，因过载而烧损元件，接插件因磨损或积污而接触不良，等等；另一类是必然故障，例如元件的老化等。一般来说，故障的发生与设计和工艺的合理性有关，这是使用人员无能为力的。但故障的发生，尤其是偶然故障的发生与使用合理性有很大关系；若使用和维修合理，可使偶然性故障避免或减少，也可使必然故障推迟发生。为此注意下列几点。

（1）使用前务必了解仪器的使用特性，仔细阅读说明书，要对整个仪器的使用规定有全面的了解后再开机使用，而不要看一条操作一条。

（2）要对使用环境有清晰的了解，尤其是在现场测试时，更应注意。例如：电源、温度、砂尘、水雾、烈日等状况，要针对不同情况采用相应的保护措施。

（3）电源电压要稳定，并要尽可能远离干扰源（如电焊机、强磁场等）。

（4）仪器的环境温度不能太高，以免元件变质损坏。一般半导体元件及集成电路组装件，使用环境温度为-10℃～40℃。

（5）探头的温度应严格低于居里点，一般钛酸钡探头不得在70℃以上的构件上检测（例如正在蒸气养护的构件），错钛酸铅探头不得超过250℃，酒石酸钾钠探头不得超过400℃，石英探头不得超过550℃。探头切忌敲击。

（6）连接使用时间不宜过长。

（7）保持仪器清洁，以免尘埃短路。清理时可用压缩空气或用毛刷等扫，也可用少量无水酒精擦拭。

（8）定期开机驱潮，尤其是在南方的梅雨季节，更应定期接通电源，使仪器加热1h以上，并选择洁净干燥的房间贮存仪器。

（9）为使无损检测工作顺利开展，仪器最好由经过专门培训的使用、维修人员保管。

四、超声波检测混凝土强度影响因素分析

（一）混凝土声速计算基本模型

超声回弹综合法检测混凝土强度是利用表面硬度、超声声速、碳化深度，间接推定混凝土强度。混凝土是一种多项复合材料，它是由水泥凝胶包裹粗、细骨料形成的混合物。超声波在混凝土中传播时必然因组成材料及材料中折射、衍射等现象，造成超声声速变化，引起检测结果不确定性。因此，必须对影响超声声速的各种因素进行全面分析。

普通混凝土粗骨料最大粒径一般不大于40mm，泵送混凝土粗骨料多采用5～25mm连续级配。若将混凝土简化为水泥砂浆包裹不规则的粗骨料，粗骨料约为超声波传播中的障碍物，则会出现声波的绕射现象，即声波在遇到障碍物尺寸较小（小于或等于波长）时，将局部改变方向绕过障碍物继续传播。用于混凝土长度检测超声波波长30～90mm声波的绕射现象不可忽略。

（二）原材料的影响

混凝土是一种多相复合材料，各复合组分的声学特性各不相同，它们的声速相差很

大，混凝土的总声速随着各复合组分原材料及其所占比例的不同而不同。这就造成不同原材料性质及不同配合比对混凝土声速的影响。碎石骨料在混凝土中所占比例为50%以上，而且不同岩石超声声速也不同。因此，碎石骨料种类、粒径等都可能对超声声速产生影响。

粗骨料在混凝土各组分中所占比例最大，为50%~70%。粗骨料种类不同，声速相差也很大，所以粗骨料声速及比例对混凝土总声速有决定性影响。当混凝土中粗骨料本身声速大且所占比例大时，混凝土声速也偏大；反之，混凝土声速偏小。

国内普通混凝土粗骨料以碎石为主，部分地区采用卵石为粗骨料。碎石由采石厂将天然岩石破碎而成，卵石为天然石块在流水中冲刷、碰撞、摩擦而成，粗骨料超声声速决定于其天然岩石的超声声速。因此，有必要对生产碎石所用的天然岩石的超声声速进行对比研究。

岩石是天然产出的具有稳定外形的矿物或玻璃集合体，按照一定的方式结合而成。它是构成地壳和上地幔的物质基础。它按成因分为岩浆岩、沉积岩和变质岩。其中，岩浆岩是由高温熔融的岩浆在地表或地下冷凝而形成的岩石，也称火成岩；沉积岩是在地表条件下由风化作用、生物作用和火山作用的产物经水、空气和冰川等外力的搬运、沉积和成岩固结而形成的岩石；变质岩是在高温高压和矿物质的混合作用下，由一种岩石自然变质成另一种岩石。

山地中的岩石多样，差别很大，进行工程分类十分必要。岩石的分类可以分为地质分类和工程分类。地质分类主要根据其地质成因、矿物成分、结构构造和风化程度，可以用地质名称（岩石学名称）加风化程度表达，如强风化花岗岩、微风化砂岩等。这对于工程的勘察设计是十分必要的。工程分类主要根据岩体的工程性状，使工程师建立起明确的工程特性概念。地质分类是一种基本分类，工程分类应在地质分类的基础上进行，目的是为了较好地概括其工程性质，便于进行工程评价。

混凝土强度较低时，水泥浆与粗骨料超声声速差异大，声波在遇到石子时以绕射为主，粗骨料声速差异对混凝土声速影响不明显；混凝土强度较高时，水泥浆与粗骨料超声声速差异减小，同时界面过渡区不明显，声波绕射减少，粗骨料声速差异对混凝土声速的影响变显著。

（三）外加剂的影响

减水剂配制的混凝土超声声速低于聚羧酸类减水剂配制的混凝土，普通混凝土超声声速低于萘系减水剂配制的混凝土。加减水剂的混凝土超声声速大于不加减水剂的混凝土超声声速。分析认为：高效减水剂的水泥分散作用使水泥颗粒在水中均匀分散，降低水胶比，减小混凝土孔隙率，使混凝土界面过渡区厚度减小，密实度提高，混凝土结构更致密，而混凝土超声声速和其密实度密切相关，所以加减水剂混凝土超声声速提高。加减水剂的混凝土回弹值减小而超声声速增加，两者互补作用下，减水剂对超声回弹综合法检测混凝土强度的影响降低。

混凝土微观结构分析认为，泵送剂的主要成分是减水剂，减水剂的水泥分散作用使水泥颗粒在水中均匀分散，降低水胶比，减小混凝土孔隙率，使水泥的水化反应更充分，水泥石结构更坚固，减小界面过渡区厚度，改善水泥石与骨料间界面过渡区的性质。随龄期增长，粉煤灰、矿粉二次反应消耗了对强度不利的大量$Ca(OH)_2$晶体，同时生成大量凝胶，水泥石和界面区中的孔被凝胶填充，结构快速变密实，混凝土超声声速明显提高，表现为流动性和大流动性混凝土超声声速大于塑性混凝土超声声速。

塑性混凝土回弹值大于流动性和大流动性混凝土，而超声声速小于流动性和大流动性混凝土。采用超声回弹综合法时，这两个参数的作用相反，将使坍落度对综合测强的影响降低。

五、超声回弹综合法检测混凝土抗压强度测强曲线

（一）建立超声回弹综合法检测混凝土强度测强曲线基本要求

考虑我国地域辽阔，气候差别很大，混凝土原材料种类繁多，同时原材料、气候条件、施工养护方法等因素都对混凝土回弹值、超声声速值、抗压强度值有较大影响。为减少这些因素的影响，凡有条件的省、自治区、直辖市可采用本地区常用的有代表性的材料、成型养护工艺和龄期为基本条件，制作一定数量的混凝土立方体试件，进行超声、回弹和抗压试验，建立本地区曲线或大型工程专用测强曲线。这种测强曲线，对于本地区或本工程来说，它的适应性和强度推定误差均优于全国统一曲线。

建立专用或地区测强曲线的目的是使测强曲线的使用条件尽可能地符合本地区或某一专项工程的实际情况，以减少工程检测中的验证和修正工作量，同时可避免因修正不当带入新的误差因素，从而提高综合法检测混凝土强度的准确性和可靠性。因此，建立专用或地区测强曲线时，除了采用专项工程的混凝土原材料或本地区常用原材料以及混凝土配合比外，还应严格控制试件的制作、养护及超声、回弹和抗压强度试验等每一操作环节，并注意观察、记录试验过程中的异常现象（如试件测试面是否平整、试件是否标准立方体、测试时试件表面干湿状态、抗压破坏是否有偏心受压、混凝土中的石子含量偏多或偏少及分布是否均匀等）。对明显异常的数据，应认真分析其原因再确定取舍。根据声速代表值、回弹代表值和试件抗压强度实测值进行回归分析、相关分析和误差分析，可得到混凝土强度曲线。根据回归方程的误差分析结果，也可针对误差特别大的个别数据进行分析判断；若系试验过程中带进的较大误差，可以剔除该数据后再进行回归分析。总之，建立测

强曲线是一个技术性很强的工作，必须认真、仔细、严肃对待。

制定测强曲线的混凝土试块应与欲测结构或构件在原材料（含品种、规格）、成型工艺与养护方法等方面条件相同。混凝土用水泥应符合现行国家标准的要求，混凝土用砂、石应符合要求，混凝土搅拌用水应符合要求，外加剂、掺和料等也应符合相关标准要求。

按施工常用配合比设计不少于6个强度等级混凝土，每一强度等级、每一龄期制作不少于6个150mm立方体试块，同一龄期试块宜在同一天内成型完毕。

在成型后的第二天，将试块移至与被测结构或构件相同的硬化条件下养护。如被测结构或构件采用自然养护，试块宜先放置在水池或湿砂堆中养护7d，然后按“品”字形堆放在不受日晒雨淋处；如被测结构或构件采用蒸汽养护，则试块的养护制度应与被测结构或构件的养护制度相同，试块拆模日期与结构或构件的拆模日期相同。

（二）超声回弹综合法测强曲线的验证方法

为提高混凝土强度换算值的准确性和可靠性，应优先采用专用或地区测强曲线进行计算。当无专用或地区测强曲线时，通过验证试验后，可采用本规程规定的全国统一测强曲线，但使用前应进行验证。

测强曲线使用中应注意其适用范围，只能在制定曲线时的试件条件范围内使用，例如龄期、原材料、外加剂、强度区间等，不允许超出其使用范围。同时，在使用过程中应经常抽取一定数量的同条件试块进行校核，如发现误差较大时，应停止使用并查找原因。

测强曲线在使用前及使用过程中的验证，可采用下述方法。

（1）选用本地区常用的混凝土原材料，按最佳配合比配制强度等级为C15、C20、C30、C40、C50、C60的混凝土，制作边长为150mm 的立方体试件各3组（共18组），7d覆盖保湿养护后再自然养护。

（2）采用符合要求的回弹仪和超声波检测仪等仪器设备，根据本地区具体情况，选用有代表性的原材料和配合比，制作不少于6个强度等级的混凝土，每一强度等级每一龄期制作不少于6个150mm的立方体试块。同一龄期试块宜在同一天内成型完毕，并自然养护。

（3）根据测强曲线的适用范围，选择不少于三个龄期、不少于三个月的时间段，在各龄期进行验证试验，得到各龄期混凝土试块回弹值、超声声速值、碳化深度值和标准立方体抗压强度值。

（4）将混凝土试块回弹值、超声声速值、碳化深度值代入待验证测强曲线，计算出混凝土强度换算值。

第三节　钻芯法检测现场混凝土强度

一、钻芯法主要用途和特点

利用从结构混凝土中钻取的芯样，根据检测的目的和要求，可进行下列项目的试验和检查。

（1）混凝土的抗压强度。

（2）混凝土的抗折强度。

（3）混凝土的劈裂抗拉强度。

（4）混凝土的表观密度、吸水性及抗冻性。

（5）混凝土的裂缝深度或受冻层深度。

（6）混凝土接缝、分层、离析、孔洞等缺陷。

（7）机场跑道、公路路面混凝土厚度。

钻芯法检测混凝土抗压强度和缺陷无须进行某种物理量与强度或缺陷之间的换算，普遍认为它是一种直观、可靠和准确的方法，但由于在检测时对结构混凝土造成局部损伤，大量取芯受到一定的限制。在检测混凝土强度时，可用芯样强度验证或修正回弹法或超声回弹综合法强度，以提高非破损检测的精度。

二、钻芯法检测适用条件

当对结构或构件的混凝土强度有怀疑或争议时，可采用钻芯法检测推定结构混凝土抗压强度，并可作为结构混凝土质量的评判依据之一。钻芯法主要适用于下列条件的混凝土检测。

（1）对立方体试块抗压强度的测试结果有怀疑或因材料、施工、养护不良而发生混凝土质量问题时。

（2）混凝土遭受冻害、火灾、化学侵蚀或其他损害时。

（3）需检测经多年使用的结构中混凝土强度时。

（4）需检测鉴定结构中混凝土强度，而其他检测方法不适用时。

（5）适用于抗压强度为10～80MPa的普通混凝土抗压强度的检测；轻骨料混凝土、

强度高于80MPa的高强混凝土等采用钻芯法检测时，应进行专门的试验研究。

（6）钻芯法与其他混凝土强度检测方法配合使用，通过钻取有代表性芯样，修正非破损检测方法检测结果，提高非破损检测方法检测精度，同时减小对结构损伤。

三、钻芯法检测混凝土强度技术要点

（一）芯样的钻取

1.钻芯部位选择

芯样宜在构件的下列部位钻取。

（1）构件受力较小的部位。

（2）混凝土强度质量具有代表性的部位。

（3）便于钻芯机安放与操作的部位。

（4）避开钢筋、预埋件和管线的位置。

（5）用钻芯法和其他方法综合测定混凝土强度时，钻芯部位应在其他方法的测区部位或在其测区附近。

2.芯样直径

（1）芯样直径宜为100mm。为减小对结构损伤，在保证精度的条件下，可钻取小直径芯样。

（2）芯样直径不应小于70mm且不应小于混凝土中骨料最大粒径的2倍。

3.钻芯操作

（1）钻芯机就位并安放平稳后，应将钻芯机固定。固定的方法可根据钻芯机构造和施工现场的具体情况确定。

（2）钻芯机使用三相电动机时，未安装钻头前应先通电检查主轴旋转方向。旋转方向正确时，方可安装钻头。

（3）钻芯机主轴的旋转轴线，宜调整到与被钻芯的混凝土表面相垂直。

（4）钻芯时用于冷却钻头和排除混凝土碎屑的冷却水的流量宜为3～5L/min，出口水温不宜超过40℃。

4.芯样运输保存

（1）芯样在搬运之前应采用防震材料仔细包装，以免碰坏。钻芯现场的全部记录应与芯样抗压记录一起存档。

（2）构件钻芯后所留下的孔洞应及时进行修补。

（二）芯样的加工及技术要求

1.芯样加工处理

采用锯切机加工芯样试件时，应将芯样固定，并使锯切平面垂直于芯样轴线。在锯切过程中应用水冷却锯片和芯样。考虑结构混凝土的非匀质性，必要时检测报告中宜对钻取芯样位置、芯样切取深度进行描述。芯样试件内不宜含有钢筋。如不能满足此项要求，直径大于100mm芯样试件内钢筋不得多于两根，且最大直径不得大于10mm；直径不大于100mm芯样试件内钢筋不得多于一根，且直径不得大于10mm。芯样内钢筋应与芯样端面基本平行并离开端面10mm以上。锯切后的芯样，不得直接进行抗压强度试验，应采用下述方法之一，对其进行端面加工。

（1）在磨平机上磨平。

（2）用水泥净浆、环氧胶泥、快硬水泥等材料，在专用补平仪上补平。补平层厚度不宜大于3mm，补平层应与芯样结合牢固。

在条件允许时，优先采用磨平法进行芯样端面加工。但强度较低混凝土芯样应采用补平法进行端面加工。

2.芯样尺寸测量

在进行抗压强度试验前，应按下列方法测量芯样试件尺寸。

（1）平均直径。用游标卡尺测量芯样中部，在相互垂直的两个位置上各测得一个直径数值，取两次测量的算术平均值，精确至0.1mm。

（2）芯样高度。用钢板尺或钢卷尺测量两个端面间的距离，精确至1mm。

（3）不垂直度。用游标量角器测量两个端面与芯样侧立面的夹角，取最大值，精确至0.1°　。

（4）不平整度。用钢板尺紧靠在芯样端面上，一面转动钢板尺，一面用塞尺测量钢板尺与芯样端面之间的缝隙，或用专用设备量测，精确至0.02mm。

3.芯样尺寸偏差及外观质量要求

芯样试件尺寸偏差及外观质量超过下列数值时，相应的测试数据无效。

（1）经端面加工后芯样的高径比不符合规定要求时。

（2）沿芯样高度任一直径与平均直径相差达2mm以上时。

（3）芯样试件端面的不平整度在100mm长度内超过0.1mm时。

（4）芯样试件端面与轴线的不垂直度超过1°时。

（5）芯样试件有裂缝或有其他较大缺陷时。

（三）芯样试件抗压强度试验

芯样试件宜在与被检测构件混凝土湿度基本一致的条件下进行抗压强度试验。芯样试件以自然干燥状态进行试验时，应根据端面加工方法确定在室内自然干燥的时间；芯样试件以潮湿状态进行试验时，应在15～25℃的清水中浸泡40～48h，从水中取出后立即进行试验。

第四节　后装拔出法检测现场混凝土强度

一、拔出法定义和分类

拔出法定义是：先将锚固件安装在混凝土中，通过拉拔安装在混凝土中的锚固件，测定极限拔出力，并根据预先建立的极限拔出力和混凝土抗压强度之间的相关关系推定混凝土抗压强度。拔出法是一种微破损检测方法。

拔出法可以分为两类：后装拔出法、预埋拔出法。后装拔出法按照反力支承方式不同分为三点式和圆环式。后装拔出法是：在已硬化的混凝土表面钻孔、磨槽、嵌入锚固件并安装拔出仪进行拔出法检测，进而推定混凝土抗压强度。预埋拔出法是：对预先埋置在混凝土中的锚盘进行拔出法检测，测定极限拔出力，进而推定混凝土抗压强度。

二、拔出法检测装置

（一）基本要求

拔出法检测装置由钻孔机、磨槽机、锚固件及拔出仪等组成。钻孔机、磨槽机及拔出仪必须具有制造工厂的产品合格证，拔出仪还必须经法定计量部门校准合格。

拔出法检测装置分为圆环式后装拔出法检测装置、三点式后装拔出法检测装置、预埋拔出检测装置。

（二）拔出仪

拔出仪由加荷装置、测力系统及反力支承三部分组成，主要技术性能要求如下。

（1）试件破坏荷载应大于测力系统全量程的20%，且小于测力系统全量程的80%；

（2）允许示值误差为测力系统全量程的±2%；

（3）圆环式测力仪工作行程≥4mm，三点式测力仪工作行程≥6mm；

（4）测力系统应具有峰值保持功能。

当遇有下列情况之一时，拔出仪应送计量单位进行校准：（1）新仪器启用前；（2）经维修后；（3）出现异常时；（4）达到校准有效期限（有效期限为一年）；（5）遭受严重撞击或其他损害。

（三）钻孔机

钻孔机可采用金刚石薄壁空心钻或冲击电锤。金刚石薄壁空心钻应有冷却水装置，钻孔机宜有控制垂直度及深度的装置。

（四）磨槽机

磨槽机由电钻、金刚石磨头、定位圆盘及冷却水装置组成。为保证胀簧锚固台阶外径，应经常检查金刚石磨头的外径，及时更换磨头。

三、检测准备

（一）确定检测方法

（1）确定拆除模板或施加荷载的时间；

（2）确定施加或放张预应力的时间；

（3）确定预制构件吊装的时间；

（4）确定停止湿热养护或冬季施工时停止保温的时间。

预埋拔出法反力支承圆环内环为55mm，与圆环式后装拔出法相同，采用圆环式拔出仪进行检测。

（二）检测前搜集资料

检测前应全面地、正确地了解被检测结构或构件的情况，宜搜集下列资料。

（1）工程名称及建设单位、设计单位、施工单位和监理单位的名称；

（2）结构或构件名称、混凝土设计强度等级及施工图纸；

（3）水泥品种、强度等级、安定性检验报告、用量、厂名、出厂日期，砂石品种、粒径，外加剂或掺和料品种、参量以及混凝土配合比情况等；

（4）施工时材料计量情况、模板类型、混凝土浇筑和养护情况及成型日期；

（5）结构或构件的试块混凝土强度试压资料以及相关的施工技术资料；

（6）结构或构件存在的质量问题或检测原因等。

上述情况中以了解水泥的安定性合格与否最为重要。若水泥的安定性不合格，则不适于采用本方法检测。

（三）确定检测方式

检测结构或构件混凝土强度可采用两种方式，其适用范围及检测构件数量应符合下列规定。

1.单个构件检测

单个构件检测适用于单独的结构或构件的检测，主要用于对独立结构（如现浇整体的壳体、烟囱、水塔、连续墙等）和单独构件（如结构物中的柱、梁、屋架、板、基础等）的混凝土强度进行检测推定。对施工异常或有明显质量问题的某些构件，宜采用单个构件检测的方法。

2.按批抽样检测

按批抽样检测适用于混凝土强度等级相同，原材料、配合比、施工工艺、养护条件基本一致，龄期相近，且所处环境相同的同种类结构或构件。同一检测批构件总数不应少于5个，否则应按单个构件检测。

确定单个检测或按批抽样检测的方法，主要应根据检测要求及被检测结构或构件情况而定。当施工正常且构件较多，因未预留试块使得建筑物资料不齐全，或对预留试块强度有怀疑时，常采用按批抽样检测的方法对同批混凝土构件强度进行推定。需要强调指出的是，按批抽样检测只能适用于同一检测批混凝土结构或构件。具体抽样的方法和数量，一般由建设单位、施工单位、监理单位和检测单位等多个单位共同协商确定，但应遵守随机抽样原则。

四、后装拔出法检测技术要点

（一）一般规定

后装拔出法可采用圆环式拔出仪或三点式拔出仪进行检测。

拔出法检测前，应检查钻孔机、磨槽机、拔出仪的工作状态是否正常，测量钻头、磨头、锚固件的规格、尺寸是否满足成孔要求。

（二）测点布置

测点布置应符合下列规定。

（1）按单个构件检测时，应在构件上至少均匀布置3个测点。当3个拔出力中的最大拔出力和最小拔出力与中间值之差均小于中间值的15%时，仅布置3个测点即可；当最大拔出力或最小拔出力与中间值之差大于中间值的15%（包括两者均大于中间值的15%）时，应在最小拔出力测点附近再加测2个测点。

（2）当同批构件按批抽样检测时，抽检数量应符合有关规定，每个构件至少布置1个测点，且最小样本容量不宜少于15个。

（3）测点宜布置在构件混凝土成型的侧面。混凝土成型的侧面确实无法布置测点时，可在混凝土成型的顶面布置测点。此时，应用电动磨平机将测点部位混凝土打磨平整，在100mm长度内不平整度不大于0.2mm，圆环式支承应保证反力支承圆环面与混凝土面完全接触。

（4）在构件的受力较大及薄弱部位应布置测点，相邻两测点的间距不应小于250mm，测试部位的混凝土厚度不宜小于80mm；当采用圆环式拔出仪时，测点距构件边缘不应小于100mm；当采用三点式拔出仪时，测点距构件边缘不应小于150mm。

（5）测点应避开接缝、蜂窝、麻面部位和混凝土表层的钢筋、预埋件。

（6）检测面应为原状混凝土面，不应有装饰层、疏松层、浮浆、油垢；否则，应将装饰层、疏松层和杂物清除，必要时进行磨平处理，并将残留的粉末和碎屑清理干净。

（三）钻孔与磨槽

在钻孔过程中，钻头应始终与混凝土表面保持垂直，垂直度偏差不应大于3°。

在混凝土孔壁磨环形槽时，磨槽机的定位圆盘应始终紧靠混凝土表面回转，磨出的环形槽应规整。

（四）拔出检测

将胀簧插入成型孔内，通过胀杆使胀簧锚固台阶完全嵌入环形槽内，保证锚固可靠。拔出仪与锚固件用拉杆连接对中，并与混凝土表面垂直。施加拔出力应连续均匀，速度应控制在0.5～1.0kN/s。施加拔出力至混凝土拔出破坏、测力显示器读数不再增加为止，记录极限拔出力值精确至0.1kN。对结构或构件进行检测时，应采取有效措施防止拔出仪及机具脱落摔坏或伤人。拔出检测后，应对拔出检测造成的混凝土破损部位进行修补。

当拔出检测出现下列情况之一时，应做详细记录，并将该值舍去，在该测点附近补测一个测点。

（1）锚固件在混凝土孔内滑移或断裂；

（2）被测构件在拔出检测时出现断裂；

（3）反力支承内的混凝土仅有小部分破损或被拔出，而大部分无损伤；

（4）在拔出混凝土的破坏面上，有蜂窝、空洞、疏松等缺陷，有泥土、砖块、钢筋、木板等异物；

（5）当采用圆环式拔出法检测装置时，检测后在混凝土测试面上见不到完整的环形压痕，在支承环外出现混凝土裂缝。

五、预埋拔出法检测技术要点

（一）测点布置

预埋件的布点数量和位置应预先规划确定。对单个构件检测时，应至少设置3个预埋点；当按批抽样检测时，抽检数量应根据检测批的样本容量，且被抽检构件每个至少1个预埋点，同批预埋点总数不宜少于15个。

预埋点相互之间的距离不应小于250mm，预埋点离混凝土边沿的距离不应小于100mm，预埋点部位的混凝土厚度不宜小于80mm，预埋件与钢筋边缘间的净距离不应小于25mm。

（二）检测前期工作

预埋拔出法检测现场操作步骤为：安装预埋件、浇筑混凝土、拆除连接件、拉拔锚盘、拔出试验。锚盘、定位杆和连接圆盘连接组成预埋件。在连接圆盘、锚盘和定位杆外表宜薄涂一层机油或其他隔离剂，以便拆除连接圆盘、定位杆等。

在浇筑混凝土前，预埋件应安装在划定测点部位和模板内侧。连接圆盘与模板牢固连接。当测点在浇筑顶面时，应将连接圆盘牢固连接在木板上，确保木板漂浮在混凝土表面。

在混凝土浇筑振捣过程中，应注意不损伤预埋件，同时预埋件附近的混凝土应与其他部位同样浇筑振捣密实，不得漏振。混凝土拆模后应预先将定位杆旋松；进行拔出试验前，应把连接圆盘和定位杆拆除。

（三）拔出检测

拔出检测前，应确认预埋件未受损伤，并检查拔出仪工作状态是否正常。

拔出检测时，应将拉杆一端穿过小孔旋入锚盘中，另一端与拔出仪连接。拔出仪的反力支承应均匀地压紧混凝土测试面，并与拉杆和锚盘处于同一轴线。

施加拔出力应连续均匀，速度应控制在0.5～1.0kN/s。施加拔出力至混凝土开裂破坏、测力显示器读数不再增加为止，记录极限拔出力值，精确至0.1kN。

对结构或构件进行检测时，应采取有效措施防止拔出仪及机具脱落摔坏或伤人。拔出检测后，应对拔出检测造成的混凝土破损部位修补。

当预埋件拔出检测出现下列情况之一时，可采用后装拔出法补充检测。

（1）单个构件检测时，因预埋件损伤或异常导致有效测点不足3个；

（2）按批抽样检测时，因预埋件损伤或数据异常导致样本容量不足15个，无法按批进行推定。

第九章　钢构件的检测与评定

第一节　一般规定

一、钢结构的检测项目

为了评定钢结构安全性及防灾害能力，应进行现场检测，得到工程现场实测的结果，然后进行结构体系、构件布置及构造连接的评定以及承载能力验算等。一般情况下现场检测项目如下。

（1）结构体系、构件布置及支撑系统布置核查。

（2）钢结构和构件外观质量检查。其包括对钢材结构损伤和裂纹检测等。

（3）材料强度及性能检测。其包括钢材的力学性能（强度、伸长率、冷弯性能、冲击韧性）和化学成分。

（4）连接与构造检测。其包括焊缝等级的探伤，高强度扭剪型螺栓连接的梅花头是否已拧掉，高强度螺栓连接外露螺栓丝扣数，节点连接面顶紧与否直接影响节点荷载的传递和受力。

（5）防护措施检测。其包括防火、防腐涂装厚度。

（6）整体变形和局部变形检测。其包括结构整体沉降或倾斜变形，水平构件挠度和竖向构件的垂直度等，支座及杆件交点位置是否有偏差等。

（7）构件的尺寸及锈蚀损伤检测。其包括杆件截面尺寸，钢管壁厚、直径，锈蚀情况及锈蚀后剩余截面尺寸。

（8）结构上的荷载和作用环境等检测，以及有无振动影响等。

二、现场检测抽样方法

为了评定既有钢结构的质量或性能进行的现场检验，除外观质量全部检查外，没有必要对所有的构件材料性能和截面尺寸等都进行检测，而是抽取某些构件，对抽样检测的结果进行评定，评定结果也代表未被抽查的构件。因此，抽取的样本应具有代表性，数量也不能太少，抽样方法应科学合理。根据检测和质量评定相关规范标准，不同的检验项目有不同的抽样方法。

（一）全数检测项目

（1）外观质量缺陷或表面损伤、外观质量和裂缝等是全数检测项目。具体的钢结构工程检测时，首先分析容易出现外观质量问题的部位，作为重点检查的对象，如存在渗漏现象的屋顶，易受到潮湿环境影响的柱脚，受到动荷载和疲劳荷载影响部位，梁柱节点以及支撑连接部位，受到磨损、冲撞损伤的构件，室外挑檐、悬挑构件，等等。

（2）钢结构建筑物灾害后检测，受到灾害影响的区域应全数检测。对灾害影响程度进行分级，通常从无影响到有严重影响分为四个等级，按梁、板、柱、墙构件类型划分出各级的范围和区域。

（二）抽样检测项目

抽样检验又分为计数抽样和计量抽样，尺寸及尺寸偏差项目属于计数抽样检测和评定项目，材料强度属于计量抽样检测和评定项目。

（1）尺寸及尺寸偏差检测。有竣工图时可以少量抽查，与图纸尺寸进行核查。没有图纸时，现场进行跨度高度等测绘，根据测绘结果，划分检验批，同一类型的构件作为一个检验批，抽检一定数量检测钢材截面尺寸和规格型号。

（2）材料强度检测；钢材强度等级有竣工图时可以少量抽查。没有图纸时首先根据现场测绘结果，划分检验批；每批构件中根据取样试验方法或非破损方法（如硬度法）检验确定其强度等级，通常以非破损检测方法为主，少量取样实验等破损方法验证。

（3）焊缝质量可以根据焊缝条数划分检验批，也可以根据构件数划分检验批。螺栓连接可以根据螺栓连接的节点数或螺栓总数划分检验批。

（4）连接挠度变形和倾斜变形，通过现场观察，检验出现变形的构件，测量构件的变形，掌握变形的规律，为分析变形的原因提供依据。

（5）涂装厚度可按构件数量划分检验批，按批抽样检验，不符合要求时提出处理意见。

（三）抽样数量

既有钢结构建筑物的检测不同于施工质量评定和对施工质量进行验收，没有必要评定合格与否，而是通过抽样检验，确定检测项目的参数，为承载力验算、变形验算、稳定验算和安全性评定提供数据支持即可。

检验批的定义是检测项目相同、质量要求和生产工艺等基本相同，由一定数量构件等构成的检测对象。

三、钢结构检测资质和设备要求

承接钢结构检测工作的检测机构，应具有国家规定的有关资质条件要求，有质量管理体系和相应的技术能力，不仅要通过计量认证（CMA），而且要取得国家或省级建设行政主管部门的资质证书，以确保检测质量和作为第三方的公正性。

检测人员需要经过有关部门的培训考核，取得相应上岗资质，才能检测和评定。从事焊缝探伤等检测人员应按现行国家标准《无损检测人员资格鉴定与认证》（GB/T 36439-2018）进行相应级别的培训、考核，并持有相应考核机构颁发的资格证书。

钢结构检测所用的仪器和设备应有产品合格证、计量检定机构的有效检定（校准）证书。仪器设备应检定合格，即符合计量法规定、定期检定，在检定有效期内使用，仪器设备的精度满足检测项目的要求。

第二节 钢构件的检测

一、结构体系和构件布置检测

结构体系及构件布置和支撑系统布置的检测，有图纸时对照图纸进行核查。无图纸时应进行现场检测、测量、绘制图纸，检查结构体系、构件布置、支撑布置等，根据实测结果，绘制结构平面布置及立面布置图，以及构件截面尺寸、连接构造等。

基础需要选取有代表性的位置挖开，测量基础埋置深度和截面尺寸，进行基础材料强度等检测。

二、外观质量及缺陷检测

（一）外观缺陷种类

（1）钢材外观质量缺陷可分为：①钢材表面缺陷，如裂纹、折叠、夹层；②钢材端边或端口表面缺陷，如分层、夹渣。

（2）焊缝外观缺陷指焊缝中的裂纹、焊瘤、未焊透、未熔合、未焊满、夹渣、根部收缩、表面气孔、咬边、电弧擦伤、接头不良、表面夹渣等。其中，焊缝夹渣是焊接后残留在焊缝中的熔渣、金属氧化物夹杂等；未焊透是指金属未熔化，焊接金属未进入母材金属内而导致接头根部的缺陷。

（3）螺栓连接的外观缺陷包括螺栓断裂、松动、脱落，螺杆弯曲，螺纹外露丝扣数不符合要求，连接零件不齐全，连接板变形和锈蚀，等等；对于高强度螺栓的连接，尚应目视连接部位是否发生滑移。

（4）涂层表面缺陷分为：①涂层有漏涂，表面存在脱皮、泛锈、龟裂、起泡、裂缝等；②涂层不均匀，有明显皱皮、流坠、乳突、针眼和气泡等；③涂层与钢构件黏结不牢固，有空鼓、脱层粉化、松散、浮浆等。

（二）构件表面缺陷的检测方法

杆件外观质量检测方法采用目测或10倍放大镜（施工验收规范要求）、2～6倍放大镜（现场检测规范要求），眼睛与被测件距离不得大于600mm，夹角不得小于30°，照明亮度为160～540lx，从多个角度进行观察。

钢结构构件和焊缝等缺陷用放大镜等无法判断时，表面缺陷可采用磁粉和渗透探伤，内部缺陷采用超声和射线等无损检测方法进行探测和判断。

三、钢材强度及性能

（一）钢材强度和性能检测

有图纸时，按图纸核查钢材品种，确定钢材强度及性能。如果因现场条件限制而无法取样，或对测试结果的精度要求不高，仅需取得参考性的数据，则可利用表面硬度法近似推断钢材的强度，在现场采用里氏硬度仪对构件表面非破损检验其硬度值，按照《金属材料 里氏硬度试验 第1部分：试验方法》（GB/T 17394.1-2014）和《黑色金属硬度及强度换算值》（GB/T 1172-1999）的规定，根据钢材的表面硬度推算其极限抗拉强度，从而能确定钢材的品种，得到钢材的设计强度等指标。硬度法检测也可以结合在构件上少量截取试样进行验证。

如果没有图纸或工程需要，构件材料强度采用取样的方法检验。取样时应选择具有代表性的构件，取样位置在对构件安全无影响的部位，取样部位及时修补，取得的试样在试验室进行试验。确定钢材的力学性能包括屈服强度、抗拉极限强度、伸长率（塑性），必要时检验冷弯性能和冲击韧性以及化学成分。

冷弯试验是将试样置于试验机上用冷弯冲头加压，直至试样弯曲成180°，如果试样弯曲处的里面、外面和侧面未出现裂纹、裂断或分层现象，则认为试样的冷弯性能合格。冲击试验是将带有缺口的试样置于试验机上以摆锤进行冲击，测定试样断裂时所吸收的功，可很好地反映钢材在冲击荷载作用下抵抗脆性断裂的能力。

（二）钢材化学成分检测及评定

钢材化学成分的分析，可根据需要进行全成分分析或主要成分分析。钢材化学成分的分析，每批钢材可取一个试样，取样和试验应按《钢的成品化学成分允许偏差》（GB/T 222–2006），并应按相应产品标准进行评定。缺乏图纸资料时，可以现场取样，进行化学成分分析，判断国产钢材的品种。取样所用工具、机械、容器等预先进行清洗，取样时避开钢结构制作、安装过程中受到切割、焊接等热影响部位；钢材表面除去油漆、锈斑等，露出金属光泽，去掉钢材表面1mm浅层。主要成分分析包括五种元素C、Mn、Si、S、P，如低合金钢等再加上V、Nb、Ti三种元素。根据五大元素含量，对照《碳素结构钢》（GB/T 700–2006）确定钢材品种；根据八大元素含量，对照《低合金高强度结构钢》（GB/T 1591–2018）中的化学成分含量进行判断。锈蚀钢材或受到火灾等影响钢材的力学性能，可根据锈蚀等级和受火灾影响区的严重后果等级采用分批取样的方法检测，对试样的测试操作和评定，可按相应的钢材产品标准的规定进行。

四、钢结构的连接与构造检验

（一）构造与连接检测内容

钢结构事故往往是连接上出现问题，连接是检测的重点。按照《钢结构设计标准（附条文说明[另册]）》（GB 50017–2017）相关条文和设计文件，连接构造应核查构件钢材最小截面尺寸，焊接要求，伸缩缝间距，支撑系统设置，锚栓、螺栓连接要求，构件形式、安装、运输等。钢构件的连接有三种基本形式：焊缝连接、螺栓连接、铆钉连接。铆钉连接由于费钢费工，目前已很少采用。锚栓多用在钢结构构件与混凝土构件连接中。

（二）构造与连接检测方法

1.焊缝连接质量检测

焊缝连接检测包括内部缺陷、外观质量和尺寸偏差三个方面。对设计上要求全焊透的一、二级焊缝和设计上没有要求的钢材等强对焊拼接焊缝的质量，可采取超声波探伤的方法检测内部缺陷，超声波探伤不适用时采用射线探伤进行检验；外观质量一般采用肉眼观察或用放大镜、焊缝量规和钢尺检查，必要时可采用渗透或磁粉探伤进行检查；尺寸偏差一般采用眼睛观察或用焊缝量规检查。应按《钢结构设计标准（附条文说明[另册]）》（GB 50017-2017）进行评定。

焊缝的缺陷种类有裂纹、气孔、夹渣、未熔透、虚焊、咬边、弧坑等。焊接连接目前应用最广，出事故也较多，应重点检查其缺陷。检查焊缝缺陷时，可用超声探伤仪或射线探测仪检测。在对焊缝的内部缺陷进行探伤前应先进行外观质量检查，达不到焊缝级别要求的应进行修补或降级。各种探伤方法只能确定焊缝等几何缺陷，不能确定其物理化学性能；焊接接头的力学性能，可采取截取试样的方法检验，但应采取措施确保安全。焊接接头力学性能的检验分为拉伸、面弯和背弯等项目，每个检验项目可取两个试样。焊接接头焊缝的强度不应低于钢材强度的最低保证值。

2.螺栓的连接质量检测

永久螺栓的连接应牢固可靠，无锈蚀、松动、脱落、缺失、断裂，各个接触面之间紧密贴合，无缝隙和夹杂物等现象。对于已建成并投入使用的结构，高强度螺栓的连接往往都处于受荷状态。通过观察和用小锤敲击相结合检查螺栓和铆钉松动或断裂现象，也可用扭力扳手（当扳手达到一定的力矩时，带有声、光指示的扳手）对螺栓的紧固性进行检查，尤其对高强度螺栓的连接更应仔细检查。此外，对螺栓的直径、个数、排列方式也要检查。对扭剪型高强度螺栓连接质量的检测，可查看螺栓端部的梅花头是否已拧掉，除因构造原因无法使用专用扳手拧掉梅花头者外，未在终拧中拧掉梅花头的螺栓数不应大于该节点螺栓数的5%。

对高强度螺栓连接质量的检测，可检查外露丝扣：外露丝扣2扣或3扣，允许有10%的螺栓丝扣外露1扣或4扣。如果对螺栓质量有疑义，可通过螺栓实物最小拉力载荷试验，测定其抗拉强度是否满足现行国家标准《紧固件机械性能螺栓、螺钉和螺柱》（GB/T 3098.1-2010）的要求。

3.连接板的检查

连接板检测包括以下内容。

（1）连接板尺寸，尤其是厚度是否符合要求；

（2）用直尺作为靠尺检查其平整度；

（3）测量因螺栓孔等造成的实际尺寸的减小；

（4）检测有无裂缝、局部缺损等损伤。

4.构造的检测

构造也是保证构件可靠性的重要措施，钢结构的构造措施检测主要依靠观察及尺寸测量，并进行下列验算。

（1）钢结构杆件长细比的检测与核算，可按规定测定杆件的尺寸，应以实际尺寸等核算杆件的长细比。

（2）钢结构支撑体系的布置与连接、支撑体系构件的尺寸，应按设计图纸或相应设计规范进行核查或评定。

（3）钢结构构件截面的宽厚比，可测定构件截面相关尺寸，并进行核算，应按设计图纸和相关规范进行评定。

（4）焊缝的外形尺寸一般用焊缝检验尺测量。焊缝检验尺由主尺、多用尺和高度标尺构成，可用于测量焊接母材的坡口角度、间隙、错位及焊缝高度、焊缝宽度和角焊缝高度。

主尺正面边缘用于对接校直和测量长度尺寸；高度标尺一端用于测量母材间的错位及焊缝高度，另一端用于测量角焊缝厚度；多用尺15°锐角面上的刻度用于测量间隙；多用尺与主尺配合可分别测量焊缝宽度及坡口角度。

五、结构构件变形检验

结构构件的变形包括整体变形和构件变形。整体变形包括整体垂直度变形、整体平面弯曲；构件变形包括桁架、网架及钢梁及钢屋架等受弯构件的垂直挠度、旁弯和倾斜度变化，墙和柱的侧弯和垂直度变化、构件及节点安装位置偏差等。

检查时，可先目测，发现有异常情况或疑点时，采用下列方法检测。

（1）结构构件的挠度可用拉线或水准仪测量。跨度小于6m时，可用拉线的方法测量；跨度大于6m时，用水准仪或全站仪进行检测。

（2）柱或墙的侧弯和垂直度可用吊坠或经纬仪测量。高度小于6m时，可用吊坠线的方法测量；高度大于6m时，用经纬仪或全站仪进行检测。

（3）构件及节点的位移可参照基准点用钢卷尺、水准仪或经纬仪测量。

（4）安装偏差根据构件类型不同检验的内容也不尽一致。例如，高层钢结构的钢柱则应检查底层柱基准点标高，同一层各柱柱顶高差、柱轴线对定位轴线偏移，上下连接处错位、单节点柱垂直厚度。可采用钢卷尺和水准仪进行检查。桁架结构杆件轴线交点错位的允许偏差不得大于3mm。

（5）杆件的弯曲变形和板件凹凸等变形情况，可用观察和尺量的方法检测。

六、构件截面尺寸和损伤的检验

钢构件尺寸的检测应符合下列规定。

（1）抽样检测构件的数量，可根据具体情况确定。尺寸检测的范围，应检测所抽样构件的全部尺寸。每个尺寸在构件的3个部位量测，取3处测试值的平均值作为该尺寸的代表值。

（2）尺寸量测的方法，可按相关产品标准的规定量测。钢管和钢球可用游标卡尺、外卡钳分别测量网架杆件和球节点的直径，用超声测厚仪测定壁厚；检测前应清楚饰面层。检测前预设声速，使用随机标准块对仪器进行校准，然后测试。测试时先将耦合剂涂于被测处，探头与被测件耦合1～2s即可测量；同一位置宜将探头转90° 测量两次，取两次平均值为代表值。测量管材壁厚时，宜使探头中间的隔声层与管材轴线平行。

（3）结构的损伤包括连接的损伤、构件材料的裂缝，局部的弯曲、腐蚀、碰撞和灾害损伤，对于承受反复荷载的中级和重级工作制吊车梁尚应包括表面质量缺陷。

损伤的检验可用卡尺、钢卷尺等，裂缝检验可采用渗透法，应记录损伤出现的部位、数量和严重程度。

第三节　钢构件的腐蚀检测

钢构件腐蚀检测的内容应包括腐蚀损伤程度、腐蚀速度。钢构件腐蚀损伤程度检测应符合下列规定。

（1）检测前，应先清除待测表面积灰油污、锈皮。

（2）对均匀腐蚀情况，测量腐蚀损伤板件的厚度时，应沿其长度方向选取3个腐蚀较严重的区段，且每个区段选取8～10个测点测量构件厚度，取各区段量测厚度的最小算术平均值作为该板件的实际厚度。腐蚀严重时，测点数应适当增加。

（3）对局部腐蚀情况，测量腐蚀损伤板件的厚度时，应在其腐蚀最严重的部位选取1～2个截面，每个截面选取8～10个测点测量板件厚度，取各截面测量厚度的最小算术平均值作为板件实际厚度，并记录测点的位置。腐蚀严重时，测点数可适当增加。

板件腐蚀损伤量应取初始厚度减去实际厚度。初始厚度应根据构件未腐蚀部分的实测厚度确定。在没有未腐蚀部分的情况下，初始厚度应取下列两个计算值的较大者：所有区段全部测点的算术平均值加上3倍的标准差，公称厚度减去允许负公差的绝对值。构件后期的腐蚀速度可根据构件当前腐蚀程度、受腐蚀的时间以及最近腐蚀环境扰动等因素综合确定，并可结合结构的后续目标使用年限，判断构件在后续目标使用年限内的腐蚀残余厚度。对于均匀腐蚀，当后续目标使用年限内的使用环境基本保持不变时，构件的腐蚀耐久性年限可根据剩余腐蚀牺牲层厚度、以前的年腐蚀速度确定。

第四节　钢构件的涂装防护检测

一、涂装厚度

钢结构构件需要涂装，以达到防火和防锈的要求。涂装质量检验包括外观质量和涂层厚度，涂装后不得有漏涂、脱皮和反锈。薄涂型防火涂料涂层表面裂纹宽度不应大于0.5mm，涂层厚度应符合有关耐火极限的设计要求；厚涂型防火涂料涂层表面裂纹宽度不应大于1mm，其涂层厚度应有80%以上的面积符合耐火极限的设计要求，且最薄处厚度不应低于设计要求的85%。

（一）涂层厚度测量方法

涂层厚度可观察检查和采用涂层测厚仪或测针等检测。漆膜厚度采用漆膜测厚仪检测；对薄型防火涂料涂层厚度，可采用涂层厚度测定仪检测，量测方法应符合《钢结构防火涂料应用技术规程》（T/CECS 24–2020）的规定。对厚型防火涂料涂层厚度，应采用测针和钢尺检测，量测方法应符合《钢结构防火涂料应用技术规程》（T/CECS 24–2020）的规定。测针由针杆和可滑动的圆盘组成，圆盘始终保持与针杆垂直，并在其上装有固定装置；圆盘直径不大于30mm，以保证完全接触被测试件的表面。如果厚度测量仪不易插入被测材料中，也可使用其他适宜的方法测试。测试时，将测厚探针垂直插入防火涂层直至钢基材表面上，记录标尺读数。

（二）测点选定

（1）楼板和防火墙的防火涂层厚度测定，可选两相邻纵、横轴线相交中的面积为一个单元，在其对角线上，按每米长度选一点进行测试；

（2）全钢框架结构的梁和柱的防火层厚度测定，在构件长度内每隔3m取一截面；

（3）桁架结构的上弦和下弦每隔3m取一截面检测，其他腹杆每根取一截面检测。

（三）测量结果评定

对于楼板和墙面，在所选择的面积中，至少测出5个点；对于梁和柱在所选择的位置中，分别测出6个和8个点。分别计算出它们的平均值作为代表值，精确到0.5mm。

涂料、涂装遍数、涂层厚度应符合设计要求。当设计对厚度无要求时，涂层干漆膜总厚度：室外为15μm，室内应为125μm，其允许偏差为–25μm，每遍涂层干漆膜厚度的允许偏差为–5μm。

二、钢材锈蚀

钢结构在潮湿、存水和酸碱盐腐蚀性环境中容易生锈，锈蚀导致钢材截面削弱，承载力下降。结构构件的锈蚀，可按《涂覆涂料前钢材表面处理 表面清洁度的目视评定 第1部分：未涂覆过的钢材表面和全面清除原有涂层后的钢材表面的锈蚀等级和处理等级》（GB/T 8923.1–2011）确定锈蚀等级；对D级锈蚀，还应量测钢板厚度的削弱程度。

钢材的锈蚀程度可由其截面厚度的变化来反映，检测钢材厚度的仪器有超声波测厚仪和游标卡尺，精度均达0.01mm。测试前需要将涂料及锈蚀层除去。

超声波测厚仪采用脉冲反射波法。超声波从一种均匀介质向另一种介质传播时，在界面会发生反射，测厚仪可测出探头自发出超声波至收到界面反射回波的时间。超声波在各种钢材中的传播速度已知，或通过实测确定，由波速和传播时间测算出钢材的厚度；对于数字超声波测厚仪，厚度值会直接显示在显示屏上。

第五节　钢结构焊缝检测

一、磁粉检测

磁粉检测适用于铁磁性材料的构件或焊缝表面及近表面缺陷检测，不适用于奥氏体不锈钢和铝、镁、铜、钛及其合金。铁磁性材料指碳素结构钢、低合金结构钢、沉淀硬化钢等。磁粉检测又分干法和湿法两种，湿法比干法的检测灵敏度高，一般钢结构中磁粉检测都是采用湿法。如果被测工件不允许与水或油接触时，如温度较高的试件，可以采用干法检测。

磁粉检测方法简单、实用，能适应各种形状和大小以及不同工艺加工制造的铁磁性金属材料表面缺陷检测，但不能确定缺陷的深度，而且由于磁粉检测目前还主要是通过人的肉眼进行观察，所以主要还是以手动和半自动方式工作，难以实现全自动化。

二、渗透检测

渗透检测主要是利用液体的毛细现象来检测钢构件表面或焊缝表面开口型缺陷。检测原理是首先将具有良好渗透力的渗透液涂在被测工件表面，由于润湿和毛细作用，渗透液便渗入工件上开口型的缺陷当中，然后对工件表面进行净化处理，将多余的渗透液清洗掉，再涂上一层显像剂，将渗入并滞留在缺陷中的渗透液吸出来，就能得到被放大了的缺陷的清晰显示。

渗透检测可同时检出不同方向的各类表面缺陷，但是不能检测出非表面缺陷以及多孔材料的缺陷。渗透检测方法主要分为着色渗透检测和荧光渗透检测两大类。这两类方法的原理和操作过程相同，只是渗透和显示方法有所区别，荧光法比着色法对细微缺陷检测灵敏度高。

三、超声波探伤

焊缝的超声波探伤可测定构件内部缺陷和焊缝缺陷的位置、大小和数量，结合工程经验还可分析估计缺陷的性质。

超声波探伤的每个探测区的焊缝长度不应小于300mm。对于超声波探伤不合格的检验区，要在其附近再选择两个检测区进行探伤；如果这两个检测区中又发现1处不合格，则必须对整条焊缝进行超声波探伤。

超声波检测的特点（优点和局限性）如下。

（1）面积型缺陷的检出率较高，而体积型缺陷的检出率较低。

（2）适宜检验厚度较大的工件，例如直径达几米的锻件、厚度达几百毫米的焊缝。不适宜检验较薄的工件，例如对厚度小于8mm的焊缝和6mm的板材的检验是困难的。

（3）适用于各种试件，包括对接焊缝、角焊缝、板材、管材、棒材、锻件，以及复合材料等。

（4）检验成本低、速度快，检测仪器体积小、重量轻、现场使用较方便。

（5）无法得到缺陷直观图象、定性困难、定量精度不高。

（6）检测结果无直接见证记录。

（7）对缺陷在工件厚度方向上定位较准确。

（8）材质、晶粒度对探伤有影响，例如铸钢材料和奥氏体不锈钢焊缝，因晶粒大不宜用超声波进行探伤。

四、射线探伤

超声波探伤不能对焊缝缺陷做出判断时，应采用射线探伤。其内部缺陷分级及探伤方法按《焊缝无损检测 射线检测 第1部分：X和伽马射线的胶片技术》（GB/T 3323.1-2019）的有关规定进行检测。射线探伤一般采用X射线、γ射线和中子射线，它们在穿过物质时由于散射、吸收作用而衰减，其程度取决于材料、射线的种类和穿透的距离。如果将强度均匀的射线照射到物体的一侧，而在另一侧检测射线衰减后的强度，便可发现物体表面或内部的缺陷，包括缺陷的种类、大小和分布状况。由于存在辐射和高压危险，使用射线探伤时需注意人身安全。

检测射线衰减后强度的方法，有直接照相法、间接照相法和透视法等，其中对微小缺陷的检测以X射线和γ射线的直接照相法最为理想。其简单的操作过程如下：将X射线或γ射线装置安置在距被检物体0.5～1.0m的地方，将胶片盒紧贴被检物的背后，让X射线或γ射线照射适当的时间（几分钟至几十分钟不等），使胶片充分曝光；将曝光后的胶片在暗室中进行显影、定影、水洗和干燥处理，制成底片；在显示屏的观察灯上观察底片的黑度和图像，即可判断缺陷的种类、大小和数量，确定缺陷等级。射线探伤不合格的焊缝，要在其附近再选择两个检测点进行探伤；如果这两个检测点中又发现1处不合格，则必须对整条焊缝进行探伤。

射线照相法的特点：

（1）可以获得缺陷的直观图象，定性准确，对长度、宽度尺寸的定量也比较准确。

（2）检测结果有直接记录，可以长期保存。

（3）对体积型缺陷（如气孔、夹渣类）检出率很高；对面积型缺陷（如裂纹、未熔合类），如果照相角度不当，容易漏检。

（4）适宜检验厚度较薄的工件而不适宜较厚的工件，因为检验厚工件需要高能量的射线探伤设备，一般厚度大于100mm的工件照相是比较困难的。此外，板厚增大，射线照相绝对灵敏度下降，也就是说对厚板射线照相、小尺寸缺陷以及一些面积型缺陷漏检的可能增大。

（5）适宜检验对接焊缝，不适宜检验角焊缝以及板材、棒材、锻件等。

（6）对缺陷在工件中厚度方向的位置、尺寸（高度）的确定比较困难，必须从不同方向进行探伤。

（7）检测成本高、速度慢。

（8）射线对人体有伤害。

第六节　钢构件的评定

一、安全性评定主要内容

评定的目的是给采取处理措施提供依据，是建筑物加固改造工作中的一个环节。检测、检查及工程图纸资料的核查是第一步，各项性能的评定或鉴定以检测结果为依据，同时鉴定结果又是加固改造设计的依据。因此，鉴定结果或鉴定结论满足加固改造设计即可。有时不必给出ABCD四个级，只给出够不够就行，不够加固；够了不用处理，继续使用。

建筑结构是多道工序和众多构件组成的，但总体上可将建筑物结构划分为三部分：地基基础、上部承重结构、上部围护结构。组成各部分的基本构件有梁、板、柱、墙。对既有建筑物的检测是对建筑物的结构或构件的材料性能、几何尺寸、构造连接、变形、荷载作用等进行检查、测试；鉴定需根据现场检测和调查的结果，对结构或构件的各项性能进行评定，对检测数据进行分析，建立结构整体分析模型，将检测结果在结构安全性、适用性的分析中应用，对结构出现的损伤及损害现象的影响及危害性进行分析，得出结构可靠性等各项性能的鉴定结论。鉴定结果是加固、改造设计的依据，如果鉴定的结论符合规范、标准的要求，建筑物可不经处理，继续使用；如果鉴定的结果不符合要求，应进行加固或改造设计，然后进行施工及工程施工质量的验收。既有钢结构安全性评定方法的基础是结构可靠度设计理论，可靠性包括安全性、适用性和耐久性。新建结构的可靠度设计与既有结构的可靠性评定两者之间既有密切的关系又有不同的特点。决定结构安全性的结构体系和构造连接依据设计规范的要求进行评定，承载力验算等需要考虑既有结构的使用历史、结构损伤等情况。

（1）在改建、扩建、加固的再设计时，承载能力极限状态验算应符合现行设计规范的要求；

（2）在改变用途或延长使用年限的再设计时，承载能力极限状态验算宜符合现行设计规范的要求；

（3）正常使用极限状态的验算及构造要求宜符合现行设计规范的要求；

（4）荷载可按现行荷载规范的规定确定，也可根据使用功能做适当调整；

（5）材料强度及性能确定根据实测值确定，符合原设计要求时，可按原设计的规定取值；

（6）验算时应考虑实际几何尺寸、截面配筋、连接构造和已有缺陷的影响。

作为评定结论的逻辑延续，还应就可能存在的可靠性不足的情况，提出采取的处理措施的建议。检测鉴定的目的是解决问题，但应注意对处理措施的最终决策应由委托人做出，检测鉴定报告给出的是意见或建议。既有钢结构的检测评定的判断依据主要有两类，一是设计文件要求，二是施工质量验收规范要求。设计钢结构时，应从工程实际情况出发，合理选用材料、结构方案和构造措施，满足结构在运输、安装和使用过程中的强度、稳定性和刚度的要求，满足防火和抗腐蚀的性能要求。不同年代的结构依据的设计标准在不断变化，既有钢结构的评定离不开当时的设计规范。

安全性评估要以现场检测结果作为依据，既有结构经过多年的使用，与原设计和结构竣工验收时的状况会有较大出入，不能凭借原设计图纸等资料就进行鉴定评估，鉴定人员也要到现场了解结构的实际情况，考虑各种因素综合分析，得出科学、合理、可靠、准确的鉴定结论和处理意见。工作程序如下：接受委托，确定鉴定目的，搜集资料、现场调查、查阅原设计图纸等；制定检测方案，方案包括检验项目、检验方法、抽样数量、检验依据等，主要依据国家现行的有关标准等；进行现场数据采集，并对结构的外观质量、构件损伤、裂缝、锈蚀情况和结构变形等进行全面检测，检测使用环境与荷载，结构在使用中的温度、湿度变化，是否存在有害介质作用，以及实际荷载是否超标等；按有关规定对检测数据进行统计分析、处理和评定；对承载力、稳定性等分析验算；对结构安全性进行综合分析判断；评定结论及处理建议。

二、结构体系和构件布置评定

结构体系是由不同形式和不同种类结构及构件组成的传递和承受各种作用的骨架，这个骨架包括基础和上部结构，在既有钢结构的安全性评定中应对结构整体性进行评定，包括钢结构体系的稳定性、整体牢固性以及结构与构件的抵抗各种灾害作用的基本能力。合理的结构体系并不是简单地区分框架结构、剪力墙结构、网架结构或者桁架结构等结构的形式，而是对结构体系传递各种外部作用的方式和途径进行分析与评定，如上部钢结构与钢筋混凝土基础之间的连接、上部钢结构与钢筋混凝土楼板的连接、钢主体结构与围护结构的构造连接等，在外部作用下实际的受力形式和传递作用的情况，总体评价结构体系是否具有抵抗相应作用的结构和构件布置；此处所说的外部作用应该包括各种静荷载、活荷载及风、雪、地震等，还应考虑施工的工况、正常使用时的工况，以及偶然作用和灾害发生时的工况。根据设计规范有关规定，结合钢结构工程损伤、坍塌等事故的分析，钢结构房屋建筑的结构体系、结构布置的检查评估应包括以下内容。

（一）钢结构体系的完整性和合理性

（1）钢结构平面、立面、竖向剖面布置宜规则，各部分的质量和刚度宜均匀、对称；结构平面布置的对称性、均匀性，竖向构件截面尺寸及材料强度应均匀变化，自下而上逐渐减少，避免平立面不规则产生扭转等现象。

（2）结构在承受各种作用下传力途径应简捷、明确，受力合理，竖向构件的上、下层连续、对齐；受力途径需经过转换时，转换层或转换部位应有足够的刚度、稳定性等；水平构件（钢梁、钢屋架、钢桁架、钢网架等）及楼板要有一定的刚度，保证水平力（风荷载、地震作用）等有效传递。

（3）采用超静定结构，重要构件和关键传力部位应增加冗余约束，或有多条传力途径。静定结构和构件应有足够的锚固措施，悬挑构件的固定方式及连接应安全、可靠，特别是悬挑钢梁的焊接连接，焊缝等级等应比连续梁提高一个等级。

钢框架结构体系的节点应该是刚接的，如有需要内部个别节点可是铰接的，但必须有足够的刚性节点保持结构整体稳定。这些刚性节点将梁柱构成纵横的多跨和多层的钢架来承受水平力和竖向力，水平力使柱产生弯矩，弯矩在柱顶和柱底最大，因此框架的基础要牢固，且要有整体性连接。如果框架柱为独立柱基时，钢柱与基础混凝土的连接构造要保证结构受力有效传递，还可以将独立柱基用混凝土地梁联系在一起，不仅有利于抗倾覆，还有利于调节地基不均匀沉降。

（4）有减少偶然作用影响的措施，部分结构或构件丧失抗震能力不会对整个结构产生较大影响，在火灾及风灾等作用下不至于发生连续破坏。

（5）构件设置位置、数量、方式、形状和连接方法，应具有保障结构整体性的能力，其刚度、承载能力和变形能力在使用荷载作用下满足安全、适用要求；屋面支撑、楼面支撑、柱间支撑以及屋架、桁架的支撑布置应对称、均匀、完整，连接可靠，两个方向水平刚度均衡，屋架、桁架的节点板、各杆件轴线相交在节点板上的同一点。

在钢框架中设置竖向支撑大大提高抗侧移的能力，支撑必须布置在永久性墙面里面，如楼梯间、分户墙等，可横向布置，也可纵横双向布置，但楼层平面内应对称分布以抵抗水平荷载的反复作用。竖向应从底层到顶层连续布置，如十字交叉的刚性支撑，应选用双轴对称截面形式的杆件，十字交叉的刚性支撑杆件按压杆设计，其长细比要选择合理——长细比小的杆件耗能性好，长细比大的杆件耗能性差，但是并非支撑杆件的长细比越大越好——支撑杆件的长细比小，刚度增大，承受的地震力也越大，因此抗震设计规范规定了不同设防烈度对框架支撑杆件长细比的要求。不超过12层的钢框架柱，6～8度时长细比不应大于120，9度时长细比不应大于100；超过12层的钢框架结构，6度长细比不应大于120，7度长细比不应大于80，8度长细比不应大于60，9度长细比不应大于60。

（6）结构缝的设置合理

①伸缩缝。由于温度变化的影响，钢结构出现热胀冷缩现象：温度升高时某些局部体积膨胀，温度下降时冷缩，与其余部分造成变形差。为防止变形差值积累过大而设置结构缝加以隔离。

②沉降缝。地基差异较大；建筑物高度不一；荷载分布不均匀时，沉降差异难以避免。在沉降差异较大的区域设置的沉降缝，可以避免因此而产生的次内力及裂缝。

③体型缝。当建筑物体型庞大且形状复杂时，应该用体型缝将其分割为形状相对简单且尺度不大的若干区段，以防止在刚度变化相对较大的区域产生裂缝。

④防震缝。为避免建筑物在遭受地震作用时水平振动相互碰撞而设置隔离缝。防震缝与结构体型及建筑物高度、地震烈度等因素有关。防震缝的设置位置及宽度等应合理，钢结构防震缝的宽度不小于相应钢筋混凝土结构房屋的1.5倍。

（7）进行结构体系整体稳定性的评价。钢结构整体稳定性是指在外荷载作用下，对整个结构或构件不应发生屈曲或失稳的破坏；屈曲是指杆件或板件在轴心压力、弯矩、剪力单独或共同作用下，突然发生的与原受力状态不符的较大变形而失去稳定。整体稳定性的评价不仅包括钢结构房屋的高度、宽度、层数、大跨度屋面的跨度等，还应包括抗侧向作用的结构或构件的设置情况以及基础埋置深度等的评定；抗侧力构件的布置是刚性方案、弹性方案等的要求。如单跨多层钢框架结构为不良结构体系，在地震和大风等作用下，整体稳定性较差，新版结构抗震设计规范已不允许采用单跨多层钢框架结构。

跨度大于120m、结构单元长度大于300m、悬挑长度大于40m的大跨度钢屋盖是特殊结构，必须对其加强措施的有效性进行评定。当桁架支座采用下弦节点支承时，应在支座间设置纵向桁架或采取其他可靠措施，防止桁架在支座处发生平面外扭转；跨度大于等于60m的屋盖属于大跨度屋盖结构，在钢结构设计规范中规定了构造要求。

（二）结构体系中各种形式或种类之间的匹配性

既有钢结构安全性评价主要内容包括：屋面的网架结构或桁架与支承的混凝土框架之间的匹配性、拱形屋面与支承墙体形式的匹配性、上部结构与基础的匹配性等。当下部为混凝土或砖房，上部加层为钢结构框架时，还要考虑不同材料的结构形式的连接是否匹配。要求做到结构要求的强柱弱梁、强节点弱构件、强剪弱弯。

抗震设计规范规定，超过50m的钢结构应设地下室，当采用天然地基时，其基础埋置深度不宜小于房屋总高度的1/15；当采用桩基时，桩承台埋置深度不宜小于房屋总高度的1/20。设置地下室时，框架–支撑（抗震墙板）结构中竖向连续布置的支撑（抗震墙板）应延伸至基础；钢框架柱应至少延伸至地下一层，其竖向荷载应直接传给基础。

（三）结构或构件连接锚固与传递作用能力

要求构件节点的破坏不应先于其连接构件的破坏，锚固的破坏不应先于其连接件，保证具有最小支撑长度是预制楼盖、屋盖受力的可靠性要求。重点检查钢屋架或钢网架的杆件之间的连接与锚固方式，楼面板、屋面板与大梁、屋架、网架等连接锚固措施（锚钉、栓钉）、焊接和拉结措施等；钢屋架或钢网架的传力支座，大梁、屋架、网架与墙体、柱之间的连接，钢结构杆件之间梁柱节点的刚接、铰接的可靠性；主体结构与非结构构件之间的连接，如钢框架与围护墙、隔墙之间的连接或锚固措施等；纵横墙之间连接；屋面支撑、楼面支撑、柱间支撑与主体结构的连接；下部为混凝土结构或砌体结构，上部加层为钢结构框架时，不同结构形式的构件之间的连接、锚固要可靠，上部钢结构与基础混凝土结构之间的锚固或连接措施要可靠。

此阶段关于连接方式或方法的评定为宏观的，结构构件连接的刚度与承载力还要靠构造和连接的评定和验算分析确定。

（四）构件自身的稳定性和承载力

构件稳定性包括平面内的稳定和平面外的稳定；平面外的稳定不仅包括侧向刚体位移，还包括结构的侧向失稳；构件承受作用基本能力的评定，包括构件的最小截面尺寸、高厚比、长细比、最低材料强度等；在承载力验算分析中还有详细评定。

（五）外观质量问题和结构的损伤分析

外观质量和结构损伤应进行全面检测和评定，在承载力计算时要考虑。如结构和构件损伤、外观质量的缺陷、裂缝、变形、锈蚀等，应进行损伤程度的分类或分级，对观察到的缺陷及损伤现象进行原因分析和解释。

三、连接与构造评定

构造和连接是建筑结构安全性评定中另一个关键的评定项目，结构构件之间的连接与锚固是比构件承载力更重要的评定项目。实际上，所有钢结构或构件坍塌事故多少都与构造和连接存在问题有关。连接和构造正确、合理，结构整体的安全性才能得到保证，构件的承载能力才能得到充分发挥，变形能力和构件破坏形态才能得以控制。通常钢结构连接和构造的评定项目有以下两个。

（一）杆件最小截面尺寸

构造要求最小截面尺寸要满足现行的设计规范要求。

（二）结构的连接

常见的连接包括构件本身连接以及构件之间的连接，连接形式和连接承载力应符合设计规范要求，连接施工质量应满足施工验收规范规定。

焊缝尺寸应符合设计要求，焊缝布置要避免立体交叉或大量的焊缝集中一处。次要构件和次要焊缝允许断续角焊缝，重要构件不允许断续焊缝连接。在搭接连接中，搭接长度不得小于焊件较小厚度的5倍，并不得小于25mm。对直接承受动力荷载的普通螺栓受拉连接，应采用双螺帽或其他防止松动的有效措施。每一杆件在节点上以及拼接接头的一端，永久性的螺栓或铆钉数不宜少于2个。有些连接质量需要通过验算确定，常见的有焊缝连接强度验算，螺栓铆钉连接受剪、受拉和承压承载力验算，钢框架结构梁与柱的刚性验算，连接节点处板件验算，梁或桁架、屋架支撑于砌体或混凝土柱墙上的平板支座验算，等等。

四、构件承载能力验算

（一）构件抗力验算要求

1.材料强度

在结构构件验算时，采用材料及连接的检验参数必须考虑结构实际状态，构件材料强度的取值宜以实测数据为依据，按现行结构检测标准规定的方法进行破损或非破损检测，并且用统计方法加以评定，得到材料强度推定值。如果其原始设计文件是可用的并且没有严重退化，则与原始设计相一致，或高于原设计材料强度等级时，可以采用原设计的特征值；低于原设计要求时，应采用实测结果。

2.截面尺寸

结构分析模型的尺寸参数应按构件的实测尺寸确定，如当原始设计文件是有效的并且未发生尺寸变化，不存在各种偏差的其他证明，则在分析中应采用与原始设计文件相一致的各名义尺寸，这些尺寸必须在适当范围内进行检查验证。

3.外观缺陷及损伤

在分析计算构件承载能力时应考虑不可恢复性损伤的不利影响，存在结构和构件截面损伤、外观质量缺陷、裂缝、变形、锈蚀等现象时，应进行损伤程度的分类或分级，按照剩余的完好截面验算其承载力。如果能按技术措施完全修复，承载力计算也要考虑其损伤修复与原设计的不同；如果不能完全修复，则应考虑截面损伤、锈蚀影响及变形影响，比较简单的简化方法，可以根据损伤程度的类别或损伤等级，在材料设计强度取值上考虑小于1的强度折减系数。

（二）构件作用效应验算要求

作用效应由结构的荷载及建筑物的力学计算模型确定，其计算原则如下。

1.荷载取值

作用效应是指荷载在结构构件中产生的效应（如结构或构件内力、应力、位移、应变、裂缝等）的总称，分为直接作用和间接作用两种。荷载仅等同于直接作用，按《建筑结构荷载规范》（GB 50009-2012），有永久荷载、可变荷载和偶然荷载三类。永久荷载包括结构和装修材料的自重、土压力、预应力等，可变荷载如楼面各类活荷载、立面的风荷载、屋顶的雪荷载、积灰荷载、吊车荷载等，偶然荷载包括爆炸力、撞击力、火灾等。间接作用有地基变形、材料收缩、焊接作用、温度作用、安装变形或地震作用等。

（1）永久作用应以现场实测数据为依据，按现行结构荷载规范规定的方法确定，或依据有效的设计图确定；

（2）部分可变作用可根据评估使用年限的情况，采用考虑结构设计使用年限的荷载调整系数，如楼面的各类活荷载、立面的风荷载、屋顶的雪荷载等。

楼面的各类活荷载根据使用功能，查《建筑结构荷载规范》（GB 50009-2012）确定。荷载规范还给出了当地30年、40年或50年的基本风压和基本雪压。

50年的基本风压是当地空旷平坦地面上10m高度10min平均风速的观测数据，经概率统计得出的50年一遇最大值确定的风速，再考虑空气密度计算出来的值；50年的基本雪压是当地空旷平坦地面上积雪的观测数据，经概率统计得出的50年一遇的最大值。

既有钢结构风、雪荷载取值可根据设计使用年限，由建造年代推算已经使用了多少年，与委托方协商确定后续使用年限，采用荷载规范规定的30年、40年或50年一遇的风荷载或雪荷载。活荷载的取值涉及钢结构建筑物的使用寿命，即建筑物建成后所有性能均能满足使用要求而不需进行大修的实际使用年限就是建筑物的使用寿命。这里所指的使用寿命，是建筑物主体结构的寿命，即基础、梁、板、柱等承重构件连接而成的建筑结构能够正常使用而不需大修的年限，而不是建筑物中的门窗、隔断、屋面防水、外墙饰面那样的建筑部件和水、暖、电等建筑设备系统的寿命。建筑部件和建筑设备的使用寿命较短，一般需要在建筑物的合理使用寿命内更新或大修。

设计基准期是指进行结构可靠性分析时，考虑各项基本变量与时间关系所取用的基准时间。我们常说的建筑物设计使用年限，则是设计时按合理使用寿命作为目标进行设计的使用年限；为了达到这个目标，设计时必须给予足够的保证率或安全裕度，所以按50年设计使用年限设计的建筑物，就其总体来说，不需大修的实际使用寿命必然要比50年的设计使用年限大得多——据工程实际调查的结果，平均来说应是设计使用年限的1.8到2倍左右，即90～100年。

对既有建筑物评定时，需要明确其后续使用年限，同样在选择各项参数时，也必须给出足够的保证率和安全度。采用的活荷载数值应相当于实际状况的荷载特征值。当已经观察到使用期间存在超载现象，则可以适当增加代表值。当某些荷载已经折减或已全部卸载，则荷载量值的各代表值可以适当折减，利用分析系数可以调整。

2.钢结构力学计算模型

模型不定性必须如设计时的同样方式加以考虑，除非以前的结构性能（特别是损害）有另外说明。在某些情况下，模型参数、系数和其他设计假定可能要从对现存结构的各种量测结果来确定（例如风压系数、有效宽度值等）。总之，力学计算模型是实际结构的简化和采用许多理论假定，应尽量符合钢结构建筑物的实际受力情况。

在计算作用效应时，应考虑既有结构可能存在的轴线偏差、尺寸偏差和安装偏差等的不利影响；由地基不均匀沉降等引起的不适于继续承载的位移或变形评定时，应考虑由于位移产生的附加的内力；框架柱初倾斜、初偏心及残余应力的影响，可在框架楼层节点施加假想力水平力综合体现。

五、钢结构安全性评定

经过检测、分析、验算等过程后，可以对结构安全性进行评定，可以按项目分别给出评定结果，汇总后给出整体评定结论。经济、社会和可持续性的因素使得用于既有结构评定的结构可靠度和用于新结构设计的可靠度存在很大差别，对既有结构可考虑缩短的使用期限和降低的目标可靠度。

（一）按项目给出详细评定结果

（1）按下列项目分别给出检查和评定的结果，并得出是否符合要求的结论。

①结构体系结构和构件布置的评定结果；

②连接与构造措施的评定结果；

③全面检查发现的外观质量问题，还需要分析问题产生的原因及对结构危害性；

④结构和构件出现变形的检测结果，变形的原因分析，对结构安全性的影响；

⑤构件的承载能力验算、连接强度验算、构件稳定性验算、局部稳定性验算的结果。

（2）构件有裂缝、断裂、存在不适于继续承载的变形时，承载力评定为c级或d级；钢构件的使用性按变形、偏差、一般构造和腐蚀项目进行评定，满足国家现行设计规范和设计要求为a级；超过规范和设计要求，尚不影响正常使用时评定为b级；超过规范要求较多，对正常使用有明显影响时评定为c级。

（二）结构整体安全评定结论

必要时给出钢结构建筑物整体安全性的评估结论，通常分为四个等级，结构安全、基本安全、存在隐患和不安全（或称结构危险）。

1.评为结构安全的钢结构建筑

（1）结构体系和结构布置合理，结构支撑系统完好。

（2）受压构件无因失稳出现的弯曲变形，未出现拉杆变为压杆的变形。

（3）构件截面无因宽厚比不足出现局部屈曲。

（4）构造和连接未出现失效的现象。

（5）钢结构构件未出现锈蚀。

（6）有防火要求的结构构件的防火措施未出现损伤。

（7）外观质量良好。

（8）承载力验算、连接强度验算、构件稳定性验算、局部稳定性验算等安全性验算满足要求。

2.评为基本安全的钢结构房屋

（1）结构体系和结构布置合理，结构支撑系统完好。

（2）受压构件无因失稳出现的弯曲变形，未出现拉杆变为压杆的变形。

（3）构件截面无因宽厚比不足出现局部屈曲。

（4）构造和连接未发现失效的现象。

（5）钢结构主要构件锈蚀后出现凹坑或掉皮。

（6）有防火要求的结构构件的防火措施出现局部损伤。

（7）外观质量良好，存在轻微缺陷，可以修复。

（8）承载力验算、连接强度验算、构件稳定性验算、局部稳定性验算的安全性验算基本满足要求。

3.评为结构存在安全隐患的钢结构房屋建筑

（1）结构体系和结构布置不合理，结构支撑系统不完好。

（2）受压构件因失稳出现弯曲变形，或出现拉杆变为压杆的变形。

（3）构件截面因宽厚比不足出现局部屈曲。

（4）构造和连接出现失效的现象。

（5）钢结构主要构件出现大面积锈蚀严重。

（6）有防火要求的结构构件的防火措施出现大面积损伤。

（7）外观质量良好，存在较严重缺陷。

（8）安全性验算有少量构件不满足要求，承载力或稳定性与规定值之比小于1.0、大于0.9。

4.评为结构不安全或危险房屋的钢结构房屋建筑

（1）结构体系和结构布置不合理，结构支撑系统不完好。

（2）受压构件因失稳出现严重弯曲变形，或出现拉杆变为压杆的变形。

（3）构件截面因宽厚比不足出现严重局部屈曲。

（4）大量构造和连接出现失效的现象。

（5）钢结构主要构件出现大面积锈蚀严重，截面尺寸减小10%以上。

（6）有防火要求的结构构件的防火措施出现大面积损伤。

（7）外观质量良好，存在较严重缺陷。

（8）安全性验算有多数构件不满足要求，实际值与规定值之比小于0.9。

在结构安全性评定项目中，重要性的顺序依次排列为：结构体系合理、构件布置正确，结构构件连接和构造符合要求，构件的承载力、稳定性、连接强度验算符合要求，构件的变形不应影响正常使用，外观质量缺陷不影响适用性、耐久性、安全性。

对于一个结构体系来说，不同楼层的重要性是不同的，同一楼层不同构件重要性不同，同一类构件所在的位置决定其重要性不同。

一般情况下，底层比上部楼层重要，顶层也很重要，同一楼层角部更重要，然后是侧边，然后是中间。

对于构件种类来说，柱、墙、主梁、屋架为主要受力构件，次梁、楼板为一般构件。构件重要性排列次序是柱子、墙、主梁、屋架、次梁、楼板、围护结构、装修部分。

柱子排列顺序是角柱、边柱、中柱，梁排列顺序是边梁、中间梁，楼板排列顺序是角部板、边板、中间板。尤其是轻钢结构屋面，在风荷载下，破坏首先从角部开始。在美国荷载规范中，角部的风荷载体型系数高于中间，角部应加强。

六、抗灾害能力评定

对钢结构抗灾害的能力评定重点在整体结构抗震能力和抗火灾能力，对轻型钢结构抗风灾能力，对钢屋架或轻钢屋架抗冰雪荷载的能力。钢结构抗震能力是由结构体系和构件布置、连接构造措施和结构与构件的抗震承载力综合评估；抗火灾能力从材料选择、防火保护措施、抗火验算几个方面评定；抗风和抗冰雪能力从结构选型、构造连接及承载力验算等方面进行评估。抗灾害能力的验算，应给出构件的抗力、构件上的作用、连接的抗力和连接的作用、结构支撑稳定性要求参数和实际稳定性参数，及构件局部稳定性参数。构件的承载能力通过计算分析评定，分别计算结构构件的抗力和作用效应，抗力大于作用效应，评定为结构抗灾害能力满足要求。

抗震作用效应首先考虑结构设计使用年限，同时确定建筑物的抗震设防烈度。一般情况下，设计基本地震加速度和设计地震分组，设计基本地震加速度是50年设计基准期超越概率10%的地震加速度的设计取值。

抗风抗震作用效应也要考虑结构设计使用年限。根据当地和被鉴定的建筑物的具体情况，确定风荷载；高层建筑和建筑物密集区要根据实际情况考虑高度系数、体型系数、风振系数等。钢结构屋面抗冰雪能力设计应重点考虑当地历史上最大雪压、被鉴定的建筑物结构形式及结构布置、冬季温度变化等具体情况，在此基础上确定基本雪压。

七、已有评定标准的探讨

（1）地基基础检测和评定方法不完善。建筑物安全性评定中地基基础是很重要的组成部分，很多房屋在使用期间倒塌的重要原因是地基基础出现问题。然而对地基基础的现场状况缺乏相关的检测手段和检测标准，评定标准通常是根据地上结构的反应，沿用地基基础设计规范的变形允许值判断，适用于设计阶段的验算，而非既有结构地基本身的实测数据，缺乏既有建筑物地基基础对安全性影响的参数总结分析。

（2）重构件评定，轻结构整体评定。对构件的承载力、裂缝、变形、稳定性等有详细的规定，但是杆件再强，如果连接失效，结构整体布置错误，构件就无所依托，构件的作用也发挥不出来。

（3）重构件承载力，轻构件之间的连接和构造措施。构件之间的连接及锚固等构造措施，对于混凝土结构现在的检测手段难以查清楚，只能依据图纸判断；如果没有图纸，节点连接构造就会缺项。钢结构相对较好，隐蔽工程少。

（4）重视构件的承载力而忽视构件的稳定。各类可靠性鉴定标准和危房鉴定标准，注重承载力验算比较，稳定性规定较少，特别是钢结构构件截面较小，对稳定要求较高。

（5）偏重于主体结构的安全性，轻围护结构和附属结构的安全性。缺乏装修、设备等专业的评定标准，对建筑的使用功能、使用安全、耐久性及防灾害能力、重大危险源的辨识与防治重视不够。例如，部分地区燃气、煤气进户用的都是刚性接头，一旦发生地震，就有可能发生火灾、爆炸等严重问题。北京、山东、四川等地都发生过燃气泄漏，造成爆炸着火，楼房损坏倒塌事故。又如，某些高层建筑采用的玻璃幕墙抗震性能较差，在大风及地震作用下玻璃可能破碎脱落，就可能造成人民生命财产损失。再如，部分建筑上的突出附属构件对防风与抗震估计不够，在大风或地震作用下就可能造成安全事故。

（6）安全性评定与抗震能力评定脱节，各评各的，相互之间缺乏联系，很多鉴定人员安全性承载力验算时考虑了地震作用。

（7）主要构件与一般构件缺乏定义，其在结构安全性和抗震性方面的作用无法量化。在危房评定标准中将构件的重要性系数加以量化：柱、墙为2.4，梁、屋架为1.9，次梁为1.4，楼板为基数1.0。没有解释其科学根据，可靠性鉴定中主要构件与一般构件指标不同，鉴定人员不好把握。

（8）重要部位与一般部位没有区别。如不同楼层之间的区别，同一楼层角部与边缘、边缘与中间之间的区别，三个组成部分的重要性分配，在危房评定标准中也将其加以量化：地基基础为0.3，上部承重结构为0.6，围护结构为0.1，也没有解释其科学根据。

（9）后续使用年限的确定。既有建筑物鉴定时已经使用了相当长的时间，按要求应该继续使用多少年没有依据的标准，改造完以后的建筑可以继续使用多少年？对达到使用年限的建筑，满足什么条件才可以继续使用？只有抗震鉴定标准有规定，但是抗震鉴定标准中不含钢结构建筑物。对既有建筑无须结构性处理的剩余使用年限，经过加固、改造后的结构预期合理使用年限如何评定不明确。不同的后续使用年限会有不同的加固技术措施，同时是影响决策者确定经济指标的重要因素之一。

（10）荷载选择方面。在后续使用年限内，楼面活荷载折减系数，风荷载、雪荷载效应和荷载分项系数的取值，原则上强调符合国家标准规定，实际上没有哪本标准有具体规定。在结构内力组合时，构件截面尺寸已经固定，自重产生的静荷载是否还需要乘以荷载组合系数？

（11）内力和承载力验算方面。①在既有结构内力计算中，由于梁板产生挠度变形，特别是墙柱等竖向构件产生的倾斜变形，以及地基不均匀沉降等变形引起的结构内力，在结构计算模型中如何考虑？②既有结构承载力验算时，截面损伤、钢筋锈蚀、大量存在的裂缝对承载力的影响，没有量化的分析方法。受到灾害影响后变形，内部损伤如何在计算中量化损伤程度？

（12）缺乏既有结构安全性分析软件，往往借用新结构的设计分析软件。在对既有结构的承载能力计算鉴定时，一般都沿用结构设计时的计算理论和计算方法；在结构的设计阶段采用失效概率的理论，考虑了作用的变异、材料强度的变异、构件尺寸的变异等；而既有结构的承载能力鉴定时，除了可变作用存在变异外，永久作用、材料强度和构件尺寸已确定，此外存在轴线的实际偏差、基础实际不均匀沉降、环境温度的影响、结构的实际损伤等；问题不同，计算理论和计算方法也应该有所区别。因此，关于既有结构的承载能力的计算理论和计算方法有待发展。

（13）材料强度的检测结果，往往给出的是抽样检验的推定值，与设计值之间的关系不明确，高于设计值时是采用检测推定值，还是用设计值？低于设计值时，在结构承载力计算分析中如何确定材料强度？抽样数量如何合理确定？受到灾害影响后变形，内部损伤是否全数检测？计算模型中每个构件的截面尺寸、材料强度等，输入不同的实测值。很多检测数据没有在鉴定中应用，检测与鉴定脱节。

（14）结构的构造连接以及结构体系和构件布置等，没有图纸的工程，现场检查难度很大。主体结构外面都有装修，构件之间有填充墙等包围，现有的测试手段和仪器难以检测里面构造连接及截面尺寸等参数。

八、处理建议及技术方案

（一）处理建议

安全性评定是给出钢结构目前状态和评定结论。结构安全符合要求时可以继续使用，基本安全是对存在的问题进行维修处理，存在安全隐患的结构应采取加固等措施；危险的结构应停止使用，立即采用处理措施。

对于安全性不满足要求的情况，提出处理建议，便于委托方做最后的决策。建议可分为下面四种。

（1）为了经济的理由接受目前状况；

（2）减轻结构上的荷载，减轻静载或使用中控制活荷载，必要时也可提出限制其使用的要求；

（3）对安全性不足的结构，采取加固措施；

（4）存在严重安全隐患，通过经济技术综合分析比较，加固代价很高，可继续使用年限很短，可以考虑拆除重建。

（二）处理方案和技术措施

评定报告可以提出采取加固措施及加固方案，根据不满足的情况可建议采用如下处理措施。

（1）结构体系和构件及支撑布置不满足要求的工程，可采取整体加固方案。例如：改变结构体系或增设构件和支撑等，提高结构整体性和安全性；增设构件和支撑应保证加固件有合理的传力途径；加固件宜与原有构件的支座或节点有可靠的连接，连接可采用焊接、螺栓连接、铆接等，一般优先采用焊接。

（2）构件承载力不足，可采用加大截面法提高构件承载力和刚度，或条件允许时外包钢筋混凝土等，也可以增设支座或支撑等，改变构件受力体系。

（3）构件连接节点的加固，可采用焊缝连接、高强度螺栓连接、铆接和普通螺栓连接。

①对焊缝连接的加固。直接延长原焊缝的长度，如存在困难，也可采用附加连接板和增大节点板的方法，增加焊缝有效高度；增设新焊缝。

②对高强度螺栓连接的加固。增补同类型的高强度螺栓，将单剪结合改造为双剪结合，增设焊缝连接。

③对铆接和普通螺栓连接的加固。全部或局部更换为高强度螺栓连接，增补新铆

钉、新螺栓或增设高强度螺栓，增设焊缝连接。

（4）结构和构件存在裂缝，应先分析裂缝产生的原因，并进行焊接修补、嵌板修补、附加盖板等方法修补或加固。对不宜修补和加固的构件，可采用更换的方法处理。

一般情况下先在裂缝两端钻小孔防止裂缝进一步扩展，然后采取适当的修补措施。裂缝宽度和长度较小时，优先采用焊接修补的方法，即首先用砂纸或砂轮等清洗裂缝两侧80mm宽度范围内的油污、浮渣等，使之露出干净的金属面，然后将裂缝边缘加工出坡口，并将裂缝两侧及端部预热至100～150℃，在焊接过程中保持该温度。用与钢材相匹配的焊条分段分层逆向施焊，每一焊道焊完后立即进行锤击，承受动力荷载的构件还应将裂缝表面磨光。嵌板修补是针对网状、分叉裂纹区和有破裂、过烧等缺陷的梁柱腹板部位，先将裂缝部位切除，切成大于裂缝100mm圆弧角的矩形孔，再用等厚度、同材质的钢板嵌入孔中，将嵌板和孔边缘加工呈坡口形式，预热至100～150℃，分段分层逆向施焊，打磨焊缝余高，使之与原构件表面持平。附加盖板修补是采用双层钢板，其厚度与被加固的构件厚度相同，采用焊接或高强度螺栓摩擦型连接；焊接时焊脚尺寸等于板厚，盖板长度大于裂缝长度加300mm；高强度螺栓连接时在裂缝两侧每侧用两排螺栓，盖板宽度根据螺栓布置确定。

（5）受压构件或受弯构件的受压翼缘破损和变形严重时，为避免矫正变形或拆除受损部分，可在杆件周围包以钢筋混凝土，形成劲性钢筋混凝土的组合结构。为了保证二者的共同工作，应在外包钢筋混凝土的部位上焊接能传递剪力的零件。

（6）结构的加固有卸荷加固和负荷加固两种形式。负荷加固时，必须对施工期间钢构件的工作条件和施工的过程进行控制，确保施工过程的安全。

（7）焊缝存在缺陷达不到要求时，重新补焊；螺栓连接松动时，重新拧紧；缺失或断裂时，增设螺栓。

（8）对存在缺陷、损伤和锈蚀的构件，应重新除锈，按新的设计要求进行涂装施工。

第七节　结构性能实荷检验与动测

一、结构性能实荷检验

（一）一般规定

（1）建筑结构和构件的结构性能可进行静力荷载检验。

（2）结构性能的静力荷载检验可分为适用性检验、荷载系数或构件系数检验、综合系数或可靠指标检验。

（3）结构性能检验应制定详细的检验方案。

（二）检验方案

（1）结构性能检验的检验装置、荷载布置和测试方法等应根据设计要求和构件的实际情况综合确定。

（2）结构性能检验的荷载布置和测试仪器应能满足检验的要求。

（3）结构性能检验的荷载应通过计算分析确定，在分析结构构件的变形和承载力时宜使用尺寸参数和材料参数的实际数值。对于特定的构件应对计算公式进行符合实际情况的调整。

（4）检验荷载应分级施加，每级荷载不宜超过最大检验荷载的20%。

（5）正式检验前应施加一定的初荷载。

（6）加载过程中应进行构件变形的测试，并应区分支座沉降变形等的影响。

（7）达到检验的最大荷载后，应持荷载至少1h，且应每隔15min测取一次荷载和变形值，直到变形值在15min内不再明显增加为止。存取数据后应分级卸载，并应在每一级荷载和卸载全部完成后测取变形值。

（8）当检验用模型的材料与所模拟结构或构件的材料性能有差别时，应分析材料性能差别的影响。

（9）检验方案应预判结构可能出现的变形、损伤、破坏，并应制定相关的应急预案。

（三）适用性检验

结构构件适用性的检验荷载应符合下列规定。

（1）结构自重的检验荷载应符合下列规定。

①检验荷载不宜考虑已经作用在结构或构件上的自重荷载，当有特殊需要时可考虑受到水影响后这部分自重荷载的增量。

②检验荷载应包括未作用在结构上的自重荷载，并宜考虑1.1～1.2的超载系数。

（2）检验荷载中长期堆物和覆土等持久荷载和可变荷载的取值应符合下列规定。

①可变荷载应取设计要求值和历史上出现过最大值中的较大值。

②永久荷载应取设计要求值和现场实测值的较大值。

③可变荷载组合与持久荷载组合均不宜考虑组合系数。

④可变荷载不宜考虑频遇值和准永久值。

（3）持久荷载已经作用到结构上时，其检验荷载的取值应符合（1）的规定。

结构构件适用性检验应进行正常使用极限状态的评定和结构适用性的评定。结构构件的正常使用极限状态应以国家现行有关标准限定的位移、变形和裂缝宽度等为基准进行评定。

结构构件的适用性应以装饰、装修、围护结构、管线设施未受到影响以及使用者的感受为基准进行评定。

（四）荷载系数或构件系数检验

结构构件荷载系数或构件系数的实荷检验应符合下列规定。

（1）在荷载系数或构件系数检验前应进行结构构件适用性检验。

（2）检验目标荷载应取荷载系数和构件系数对应检验荷载中的较大值。结构构件荷载系数或构件系数的实荷检验应区分既有结构性能的检验和结构工程质量的检验。

构件承载力的荷载系数或构件系数的实荷检验，当出现下列情况时应立即停止检验，并应判定其承载能力不足：（1）钢构件的实测应变接近屈服应变。（2）钢构件变形明显超出计算分析值。（3）钢构件出现局部失稳迹象。（4）混凝土构件出现受荷裂缝。（5）混凝土构件出现混凝土压溃的迹象。（6）其他接近构件极限状态的标志。

结构构件经历检验目标荷载满足下列要求时，可评价在检目标荷载下有足够的承载力：（1）检测实测应变和变形等与达到承载能力极限状态的预估值有明显的差距。（2）钢构件没有局部失稳的迹象。（3）混凝土构件未见加荷造成的裂缝或裂缝宽度小于检验荷载作用下的预估值。（4）卸荷后无明显的残余变形。（5）构件没有出现材料破坏的迹象。

（五）综合系数或可靠指标的检验

结构构件综合系数的荷载检验应符合下列规定：

（1）综合系数检验应在荷载系数或构件系数检验后实施。

（2）综合系数检验的目标荷载应取荷载系数的检验荷载和构件系数的检验荷载之和。

结构构件的综合系数的检验应根据实际情况确定每级荷载的增量。在进行综合系数的实际结构检验时，遇到下列情况之一时，应采取卸荷的措施，并应将此时的检验荷载作为构件承载力的评定值：①钢材和钢筋的实测应变接近屈服应变。②构件的位移或变形明显超过分析预期值。③混凝土构件出现明显的加荷裂缝。④构件等出现屈曲的迹象。⑤钢构件出现局部失稳迹象。⑥砌筑构件出现受荷开裂。

结构构件在目标荷载检验后满足下列要求时，可评价结构构件具有承受综合荷载的能力：①达到检验目标荷载时，实测应变与钢筋或钢材的屈服应变有明显的差距。②构件的变形处于弹性阶段。③构件没有屈曲的迹象。④构件没有局部失稳的迹象。⑤构件没有超出预期的裂缝。⑥构件材料没有破坏的迹象。⑦卸荷后无明显的残余变形。

结构构件承载能力极限状态可靠指标的实荷检验应符合下列规定：①综合系数检验符合要求的结构构件可进行规定的可靠指标对应分项系数的实荷检验。②综合系数对应的检验荷载，应可作为可靠指标对应分项系数检验的一级荷载。

二、钢结构动力性能测试

（一）基本规定

建筑结构的动力特性，可根据结构的特点选择下列测试方法：结构的基本振型，宜选用环境振动法、初位移等方法测试。结构平面内有多个振型时，宜选用稳态正弦波激振法进行测试。结构空间振型或扭转振型宜选用多振源相位控制同步的稳态正弦波激振法或初速度法进行测试。评估结构的抗震性能时，可选用随机激振法或人工爆破模拟地震法。

结构动力测试设备和测试仪器应符合下列要求。

（1）当采用稳态正弦激振的方法进行测试时，宜采用旋转惯性机械起振机，也可采用液压伺服激振器，使用频率范围宜为0.5～30Hz，频率分辨率不应小于0.01Hz。

（2）对于加速度仪、速度仪或位移仪，可根据实际需要测试的动参数和振型阶数进行选取。

（3）仪器的频率范围应包括被测结构的预估最高阶和最低阶频率。

（4）测试仪器的最大可测范围应根据被测结构振动的强烈程度选定。

（5）测试仪器的分辨率应根据被测结构的最小振动幅值选定。

（6）传感器的横向灵敏度应小于0.05。

（7）在进行瞬态过程测试时，测试仪器的可使用频率范围应比稳定测试时大一个数量级。

（8）传感器应具备机械强度高、安装调节方便、体积质量小而便于携带、防水、防电磁干扰等性能。

（9）记录仪器或数据采集分析系统、电平输入及频率范围，应与测试仪器的输出匹配。

（二）测试要求

环境振动法的测试应符合下列规定：测试时应避免或减小环境及系统干扰。当测量振型和频率时，测试记录时间不应少于5min；当测试阻尼时，测试记录时间不应少于30min。当需要多次测试时，每次测试中应至少保留一个共同的参考点。

机械激振振动测试应符合下列规定：选择激振器的位置应正确，选择的激振力应合理。当激振器安装在楼板上时，应避免楼板的竖向自振频率和刚度的影响，激振力传递途径应明确合理。激振测试中宜采用扫频方式寻找共振频率。在共振频率附近测试时，应保证半功率带宽内的测点不应少于5个频率。

施加初位移的自由振动测试应符合下列规定：拉线点的位置应根据测试的目的进行布设。拉线与被测试结构的连接部分应具有可靠传力的能力。每次测试时应记录拉力数值和拉力与结构轴线间的夹角。量取波值时，不得取用突断衰减的最初两个波。测试时不应使被测试结构出现裂缝。

（三）数据处理

时域数据处理应符合下列规定：对记录的测试数据应进行零点漂移、记录波形和记录长度的检验。被测试结构的自振周期，可在记录曲线上相对规则的波形段内取有限个周期的平均值。被测试结构的阻尼比，可按自由衰减曲线求取；当采用稳态正弦波激振时，可根据实测的共振曲线采用半功率点法求取。被测试结构各测点的幅值，应用记录信号幅值除以测试系统的增益，并应按此求得振型。

频域数据处理应符合下列规定：采样间隔应符合采样定理的要求。对频域中的数据应采用滤波、零均值化方法进行处理。被测试结构的自振频率，可采用自谱分析或傅里叶谱分析方法求取。被测试结构的阻尼比，宜采用自相关函数分析、曲线拟合法或半功率点法确定。对于复杂结构的测试数据，宜采用谱分析、相关分析或传递函数分析等方法进行分析。测试数据处理后应根据需要提供被测试结构的自振频率、阻尼比和振型，以及动力反应最大幅值、时程曲线、频谱曲线等分析结果。

第十章 砌体结构工程现场检测

第一节 检测的方法和取样要求

一、检测的主要内容和方法的分类

（一）检测的主要内容

砌体工程现场检测的主要内容一般包括砌体的抗压/抗剪强度、砌筑砂浆强度、砌体用块材（砖）的抗压强度的检测。

（二）检测方法

砌体力学性能现场检测的方法很多，对于砌体本身的强度检测常用的有切割法、原位轴压法、扁顶法、原位单剪法等，检测砌体砂浆强度的方法包括筒压法、回弹法、射钉法（贯入法）等，检测砌体用砖的方法有回弹法、现场取样抗压试验法等。

二、检测依据

《砌体工程现场检测技术标准》（GB/T 50315-2011）；

《贯入法检测砌筑砂浆抗压强度技术规程》（JGJ/T 136-2017）；

《建筑结构检测技术标准》（GB/T 50344-2019）；

《砌体基本力学性能试验方法标准》（GB/T 50129-2011）。

三、取样要求

对需要进行砌体各项强度指标检测的建筑物，应根据调查结果和确定的检测目的、内容和范围，选择一种或数种检测方法。对检测工程划分检测单元，并确定测区和测点数。

（1）当检测对象为整栋建筑物或建筑物的部分时，应将其划分为一个或若干个可以独立进行分析的结构单元，每一个结构单元划分为若干个检测单元。

（2）在每一个检测单元内，应随机选择6个构件（单片墙体、柱）作为6个测区。每一个检测单元不足6个构件时，应将每个构件作为一个测区。对贯入法，每一个检测单元抽检数量不应少于砌体总构件数的30%，且不应少于6个构件。

（3）在每一个测区应随机布置若干测点。各种检测方法的测点数，应符合下列要求：切割法、原位轴压法、扁顶法、原位单剪法、筒压法测点数不少于1个；原位单砖双剪法、推出法测点数不少于3个。砂浆片剪切法、回弹法（回弹法的测位，相当于其他检测方法的测点）、点荷法、射钉法测点数不应少于5个。

第二节　砌体的力学性能检测方法

砌体的力学性能检测主要包括砌体的抗压和抗剪强度的检测，其检测的主要方法包括切割法、原位轴压法、扁顶法、原位单剪法等。

一、切割法

这种检测方法实质上是利用适当的切割工具，在被测砌体上切割出一个符合进行抗压强度试验的试件，通过对试件进行处理、加工，运送至试验室内进行抗压强度试验，从而得出相应的检测结果。

（一）仪器设备及环境

切割法所用的测试设备有专业切割机、电动油压试验机。当受条件限制时，可采用试验台座、千斤顶和测力计等组成的加荷系统。测量仪表的示值相对误差不应大于2%。

（二）取样及样品制备要求

（1）切割法测试块体材料为砖和中小型砌块的砌体。

（2）测试部位应具代表性，并应符合下列规定。

①测试部位宜选在墙体中部距楼、地面1m左右的高度处，切割砌体每侧的墙体宽度不应小于1.5m。

②同一墙体上测点不宜多于1个，且宜选在沿墙体长度的中间部位；多于1个时，切割砌体的水平净距不得小于2.0m。

③测试部位不得选在挑梁下、应力集中部位以及墙梁的墙体计算高度范围内。

（三）操作步骤

（1）在选定的测点上开凿试块，试件的尺寸及切割法应符合以下规定。

①对于外形尺寸为240mm × 115mm × 53mm的普通砖，其砌体抗压试验试件的切割尺寸应尽量接近240mm × 370mm × 720mm；非普通砖的砌体抗压试验切割尺寸稍作调整，但高度应按高厚比β=3确定；中小型砌块的砌体抗压试验切割厚度应为砌块厚度，宽度应为主规格块的长度，高度取3皮砌块，中间1皮应有竖向缝。

②用合适的切割工具，如手提切割机或专用切割工具，先竖向切割出试件的两竖边，再用电钻清除试件上水平灰缝。清除大部分下水平灰缝，采用适当方式支垫后，清除其余下灰缝。

③将试件取下，放在带吊钩的钢垫板上。钢垫板及钢压板厚度应不小于10mm，放置试件前应做厚度为20mm的1：3水泥砂浆找平层。

④操作中应尽量减少对试件的扰动。

⑤将试件顶部采用厚度为20mm的1：3水泥砂浆找平，放上钢压板，用螺杆将钢垫板与钢压板上紧，并保持水平。将水泥砂浆凝结后运至试验室，准备进行试验。

（2）试件抗压试验之前应做以下准备工作。

①在试件四个侧面上画出竖向中线。

②在试件高度的1/4、1/2和3/4处分别测量试件的宽度与厚度，测量精度为1mm，取平均值。试件高度以垫板顶面量至压板底面。

③将试件吊起清除垫板下杂物后置于试验机上，垫平对中，拆除上下压板间的螺杆。

④采用分级加荷办法加荷。每级的荷载应为预估破坏荷载值的10%，并应在1～1.5min内均匀加完，恒荷1～2min后施加下一级荷载。施加荷载时不得冲击试件。加荷至破坏值的80%后应按原定加荷速度连续加荷，直至试件破坏。当试件裂缝急剧扩展和增

多，试验机的测力指针明显回退时，应定为该试件丧失承载能力而达到破坏状态。其最大的荷载计数即为该试件的破坏荷载值。

⑤在试验过程中，应观察与捕捉第一条受力的发丝裂缝，并记录初始荷载值。

二、原位轴压法

原位轴压法是采用原位压力机，在墙体上进行抗压强度试验，检测砌体抗压强度的方法，简称轴压法。

（一）仪器设备及环境

（1）测试设备。原位轴压法的测试设备有原位轴压仪。

（2）技术指标。原位轴压法的技术指标有原位轴压仪力值，每半年应校验一次。

（二）试件的制备要求

（1）原位轴压法适用于推定240mm厚普通砖砌体的抗压强度。

（2）测试部位应具有代表性，并应符合下列规定。

①测试部位宜选在墙体中部距楼、地面1m左右的高度处，槽间砌体每侧的墙体宽度不应小于1.5m。

②同一墙体上，测点不宜多于1个，且宜选在沿墙体长度的中间部位；多于1个时，其水平净距不得小于2.0m。

③测试部位不得选在挑梁下、应力集中部位以及墙梁的墙体计算高度范围内。

（三）操作步骤

（1）在被测砌体上进行试件的制作过程及要求。在选定的测试位置处，开凿水平槽孔时，其尺寸应遵守下列规定。

①上水平槽的尺寸（长度×厚度×高度）为250mm×240mm×70mm；使用450型轴压仪时下水平槽的尺寸为250mm×240mm×70mm，使用600型轴压仪时下水平槽的尺寸为250mm×240mm×140mm。

②上下水平槽孔应对齐，两槽之间应相距7皮砖，约430mm。

③开槽时应避免扰动四周的砌体，槽间砌体的承压面应修平整。

（2）原位轴压仪的安装。在槽孔间安放原位轴压仪时，应符合下列规定。

①分别在上槽内的下表面和扁式千斤顶的顶面，均匀铺设湿细砂或石膏等材料的垫层，垫层厚度可取10mm。

②将反力板置于上槽孔，扁式千斤顶置于下槽孔，安放四根钢拉杆，使两个承压板

上下对齐后，拧紧螺母并调整其平行度；四根钢拉杆的上下螺母间的净距误差不应大于2mm。

③先试加荷载，试加荷载值取预估破坏荷载的10%。检查测试系统的灵活性和可靠性，以及上下压板和砌体受压面接触是否均匀密实。经试加荷载，测试系统正常后卸荷，开始正式测试。

（3）试验过程。在正式测试时，未加荷以前应首先记录油压表初读数，然后进行分级加荷。每级荷载可取预估破坏荷载的10%，并应在1～1.5min内均匀加完，然后恒载2min。加荷至预估破坏荷载的80%后，应按原定加荷速度连续加荷，直至槽间砌体破坏。当槽间砌体裂缝急剧扩展和增多，油压表的指针明显回退时，槽间砌体达到极限状态。

（4）在试验过程中，如发现上下压板与砌体承压面因接触不良使槽间砌体呈局部受压或偏心受压状态时，应停止试验。此时应调整试验装置，重新试验；无法调整时应更换测点。

（5）在试验过程中，应仔细观察槽间砌体初裂裂缝与裂缝开展情况，记录逐级荷载下的油压表读数、测点位置、裂缝随荷载变化情况简图等。

三、扁式液压顶法

扁式液压顶法是采用扁式液压千斤顶在墙体上进行抗压试验，检测砌体的受压应力、弹性模量抗压强度的方法，简称扁顶法。

（一）仪器设备及环境

（1）测试设备。扁式液压顶法的测试设备有扁式液压千斤顶（扁顶）、手持式应变仪和千分表。

（2）扁顶的构造和主要技术指标。扁顶是由合金钢板焊接而成，总厚度为5～7mm。对240mm厚墙体选用大面尺寸，分别为250mm×250mm或250mm×380mm的扁顶；对370mm厚墙体选用大面尺寸，分别为380mm×380mm或380mm×500mm的扁顶。每次使用前，应校验扁顶的力值，并根据该试验的结果，对其试验的结果进行必要的修正。

（二）取样与制备要求

扁顶法适用于推定普通砖砌体的受压工作应力、弹性模量和抗压强度。

（三）操作步骤

（1）实测墙体的受压工作应力时，应符合下列要求。

①在选定的墙体上，标出水平槽的位置并应牢固粘贴两对变形测量的脚标。脚标应位

于水平槽正中并跨越该槽；脚标之间的标距应相隔4皮砖，宜取250mm。试验前应记录标距值，精确至0.1mm。

②使用手持应变仪或千分表在脚标上测量砌体变形的初读数，应测量3次，并取其平均值。

③在标出水平槽位置处，剔除水平灰缝内的砂浆。水平槽的尺寸应略大于扁顶尺寸。开凿时不应损伤测点部位的墙体及变形测量脚标。应清理平整槽的四周，除去灰渣。

④使用手持式应变仪或千分表在脚标上测量开槽后的砌体变形值，待读数稳定后方可进行下一步试验工作。

⑤在槽内安装扁顶，扁顶上下两面宜垫尺寸相同的钢垫板，并应连接测试设备的油路。

⑥正式测试前，应进行试加荷载试验，试加荷载值可取预估破坏荷载的10%。检查测试系统的灵活性和可靠性。

⑦正式测试时，应分级加荷。每级荷载应为预估破坏荷载值的5%，并应在1.5～2min内均匀加完，恒载2min后测读变形值。当变形值接近开槽前的读数时，应适当减小加荷级差，直至实测变形值达到开槽前的读数，然后卸荷。

（2）实测墙内砌体抗压强度或弹性模量时，应符合下列要求。

①在完成墙体的受压工作应力测试后，开凿第二条水平槽，上下槽应互相平行、对齐。当选用250mm×250mm扁顶时，两槽之间相隔7皮砖，净距宜取430mm。当选用其他尺寸的扁顶时，两槽之间相隔8皮砖，净距宜取490mm；遇有灰缝不规则或砂浆强度较高而难以凿槽的情况，可以在槽孔处取出1皮砖，安装扁顶时应采用钢制楔形垫块调整其间隙。

②在槽内安装扁顶，扁顶上下两面宜垫尺寸相同的钢垫板，并应连接测试设备的油路。

③正式测试前，应进行试加荷载试验，试加荷载值可取预估破坏荷载的10%。检查测试系统的灵活性和可靠性。

④正式测试时，记录油压表初读数，然后分级加荷。每级荷载可取预估破坏荷载的10%，并应在1～1.5min内均匀加完，然后恒载2min。加荷至预估破坏荷载的80%后，应按原定加荷速度连续加荷，直至砌体破坏。

⑤当需要测定砌体受压弹性模量时，应在槽间砌体两侧各粘贴一对变形测量脚标。脚标应位于槽间砌体的中部；脚标之间相隔4条水平灰缝，净距宜取250mm。

⑥试验前应记录标距值，精确至0.1mm。按上述加荷方法进行试验，测记逐级荷载下的变形值，加荷的应力上限不宜大于槽间砌体极限抗压强度的50%。

⑦当槽间砌体上部压应力小于0.2MPa时，应加设反力平衡架，方可进行试验。反力

平衡架可由2块反力板和4根钢拉杆组成。

（3）试验记录内容应包括描绘测点布置图、墙体砌筑方式、扁顶位置、脚标位置、轴向变形值、逐级荷载下的油压表读数、裂缝随荷载变化情况简图等。

四、原位砌体通缝单剪法

原位砌体通缝单剪法是指在墙体上沿单个水平灰缝进行抗剪试验，检测砌体抗剪强度的方法，简称原位单剪法。

（一）仪器设备及环境

（1）测试设备。原位砌体通缝单剪法的测试设备有螺旋千斤顶、卧式液压千斤顶、荷载传感器和数字荷载表等。

（2）技术指标。试件的预估破坏荷载值应在千斤顶、传感器最大测量值的20%～80%之间；检测前应标定荷载传感器及数字荷载表，其示值相对误差不应大于3%。

（二）取样与制备要求

原位单剪法适用于推定砖砌体沿通缝截面的抗剪强度。试件具体尺寸应符合规定，测试部位宜选在窗洞口或其他洞口下3皮砖范围内。在试件的加工过程中，应避免扰动被测灰缝。

（三）操作步骤

（1）在选定的墙体上，应采用振动较小的工具加工切口，现浇钢筋混凝土传力件。

（2）测量被测灰缝的受剪面尺寸，精确至1mm。

（3）安装千斤顶及测试仪表，千斤顶的加力轴线与被测灰缝顶面应对齐。

（4）匀速施加水平荷载，并控制试件在2～5min内破坏。当试件沿受剪面滑动、千斤顶开始卸荷时，即判定试件达到破坏状态，记录破坏荷载值，结束试验。试验完成后，其砌体的破坏位置在预定剪切面（灰缝）上，此次试验有效，否则应另行试验。

（5）加荷试验结束后，翻转已破坏的试件，检查剪切面破坏特征及砌体砌筑质量，并详细记录。

第三节　砌体砂浆强度的检测方法

一、筒压法

筒压法是将取样砂浆破碎、烘干并筛分成符合一定级配要求的颗粒，装入承压筒并施加筒压荷载后，检测其破损程度（用筒压比表示），以此来推定其抗压强度的方法。

（一）仪器设备及环境

（1）测试设备。筒压法的测试设备有承压筒、压力试验机或万能试验机、摇筛机、干燥箱、标准砂石筛、水泥跳桌、托盘天平。

（2）技术指标：压力试验机或万能试验机50～100kN；标准砂石筛（包括筛盖和底盘）的孔径为5mm、10mm、15mm；托盘天平的称量为1000g，感量为0.1g。

（二）取样与制备要求

筒压法适用于推定烧结普通砖墙中的砌筑砂浆强度，不适用于推定遭受火灾、化学侵蚀等砌筑砂浆的强度。

筒压法所测试的砂浆品种及其强度范围，应符合下列要求：（1）中、细砂配制的水泥砂浆强度为2.5～20.0MPa；（2）中、细砂配制的水泥粉煤灰砂浆（以下简称粉煤灰砂浆），砂浆强度为2.5～15.0MPa；（3）石灰质石粉砂与中、细砂混合配制的水泥石灰混合砂浆和水泥砂浆（以下简称石粉砂浆），砂浆强度为2.5～20MPa。

（三）操作步骤

（1）在每一个测区，从距墙表面20mm以内的水平灰缝中凿取砂浆约4000g，砂浆片（块）的最小厚度不得小于5mm。各个测区的砂浆样品应分别放置并编号，不得混淆。

（2）使用手锤击碎样品，筛取5～15mm的砂浆颗粒约3000g，在（105±5）℃的温度下烘干至恒重，待冷却至室温后备用。

（3）每次取烘干样品约1000g，置于孔径5mm、10mm、15mm标准筛所组成的套筛中，机械摇筛2min或手工摇筛1.5min。称取粒级5～l0mm和10～15mm的砂浆颗粒各250g，混合均匀后即为一个试样，共制备三个试样。

（4）每个试样应分两次装入承压筒。每次约装1/2，在水泥跳桌上跳振5次。第二次装料并跳振后，整平表面，安上承压盖。如无水泥跳桌，可按照砂、石紧密体积密度的试验方法颠击密实。

（5）将装料的承压筒置于试验机上，盖上承压盖，开动压力试验机，应于20～40s内均匀加荷至规定的筒压荷载值后，立即卸荷。不同品种砂浆的筒压荷载值分别为：水泥砂浆、石粉砂浆为20kN，水泥石灰混合砂浆、粉煤灰砂浆为10kN。

（6）将施压后的试样倒入由孔径5mm和10mm标准筛组成的套筛中，装入摇筛机摇筛2min或人工摇筛1.5min，筛至每隔5s的筛出量基本相等。

（7）称量各筛筛余试样的重量（精确至0.1g）。各筛的分计筛余量和底盘剩余量的总和，与筛分前的试样重量相比，相对差值不得超过试样重量的0.5%；当超过时，应重新进行试验。

二、回弹法

回弹法是采用砂浆回弹仪检测砌体中砂浆的表面硬度，根据回弹值和碳化深度推定其强度的方法。

（一）仪器设备及环境

（1）测试设备。回弹法的测试设备有砂浆回弹仪。

（2）技术指标。砂浆回弹仪应每半年校验一次。在工程检测前后，均应对回弹仪在钢砧上做率定试验。

回弹法用于推定烧结普通砖砌体中的砌筑砂浆强度；不适用于推定高温、长期浸水、化学侵蚀、火灾等情况下的砂浆抗压强度。测位宜选在承重墙的可测面上，并避开门窗洞口及预埋件等附近的墙体。墙面上每个测位的面积宜大于$0.3m^2$。

（二）操作步骤

测位处的粉刷层、勾缝砂浆、污物等应清除干净；弹击点处的砂浆表面，应仔细打磨平整，并除去浮灰。每个测位内均匀布置12个弹击点。选定弹击点应避开砖的边缘、气孔或松动的砂浆。相邻两弹击点的间距不应小于20mm。在每个弹击点上，使用回弹仪连续弹击3次，第一、二次不读数；仅记读第三次回弹值，精确至1个刻度。在测试过程中，回弹仪应始终处于水平状态，其轴线应垂直于砂浆表面，且不得移位。在每一个测位内，选择1～3处灰缝，用游标尺和1%的酚酞试剂测量砂浆碳化深度，读数应精确至0.5mm。

三、贯入法

贯入法是采用压缩工作弹簧加荷，把一测钉贯入砂浆中，由测钉的贯入深度通过深度和砂浆抗压强度间的关系（测强曲线）来换算砂浆抗压强度的方法。

（一）仪器设备及环境

（1）测试设备。贯入法使用的测试设备有贯入仪、贯入深度测量表。

（2）技术指标。贯入仪、贯入深度测量表应每年至少校准一次。贯入仪应满足下列条件：贯入力应为800±8N，工作行程应为20±0.10mm；贯入深度测量表应满足下列条件：最大量程应为20±0.02mm，分度值应为0.01mm。测钉长度应为40±0.10mm，直径应为3.5mm，尖端锥度应为45°。测钉量规的量规槽长度应为39.50±0.10mm，贯入仪使用时的环境温度应为-4～40℃。

（二）取样与制备要求

贯入法适用于检测自然养护、龄期为28d或28d以上、自然风干状态、强度为0.4～16.0MPa的砌筑砂浆。

检测砌筑砂浆抗压强度时，以面积不大于25m²的砌体为一个构件。被检测灰缝应饱满，其厚度不应小于7mm，并应避开竖缝位置、门窗洞口、后砌洞口和预埋件的边缘。多孔砖砌体和空斗墙砌体的水平灰缝深度应大于30mm。每一构件应测试16个点。测点应均匀分布在构件的水平灰缝上，相邻测点水平间距不宜小于240mm，每条灰缝测点不宜多于两个点。检测范围内的饰面层、粉刷层、勾缝砂浆、浮浆以及表面损伤层等应清除干净，应使待测灰缝砂浆暴露，并经打磨平整后再进行检测。

（三）操作步骤

（1）试验前先清除测钉上附着的水泥灰渣等杂物，同时用测钉量规检验测钉的长度；如测钉能够通过测钉量规槽时，应重新选用新的测钉。

（2）将测钉插入贯入杆的测钉座中，测钉尖端朝外，固定好测钉；用摇柄旋紧螺母，直至挂钩挂上为止，然后将螺母退至贯入杆顶端；将贯入仪扁头对准灰缝中间，并垂直贴在被测砌体灰缝砂浆的表面，握住贯入仪把手，扳动扳机，将测钉贯入被测砂浆中。当测点处的灰缝砂浆存在空洞或测孔周围砂浆不完整时，该测点应作废，另选测点补测。

（3）贯入深度的测量应按下列程序操作：将测钉拔出，用吹风器将测孔中的粉尘吹干净；将贯入深度测量表扁头对准灰缝，同时将测头插入测孔中，并保持测量表垂直于被测砌体灰缝砂浆的表面，从表盘中直接读取测量表显示值。

第四节　烧结普通砖强度的检测方法

一、仪器设备及环境

（一）测试设备

HT75型砖回弹仪，其技术指标如下：其弹击动能为0.735J；弹击锤与弹击杆碰撞的瞬间，弹击拉簧处于自由状态，此时弹击锤相当于刻度尺的“0”点起跳；指针滑块与指针导杆间的摩擦力应为0.5±0.1N；弹击杆前端球面曲率半径应为25mm；在洛氏硬度HRC>53的钢砧上，其率定值应为74±2；砖回弹仪应每半年校验一次，在工程检测前后，均应对回弹仪在钢砧上做率定试验。

（二）检测环境要求

用回弹法检测构件混凝土强度，其回弹仪使用时的环境温度应为-4～40℃。

二、依据标准

《建筑结构检测技术标准》（GB/T 50344-2019）；

《回弹仪评定烧结普通砖强度等级的方法》（JC/T 796-2013）。

三、检测方法

（一）抽样要求

对于检测批的检测，每个检测批中可布置5～10个检测单元，共抽取50～100块砖进行检测。

（二）测试要求

测位处的粉刷层、污物等应清除干净，但不能破坏砖面，弹击点处应除去浮灰。回弹测点要布置在外观质量合格砖的条面上，每块砖条面布置5个测点。测点位置宜分布于砖样条面的中间部位，且避开气孔等。测点之间应留有一定的距离（一般宜为30mm）。在每个弹击点上，使用回弹仪弹击一次一读数。在测试过程中，回弹仪应始终处于水平状态，其轴线应垂直于砖表面，且不得移位。

第十一章　建筑工程施工项目质量控制与安全管理

第一节　施工项目质量控制与验收

一、施工质量控制概述

工程施工是使工程设计意图最终实现并形成工程实体的阶段，也是最终形成工程产品质量和工程项目使用价值的重要阶段。因此，施工阶段的质量控制不但是施工监理重要的工作内容，也是工程项目质量控制的重点。监理工程师对工程施工的质量控制，就是按合同赋予的权利，围绕影响工程质量的各种因素，对工程项目的施工进行有效的监督和管理。

（一）施工质量控制的系统过程

由于施工阶段是使工程设计意图最终实现并形成工程实体的阶段，是最终形成工程实体质量的过程，所以施工阶段的质量控制是一个由对投入的资源和条件的质量控制，进而对生产过程及各环节质量进行控制，直到对所完成的工程产出品的质量检验与控制为止的全过程的系统控制过程。这个过程可以根据在施工阶段工程实体质量形成的时间阶段不同来划分，也可以根据施工阶段工程实体形成过程中物质形态的转化来划分；或者是将施工的工程项目作为一个大系统，按施工层次加以分解来划分。

1.按工程实体质量形成过程的时间阶段划分

施工阶段的质量控制可以分为以下三个环节。

（1）施工准备控制。施工准备控制指在各工程对象正式施工活动开始前，对各项准备工作及影响质量的各因素进行控制，这是确保施工质量的先决条件。

（2）施工过程控制。施工过程控制指在施工过程中对实际投入的生产要素质量及作业技术活动的实施状态和结果进行的控制，包括作业者发挥技术能力过程的自控行为和来自有关管理者的监控行为。

（3）竣工验收控制。竣工验收控制指对通过施工过程所完成的具有独立的功能和使用价值的最终产品（单位工程或整个工程项目）及有关方面（例如质量文档）的质量进行控制。

2.按工程实体形成过程中物质形态转化的阶段划分

由于工程对象的施工是一项物质生产活动，所以施工阶段的质量控制系统过程也是一个经由以下三个阶段的系统控制过程。

（1）对投入的物质资源质量的控制。

（2）施工过程质量控制。也就是说，在使投入的物质资源转化为工程产品的过程中，对影响产品质量的各因素、各环节及中间产品的质量进行控制。

（3）对完成的工程产出品质量的控制与验收。

在上述三个阶段的系统过程中，前两个阶段对于最终产品质量的形成具有决定性的作用，而所投入的物质资源的质量控制对最终产品质量又具有举足轻重的影响。所以，在质量控制的系统过程中，无论是对投入物质资源的控制，还是对施工及安装生产过程的控制，都应当对影响工程实体质量的五个重要因素方面——施工有关人员因素、材料（包括半成品、构配件）因素、机械设备因素（生产设备及施工设备）、施工方法（施工方案、方法及工艺）因素以及环境因素进行全面的控制。

3.按工程项目施工层次划分的系统控制过程

通常任何一个大中型工程建设项目可以划分为若干层次。例如，对于建筑工程项目按照国家标准可以划分为单位工程、分部工程、分项工程、检验批等层次，而对于诸如水利水电、港口交通等工程项目则可划分为单项工程、单位工程、分部工程、分项工程等几个层次。各组成部分之间的关系具有一定的施工先后顺序的逻辑关系。显然，施工作业过程的质量控制是最基本的质量控制，它决定了有关检验批的质量；而检验批的质量又决定了分项工程的质量。

（二）施工质量控制的依据

施工阶段监理工程师进行质量控制的依据，大体上有以下四类。

1.工程合同文件

工程施工承包合同文件和委托监理合同文件中分别规定了参与建设各方在质量控制方面的权利和义务，有关各方必须履行在合同中的承诺。对于监理单位，既要履行委托监理合同的条款，又要督促建设单位、监督承包单位、设计单位履行有关的质量控制条款。因此，监理工程师要熟悉这些条款，据以进行质量监督和控制。

2.设计文件

“按图施工”是施工阶段质量控制的一项重要原则。因此，经过批准的设计图纸和技术说明书等设计文件，无疑是质量控制的重要依据。但是从严格质量管理和质量控制的角度出发，监理单位在施工前还应参加由建设单位组织的、设计单位及承包单位参加的设计交底及图纸会审工作，以达到了解设计意图和质量要求、发现图纸差错和减少质量隐患的目的。

3.国家及政府有关部门颁布的有关质量管理方面的法律、法规性文件

国家及建设主管部门所颁发的有关质量管理方面的法规性文件，这些文件都是建设行业质量管理方面应遵循的基本法规文件。此外，其他各行业，如交通、能源、水利、冶金、化工等的政府主管部门和省、自治区、直辖市的有关主管部门，也均根据本行业及地方的特点，制定和颁发了有关的法规性文件。

4.有关质量检验与控制的专门技术法规性文件

这类文件一般是针对不同行业、不同质量控制对象而制定的技术法规性文件，包括各种有关的标准、规范、规程或规定。技术标准有国际标准、国家标准、行业标准、地方标准和企业标准之分。它们是建立和维护正常的生产和工作秩序应遵守的准则，也是衡量工程、设备和材料质量的尺度。例如：工程质量检验及验收标准，材料、半成品或构配件的技术检验和验收标准，等等。技术规程或规范，一般是执行技术标准，保证施工有序地进行，而为有关人员制定的行动的准则，通常也与质量的形成有密切关系，应严格遵守。各种有关质量方面的规定，一般是由有关主管部门根据需要而发布的带有方针目标性的文件，它对于保证标准、规范的实施和改善实际存在的问题有着指令性的作用。此外，对于大型工程，特别是对外承包工程和外资、外贷工程的质量监理与控制中，可能还会涉及国际标准和国外标准或规范，当需要采用这些标准或规范进行质量控制时，还需要熟悉它们。

二、施工过程的质量控制

施工过程体现在一系列作业活动中，作业活动的效果将直接影响到施工过程的施工质量。因此，监理工程师质量控制工作应体现在对作业活动的控制上。为确保施工质量，监理工程师要对施工过程进行全过程、全方位的质量监督、控制与检查。就整个施工过程而

言，可按事前、事中、事后进行控制。就一个具体作业而言，监理工程师控制管理仍涉及事前、事中及事后。监理工程师的质量控制主要围绕影响工程施工质量的因素进行。

（一）作业技术准备状态的控制

所谓作业技术准备状态，是指各项施工准备工作在正式开展作业技术活动前，是否按预先计划的安排落实到位的状况，包括配置的人员、材料、机具、场所环境、通风、照明、安全设施等。做好作业技术准备状况的检查，有利于实际施工条件的落实，避免计划与实际两张皮、承诺与行动相脱离，在准备工作不到位的情况下贸然施工。作业技术准备状态的控制，应着重抓好以下环节的工作。

（1）质量控制点的概念。质量控制点是指为了保证作业过程质量而确定的重点控制对象、关键部位或薄弱环节。设置质量控制点是保证达到施工质量要求的必要前提，监理工程师在拟定质量控制工作计划时，应予以详细的考虑，并以制度来保证落实。对于质量控制点，一般要事先分析可能造成质量问题的原因，再针对原因制定对策和措施进行预控。承包单位在工程施工前应根据施工过程质量控制的要求，列出质量控制点明细表，在表中详细地列出各质量控制点的名称或控制内容、检验标准及方法等，提交监理工程师审查批准后，在此基础上实施质量预控。

（2）选择质量控制点的一般原则。可作为质量控制点的对象涉及面广，它可能是技术要求高、施工难度大的结构部位，也可能是影响质量的关键工序、操作或某一环节。总之，不论是结构部位，还是影响质量的关键工序、操作、施工顺序、技术、材料、机械、自然条件、施工环境等均可作为质量控制点来控制。概括地说，应当选择那些保证质量难度大的、对质量影响大的或者发生质量问题时危害大的对象作为质量控制点。

①施工过程中的关键工序或环节以及隐蔽工程，例如预应力结构的张拉工序、钢筋混凝土结构中的钢筋架立。

②施工中的薄弱环节，或质量不稳定的工序、部位或对象，例如地下防水层施工。

③对后续工程施工或对后续工序质量或安全有重大影响的工序、部位或对象，例如预应力结构中的预应力钢筋质量、模板的支撑与固定等。

④采用新技术、新工艺、新材料的部位或环节。

⑤施工上无足够把握的、施工条件困难的或技术难度大的工序或环节，例如复杂曲线模板的放样等。

显然，是否设置为质量控制点，主要视其对质量特性影响的大小、危害程度以及其质量保证的难度大小而定。

（3）作为质量控制点重点控制的对象

①人的行为。对某些作业或操作，应以人为重点进行控制。例如：高空、高温、水

下、危险作业等，对人的身体素质或心理应有相应的要求；技术难度大或精度要求高的作业，如复杂模板放样，精密、复杂的设备安装，以及重型构件吊装等对人的技术水平均有相应的较高要求。

②物的质量与性能。施工设备和材料是直接影响工程质量和安全的主要因素，对某些工程尤为重要，常作为控制的重点。例如，基础的防渗灌浆，灌浆材料细度及可灌性、作业设备的质量、计量仪器的质量都是直接影响灌浆质量和效果的主要因素。

③关键的操作。如预应力钢筋的张拉工艺操作过程及张拉力的控制，是可靠地建立预应力值和保证预应力构件质量的关键过程。

④施工技术参数。例如：对填方路堤进行压实时，对填土含水量等参数的控制是保证填方质量的关键；对于岩基水泥灌浆，灌浆压力是质量保证的关键；冬期施工混凝土受冻临界强度等技术参数是质量控制的重要指标。

⑤施工顺序。对于某些工作必须严格作业之间的顺序。例如：对于冷拉钢筋应当先对焊、后冷拉，否则会失去冷强；对于屋架固定一般应采取对角同时施焊，以免焊接应力使已校正的屋架发生变位；等等。

⑥技术间歇。有些作业之间需要有必要的技术间歇时间。例如：砖墙砌筑后与抹灰工序之间，以及抹灰与粉刷或喷涂之间，均应保证有足够的间歇时间；混凝土浇筑后至拆模之间也应保持一定的间歇时间；混凝土大坝坝体分块浇筑时，相邻浇筑块之间也必须保持足够的间歇时间；等等。

⑦新工艺、新技术、新材料的应用，由于缺乏经验，施工时可作为重点进行严格控制。

⑧产品质量不稳定、不合格率较高及易发生质量通病的工序应列为重点，仔细分析、严格控制。例如，防水层的铺设、供水管道接头的渗漏等。

⑨易对工程质量产生重大影响的施工方法。例如，液压滑模施工中的支承杆失稳问题、升板法施工中提升差的控制等，一旦施工不当或控制不严，即可能引起重大质量事故问题，也应作为质量控制的重点。

（二）作业技术活动运行过程的控制

工程施工质量是在施工过程中形成的，而不是最后检验出来的；施工过程由一系列相互联系与制约的作业活动构成。因此，保证作业活动的效果与质量是施工过程质量控制的基础。

1.承包单位自检与专检工作的监控

（1）承包单位的自检系统。承包单位是施工质量的直接实施者和责任者。监理工程师的质量监督与控制就是使承包单位建立起完善的质量自检体系并运转有效。

承包单位的自检体系表现在以下三个方面。

①作业活动的作业者在作业结束后必须自检；

②不同工序交接、转换必须由相关人员交接检查；

③承包单位专职质检员的专检。

为实现上述三个方面，承包单位必须有整套的制度及工作程序，具有相应的试验设备及检测仪器，配备数量满足需要的专职质检人员及试验检测人员。

（2）监理工程师的检查。监理工程师的质量检查与验收，是对承包单位作业活动质量的复核与确认；监理工程师的检查绝不能代替承包单位的自检，而且监理工程师的检查必须是在承包单位自检并确认合格的基础上进行的。专职质检员没检查或检查不合格不能报监理工程师；不符合上述规定，监理工程师一律拒绝进行检查。

2.技术复核工作监控

凡涉及施工作业技术活动基准和依据的技术工作，都应该严格进行专人负责的复核性检查，以避免基准失误给整个工程质量带来难以补救的或全局性的危害。例如，工程的定位、轴线、标高，预留孔洞的位置和尺寸，预埋件，管线的坡度，混凝土配合比，变电、配电位置，高低压进出口方向、送电方向等。技术复核是承包单位应履行的技术工作责任，其复核结果应报送监理工程师复验确认后，才能进行后续相关的施工。监理工程师应把技术复验工作列入监理规划及质量控制计划中，并看作一项经常性的工作任务，贯穿于整个施工过程中。

常见的施工测量复核如下。

（1）民用建筑的测量复核。例如，建筑物定位测量、基础施工测量、墙体皮数杆检测、楼层轴线检测、楼层间高层传递检测等。

（2）工业建筑测量复核。例如，厂房控制网测量、桩基施工测量、柱模轴线与高程检测、厂房结构安装定位检测、动力设备基础与预埋螺栓检测。

（3）高层建筑测量复核。例如，建筑场地控制测量、基础以上的平面与高程控制、建筑物中垂准检测、建筑物施工过程中沉降变形观测等。

（4）管线工程测量复核。例如，管网或输配电线路定位测量、地下管线施工检测、架空管线施工检测、多管线交汇点高程检测等。

3.见证取样送检工作的监控

见证是指由监理工程师现场监督承包单位某工序全过程完成情况的活动。见证取样则是指对工程项目使用的材料、半成品、构配件的现场取样、工序活动效果的检查实施见证。为确保工程质量，原建设部规定，在市政工程及房屋建筑工程项目中，对工程材料、承重结构的混凝土试块，承重墙体的砂浆试块，结构工程的受力钢筋（包括接头）实行见证取样。

（1）见证取样的工作程序

①工程项目施工开始前，项目监理机构要督促承包单位尽快落实见证取样的送检试验室。对于承包单位提出的试验室，监理工程师要进行实地考察。试验室一般是和承包单位没有行政隶属关系的第三方。试验室要具有相应的资质，经国家或地方计量、试验主管部门认证，试验项目满足工程需要，试验室出具的报告对外具有法定效果。

②项目监理机构要将选定的试验室到负责本项目的质量监督机构备案并得到认可，同时要将项目监理机构中负责见证取样的监理工程师在该质量监督机构备案。

③承包单位在对进场材料、试块、试件、钢筋接头等实施见证取样前要通知负责见证取样的监理工程师，在该监理工程师现场监督下，承包单位按相关规范的要求，完成材料、试块、试件等的取样过程。

④完成取样后，承包单位将送检样品装入木箱，由监理工程师加封；不能装入箱中的试件，如钢筋样品、钢筋接头，则贴上专用加封标志，然后送往试验室。

（2）实施见证取样的要求

①试验室要具有相应的资质并进行备案、认可。

②负责见证取样的监理工程师要具有材料、试验等方面的专业知识，且要取得从事监理工作的上岗资格（一般由专业监理工程师负责从事此项工作）。

③承包单位从事取样的人员一般应是试验室人员或专职质检人员担任。

④送往试验室的样品要填写“送验单”。送验单要盖有“见证取样”专用章，并有见证取样监理工程师的签字。

⑤试验室出具的报告一式两份，分别由承包单位和项目监理机构保存，并作为归档材料，是工序产品质量评定的重要依据。

⑥见证取样的频率，国家或地方主管部门有规定的，执行相关规定；施工承包合同中如有明确规定的，执行施工承包合同的规定。见证取样的频率和数量，包括在承包单位自检范围内，一般所占比例为30%。

⑦见证取样的试验费用由承包单位支付。

⑧实行见证取样，绝不能代替承包单位应对材料、构配件进场时必须进行的自检。自检频率和数量要按相关规范要求执行。

4.工程变更的监控

在施工过程中，由于前期勘察设计的原因，或由于外界自然条件的变化，未探明的地下障碍物、管线、文物、地质条件不符等，以及施工工艺方面的限制、建设单位要求的改变，均会涉及工程变更。做好工程变更的控制工作，也是作业过程质量控制的一项重要内容。工程变更的要求可能来自建设单位、设计单位或施工承包单位。为确保工程质量，不同情况下，工程变更的实施，设计图纸的澄清、修改，具有不同的工作程序。

（1）施工承包单位的要求及处理。在施工过程中承包单位提出的工程变更要求可能是要求做某些技术修改或要求做设计变更。

①对技术修改要求的处理。所谓技术修改，这里是指承包单位根据施工现场具体条件和自身的技术、经验和施工设备等条件，在不改变原设计图纸和技术文件的原则前提下，提出的对设计图纸和技术文件的某些技术上的修改要求，例如对某种规格的钢筋采用替代规格的钢筋、对基坑开挖边坡的修改等。

技术修改问题一般可以由专业监理工程师组织承包单位和现场设计代表参加，经各方同意后签字并形成纪要，作为工程变更单附件，经总监理工程师批准后实施。

②工程变更的要求。这种变更是指施工期间，对于设计单位在设计图纸和设计文件中所表达的设计标准状态的改变和修改。

首先，承包单位应就要求变更的问题填写《工程变更单》，送交项目监理机构。总监理工程师根据承包单位的申请，经与设计、建设、承包单位研究并做出变更的决定后，签发《工程变更单》，并应附有设计单位提出的变更设计图纸。承包单位签收后按变更后的图纸施工。

总监理工程师在签发《工程变更单》之前，应就工程变更引起的工期改变及费用的增减分别与建设单位和承包单位进行协商，力求达成双方均能同意的结果。这种变更一般均会涉及设计单位重新出图的问题。如果变更涉及结构主体及安全，该工程变更还要按有关规定报送施工图原审查单位进行审批；否则，变更不能实施。

（2）设计单位提出变更的处理

①设计单位首先将“设计变更通知”及有关附件报送建设单位。

②建设单位会同监理、施工承包单位对设计单位提交的“设计变更通知”进行研究。必要时设计单位尚需提供进一步的资料，以便对变更做出决定。

③总监理工程师签发《工程变更单》，并将设计单位发出的“设计变更通知”作为该《工程变更单》的附件；施工承包单位按新的变更图实施。

（3）建设单位（监理工程师）要求变更的处理

①建设单位（监理工程师）将变更的要求通知设计单位，如果在要求中包括有相应的方案或建议，则应一并报送设计单位；否则，变更要求由设计单位研究解决。在提供审查的变更要求中，应列出所有受该变更影响的图纸、文件清单。

②设计单位对《工程变更单》进行研究。如果在“变更要求”中附有建议或解决方案时，设计单位应对建议或解决方案的所有技术方面进行审查，并确定它们是否符合设计要求和实际情况，然后书面通知建设单位，说明设计单位对该解决方案的意见，并将与该修改变更有关的图纸、文件清单返回给建设单位，说明自己的意见。

如果该《工程变更单》未附有建议的解决方案，则设计单位应对该要求进行详细的研究，并准备出自己对该变更的建议方案，提交建设单位。

③根据建设单位的授权，监理工程师研究设计单位所提交的建议设计变更方案或其对变更要求所附方案的意见，必要时会同有关的承包单位和设计单位一起进行研究，也可进一步提供资料，以便对变更做出决定。

（4）建设单位做出变更的决定后由总监理工程师签发《工程变更单》，指示承包单位按变更的决定组织施工。

应当指出的是，监理工程师对于无论哪方提出的现场工程变更要求，都应持十分谨慎的态度。除非是原设计不能保证质量要求，或确有错误，以及无法施工或非改不可之外，一般情况下即使变更要求可能在技术经济上是合理的，也应全面考虑，将变更以后所产生的效益（质量、工期、造价）与现场变更往往会引起承包单位的索赔等所产生的损失加以比较，权衡轻重后再做出决定。因为这种变更并不一定能达到预期的愿望和效果。

三、建筑工程施工质量验收的划分

（一）施工质量验收层次划分的目的

建筑工程施工质量验收涉及建筑工程施工过程控制和竣工验收控制，是工程施工质量控制的重要环节，合理划分建筑工程施工质量验收层次是非常必要的。特别是不同专业工程的验收批如何确定，将直接影响到质量验收工作的科学性、经济性和实用性及可操作性。因此，有必要建立统一的工程施工质量验收的层次划分。通过验收批和中间验收层次及最终验收单位的确定，实施对工程施工质量的过程控制和终端把关，确保工程施工质量达到工程项目决策阶段所确定的质量目标和水平。

（二）施工质量验收划分的层次

随着社会经济的发展和施工技术的进步，现代工程建设呈现出建设规模不断扩大、技术复杂程度高等特点。近年来，出现了大量建筑规模较大的单体工程和具有综合使用功能的综合性建筑物，几万平方米的建筑比比皆是，十万平方米以上的建筑也不少。由于这些工程的建设周期较长，工程建设中可能会出现建设资金不足、部分工程暂停缓建、已建成部分提前投入使用或先将其中部分提前建成使用等情况，再加之对规模特别大的工程一次验收也不方便等。因此标准规定，可将此类工程划分为若干个子单位工程进行验收。同时，为了更加科学地评价工程质量和验收，考虑到建筑物内部设施越来越多样化，按建筑物的主要部位和专业来划分分部工程已不适应当前的要求。因此在分部工程中，按相近工作内容和系统划分为若干个子分部工程。每个子分部工程中包括若干个分项工程。每个分项工程中包含若干个检验批，检验批是工程施工质量验收的最小单位。

（三）单位工程的划分

单位工程的划分应按下列原则确定。

（1）具备独立施工条件并能形成独立使用功能的建筑物及构筑物为一个单位工程，如一个学校中的一栋教学楼、某城市的广播电视塔等。

（2）规模较大的单位工程，可将其能形成独立使用功能的部分划分为一个子单位工程。子单位工程的划分一般可根据工程的建筑设计分区、使用功能的显著差异、结构缝的设置等实际情况，在施工前由建设、监理、施工单位自行商定，并据此搜集、整理施工技术资料和验收。

（3）室外工程可根据专业类别和工程规模划分单位（子单位）工程。

（四）分部工程的划分

分部工程的划分应按下列原则确定。

（1）分部工程的划分应按专业性质、建筑部位确定。例如，建筑工程划分为地基与基础、主体结构、建筑装饰装修、建筑屋面、建筑给水排水及采暖、建筑电气、智能建筑、通风与空调、电梯九个分部工程。

（2）当分部工程较大或较复杂时，可按施工程序、专业系统及类别等划分为若干个子分部工程。例如，智能建筑分部工程中就包含火灾及报警消防联动系统、安全防范系统、综合布线系统、智能化集成系统、电源与接地、环境、住宅（小区）智能化系统等子分部工程。

（五）分项工程的划分

分项工程应按主要工种、材料、施工工艺、设备类别等划分。例如，混凝土结构工程中按主要工种分为模板工程、钢筋工程、混凝土工程等分项工程，按施工工艺又分为预应力、现浇结构、装配式结构等分项工程。

（六）检验批的划分

分项工程可由一个或若干个检验批组成，检验批可根据施工及质量控制和专业验收需要按楼层、施工段、变形缝等划分。建筑工程的地基基础分部工程中的分项工程一般划分为一个检验批；有地下层的基础工程可按不同地下层划分检验批；屋面分部工程中的分项工程不同楼层屋面可划分为不同的检验批；单层建筑工程中的分项工程可按变形缝等划分检验批，多层及高层建筑工程中主体分部的分项工程可按楼层或施工段来划分检验批；其他分部工程中的分项工程一般按楼层划分检验批；对于工程量较少的分项工程可统一化为一个检验批。安装工程一般按一个设计系统或组别划分为一个检验批。室外工程统一划分为一个检验批。散水、台阶、明沟等含在地面检验批中。

四、建筑工程施工质量验收

（一）检验批质量验收

1.检验批合格质量规定

（1）主控项目和一般项目的质量经抽样检验合格。

（2）具有完整的施工操作依据、质量检查记录。

从上面的规定可以看出，检验批的质量验收包括质量资料的检查和主控项目、一般项目的检验两个方面的内容。

2.检验批按规定验收

（1）资料检查。质量控制资料反映了检验批从原材料到验收的各施工工序的施工操作依据、检查情况以及保证质量所必需的管理制度等。对其完整性的检查，实际是对过程控制的确认，这是检验批合格的前提。所要检查的资料主要包括以下内容。

①图纸会审、设计变更、洽商记录；

②建筑材料、成品、半成品、建筑构配件、器具和设备的质量证明书及进场检（试）验报告；

③工程测量、放线记录；

④按专业质量验收规范规定的抽样检验报告；

⑤隐蔽工程检查记录；

⑥施工过程记录和施工过程检查记录；

⑦新材料、新工艺的施工记录；

⑧质量管理资料和施工单位操作依据等。

（2）主控项目和一般项目的检验。为确保工程质量，使检验批的质量符合安全和使用功能的基本要求，各专业质量验收规范对各检验批的主控项目和一般项目的子项合格质量都给予明确规定。例如，砖砌体工程检验批质量验收时主控项目包括砖强度等级、砂浆强度等级、斜槎留置、直槎拉结钢筋及接槎处理、砂浆饱满度、轴线位移、每层垂直度等内容，而一般项目则包括组砌方法、水平灰缝厚度、顶（楼）面标高、表面平整度、门窗洞口高宽、窗口偏移、水平灰缝的平直度等内容。

检验批的合格质量主要取决于对主控项目和一般项目的检验结果。主控项目是对检验批的基本质量起决定性影响的检验项目，因此必须全部符合有关专业工程验收规范的规定。这意味着主控项目不允许有不符合要求的检验结果，即这种项目的检查具有否决权。

鉴于主控项目对基本质量的决定性影响，从严要求是必需的。根据混凝土强度等级、耐久性和工作性等要求进行配合比设计。对有特殊要求的混凝土，其配合比设计尚应符合国家现行有关标准的专门规定。其检验方法是检查配合比设计资料。而其一般项目则可按专业规范的要求处理。例如，首次使用的混凝土配合比应进行开盘鉴定，其工作性应满足设计配合比的要求。开始生产时应至少留置一组标准养护试件，作为验证配合比的依据。并通过检查开盘鉴定资料和试件强度试验报告进行检验。混凝土拌制前，应测定砂、石含水率并根据测试结果调整材料用量，提出施工配合比，并通过检查含水率测试结果和施工配合比通知单进行检查，每工作班检查一次。

（二）分项工程质量验收

分项工程的验收在检验批的基础上进行。一般情况下，两者具有相同或相近的性质，只是批量的大小不同而已。因此，将有关的检验批汇集构成分项工程。分项工程合格质量的条件比较简单，只要构成分项工程的各检验批的验收资料文件完整，并且均已验收合格，则分项工程验收合格。

（三）分部（子分部）工程质量验收

1.分部（子分部）工程质量验收合格应符合的规定

（1）分部（子分部）工程所含分项工程的质量均应验收合格。

（2）质量控制资料应完整。

（3）地基与基础、主体结构和设备安装等分部工程有关安全及功能的检验和抽样检测结果应符合有关规定。

（4）观感质量验收应符合要求。分部工程的验收在其所含各分项工程验收的基础上进行。首先，分部工程的各分项工程必须已验收且相应的质量控制资料文件必须完整，这是验收的基本条件。此外，由于各分项工程的性质不尽相同，因此作为分部工程不能简单地组合而加以验收，尚需增加以下两类检查：①涉及安全和使用功能的地基基础、主体结构、有关安全及重要使用功能的安装分部工程，应进行有关见证取样送样试验或抽样检测。例如，建筑物垂直度、标高、全高测量记录，建筑物沉降观测测量记录，给水管道通水试验记录，暖气管道、散热器压力试验记录，照明动力全负荷试验记录等。②关于观感质量验收。这类检查往往难以定量，只能以观察、触摸或简单量测的方式进行，并由各个人的主观印象判断，检查结果并不给出“合格”或“不合格”的结论，而是综合给出质量评价。评价的结论为“好”“一般”和“差”三种。对于“差”的检查点应通过返修处理等进行补救。

2.分部（子分部）工程质量验收记录

分部（子分部）工程质量应由总监理工程师（建设单位项目专业负责人）组织施工项目经理和有关勘察、设计单位项目负责人进行验收。

（四）单位（子单位）工程质量验收

（1）单位（子单位）工程所含分部（子分部）工程的质量应验收合格。

（2）质量控制资料应完整。

（3）单位（子单位）工程所含分部工程有关安全和功能的检验资料应完整。

（4）主要功能项目的抽查结果应符合相关专业质量验收规范的规定。

（5）观感质量验收应符合要求。

单位工程质量验收也称质量竣工验收，是建筑工程投入使用前的最后一次验收，也是最重要的一次验收。验收合格的条件有五个：除构成单位工程的各分部工程应该合格，并且有关的资料文件应完整以外，还应进行以下三个方面的检查。最后，还须由参加验收的各方人员共同进行观感质量检查。检查的方法、内容、结论等已在分部工程的相应部分中阐述，最后共同确定是否验收。

①涉及安全和使用功能的分部工程应进行检验资料的复查。不仅要全面检查其完整性（不得有漏检缺项），而且对分部工程验收时补充进行的见证抽样检验报告也要复核。这种强化验收的手段体现了对安全和主要使用功能的重视。

②对主要使用功能还须进行抽查。使用功能的检查是对建筑工程和设备安装工程最终质量的综合检查，也是用户最为关心的内容。因此，在分项、分部工程验收合格的基础上，竣工验收时再做全面检查。抽查项目是在检查资料文件的基础上由参加验收的各方人员商定，并用计量、计数的抽样方法确定检查部位。检查要求按有关专业工程施工质量验收标准的要求进行。

第二节　建筑工程施工安全管理

一、建筑工程安全生产管理的特点

（一）安全生产管理涉及面广、涉及单位多

由于建筑工程规模大、生产工艺复杂、工序多，在建造过程中流动作业多，高处作业多，作业位置多变，遇到不确定因素多，所以安全管理工作涉及范围大，控制面广。安全管理不仅是施工单位的责任，而且包括建设单位、勘察设计单位、监理单位要为安全管理承担相应的责任和义务。

（二）安全生产管理动态性

（1）建筑工程项目的单件性。由于建筑工程项目的单件性，使得每项工程所处的条件不同，所面临的危险因素和防范措施也会有所改变。例如：员工在转移工地后，熟悉一个新的工作环境需要一定的时间；有些制度和安全技术措施会有所调整，员工同样需要熟悉适应。

（2）工程项目施工的分散性。因为现场施工是分散于施工现场的各个部位，尽管有各种规章制度和安全技术交底的环节，但是面对具体的生产环境时，仍然需要自己的判断和处理，有经验的人员还必须适应不断变化的情况。

（3）安全生产管理的交叉性。建筑工程项目是开放系统，受自然环境和社会环境影响很大，安全生产管理需要把工程系统和环境系统及社会系统相结合。

（4）安全生产管理的严谨性。安全状态具有触发性，安全管理措施必须严谨，一旦失控，就会造成损失和伤害。

二、建筑工程安全生产管理的基本原则

（一）“管生产必须管安全”的原则

“管生产必须管安全”的原则是指建设工程项目各级领导和全体员工在生产过程中必

须坚持在抓生产的同时抓好安全工作。这体现了安全与生产的统一。生产与安全是一个有机的整体，两者不能分割，更不能对立起来，应将安全寓于生产之中。

（二）“安全具有否决权”的原则

“安全具有否决权”的原则是指安全生产工作是衡量建设工程项目管理的一项基本内容，要求在对项目各项指标考核、评优创先时，首先必须考虑安全指标的安全情况。若安全指标没有实现，而其他指标顺利完成，则仍无法实现项目的最优化，因此安全具有一票否决权。

（三）职业安全卫生“三同时”的原则

“三同时”原则是指一切生产性的基本建设和技术改造建设工程项目，必须符合国家的职业安全卫生方面的法规和标准。职业安全卫生技术措施工程设施应与主体同时设计、同时施工、同时投产使用，以确保项目投产后符合职业安全卫生要求。

（四）事故处理“四不放过”的原则

在处理事故时必须坚持和实施“四不放过”的原则，即事故原因分析不清不放过，事故责任者和群众没受到教育不放过，没有整改措施和预防措施不放过，事故责任者和责任领导不处理不放过。

三、危险源辨识与风险评价

（一）两类危险源

危险源是安全管理的主要对象，在实际生活和生产过程中的危险源是以多种多样的形式存在的。虽然危险源的表现形式不同，但从本质上说，能够造成危害后果的均可归结为能量的意外释放或约束、限制能量和危险物质措施失控的结果。所以，存在能量、有害物质以及对能量和有害物质失去控制是危险源导致事故的根源和状态。

根据危险源在事故发生发展中的作用把危险源分为两大类，即第一类危险源和第二类危险源。

（1）第一类危险源。能量和危险物质的存在是危害产生的最根本原因，通常把可能发生意外释放的能量或危险物质称为第一类危险源。第一类危险源是事故发生的物质本质。一般来说，系统具有的能量越大，存在的危险物质越多，则其潜在的危险性和危害性也就越大。例如，高处作业或吊起重物的势能、生产中需要的热能、机械和车辆的动能，在油漆作业中慢性苯中毒可引起造血器官损害等。

（2）第二类危险源。造成约束、限制能量和危险物质措施失控的各种不安全因素称为第二类危险源。第二类危险源主要体现在设备故障或缺陷、人的不安全行为和管理缺陷等方面。它们之间互相影响，但大部分是随机出现的，具有渐变性和突发性的特点，很难准确判定它们何时、何地、以何种方式发生，是事故发生的条件和可能性的主要因素。设备故障或缺陷极易产生安全事故，如电缆绝缘层破坏会造成人员触电，压力容器破裂会造成有毒气体或可燃气体泄漏导致中毒或爆炸，脚手架扣件质量低劣易导致高处坠落事故发生，起重机钢绳断裂导致重物坠落伤人毁物，等等。

人的不安全行为大多是因为对安全不重视、态度不正确、技能或知识不足、健康或生理状态不佳和劳动条件不良等因素而造成的。人的不安全行为归纳为：操作失误、忽视安全、忽视警告，造成安全装置失效；使用不安全设备；用手代替工具操作；物体存放不当；冒险进入危险场所；攀、坐不安全位置；在吊物下作业、停留；在机器运转时进行加油、修理、检查、调整、焊接、清扫等工作；有分散注意力行为；在必须使用个人防护用品用具的作业或场合中，忽视其使用；不安全装束；对易燃、易爆等危险物品处理错误等行为。

管理缺陷则会引起设备故障或人员失误，许多事故的发生都是由于管理不到位而造成的。

（二）危险源辨识

1.危险源类型

在平地上滑倒；人员从高处坠落；工具和材料等从高处坠落；头顶以上空间不足；用手举起、搬运工具、材料等有关的危险源；与装配、试车、操作、维护、改造、修理和拆除等有关的装置、机械的危险源；车辆危险源，包括场地运输和公路运输等；火灾和爆炸；临近高压线路和起重设备伸出界限；可吸入的物质；可伤害眼睛的物质或试剂；可通过皮肤接触和吸收而造成伤害的物质；可通过摄入而造成伤害的物质；有害能量；由于经常性的重复动作而造成的与工作有关的上肢损伤；不适的热环境；照度；易滑、不平坦的场地；不合适的楼梯护栏和扶手；等等。以上所列类型并不全面，应根据工程项目的具体情况，提出各自的危险源提示表。

2.危险源辨识方法

（1）专家调查法。专家调查法是一类通过向有经验的专家咨询、调查、辨识、分析和评价危险源的方法。其优点是简单、易行，而其缺点是受专家的知识、经验和占有资料的限制，可能出现遗漏。常用的有头脑风暴法和德尔菲法。其中，头脑风暴法是通过专家创造性的思考，从而产生大量的观点、问题和议题的方法；而德尔菲法是采用背对背的方式对专家进行调查，其特点是避免了集体讨论中的从众倾向，更代表专家的真实意见。要求对调查的各种意见进行汇总统计处理，再反馈给专家反复征求意见。

（2）安全检查表法。安全检查表实际上就是实施安全检查和诊断项目的明细表。运用已编制好的安全检查表，进行系统的安全检查，辨识工程项目存在的危险源。检查表的内容一般包括分类项目、检查内容及要求、检查以后处理意见等。可以用“是”“否”回答或“√”“×”符号标记，同时注明检查日期，并由检查人员和被检单位同时签字。

此外，危险源辨识方法还有现场调查法、工作任务分析法、危险与可操作性研究法、事件树分析法和故障树分析法等。

3.风险控制策划原则

风险评价后，应分别列出所找出的所有危险源和重大危险源清单。有关单位和项目部一般需要对已经评价出的不容许的和重大风险进行优先排序，由工程技术部门的有关人员制定危险源控制措施和管理方案。对于一般危险源可以通过日常管理程序来实施控制。

（1）尽可能完全消除有不可接受风险的危险源，如用安全品取代危险品。

（2）如果是不可能消除有重大风险的危险源，应努力采取降低风险的措施，如使用低压电器等。

（3）在条件允许时，应使工作适合于人，如考虑降低人的精神压力和体能消耗。

（4）应尽可能利用技术进步来改善安全控制措施。

（5）应考虑保护每个工作人员的措施。

（6）将技术管理与程序控制结合起来。

（7）应考虑引入诸如机械安全防护装置的维护计划的要求。

（8）在各种措施还不能绝对保证安全的情况下，作为最终手段，还应考虑使用个人防护用品。

（9）应有可行、有效的应急方案。

（10）预防性测定指标是否符合监视控制措施计划的要求。

四、制定施工安全技术措施

按照有关法律法规的要求，在工程开工前，编制工程施工组织设计时，应当根据工程特点制定相应的施工安全技术措施。对于大中型工程项目、结构复杂的重点工程，除必须在施工组织设计中编制施工安全技术措施外，还应编制专项工程施工安全技术措施，详细说明有关安全方面的防护要求和措施，确保单位工程或分部分项工程的施工安全。对爆破、拆除、起重吊装、水下、基坑支护和降水、土方开挖、脚手架、模板等危险性较大的作业，必须编制专项安全施工技术方案。

（一）施工安全技术措施要有针对性

施工安全技术措施是针对每项工程的特点而制定的。编制安全技术措施的技术人员必须掌握工程概况、施工方法、施工环境、条件等一手资料，熟悉安全法规、标准等，才能制定有针对性的安全技术措施。

（二）施工安全技术措施要力求全面、具体、可靠

要求施工安全技术措施应力求全面、具体、可靠，施工安全技术措施应将可能出现的各种不安全因素考虑周全，制定的对策、措施、方案应力求全面、具体、可靠，这样才能真正做到预防事故的发生。但是，全面具体不等于罗列一般通常的操作工艺、施工方法以及日常安全工作制度、安全纪律等。这些制度性规定在安全技术措施中不需要再做抄录，但必须严格执行。

（三）施工安全技术措施必须包括应急预案

由于施工安全技术措施是在相应的工程施工实施之前制定的，所涉及的施工条件和危险情况大都建立在可预测的基础上，而建筑工程施工过程是开放的，施工期间的变化是经常发生的，还可能出现预测不到的突发事件或灾害，所以施工安全技术措施计划必须包括面对突发事件或紧急状态的各种应急设施、人员逃生和救援预案，以便在紧急情况下，能及时启动应急预案，减少损失，保护人员安全。

（四）施工安全技术措施要具有可行性和可操作性

施工安全技术措施能够在每个施工工序之中得到贯彻实施，既要考虑保证安全要求，又要考虑现场环境条件和施工技术条件能够达到要求。

第三节　建筑工程文明施工管理

一、安全文明施工总体要求

（1）施工现场要进行封闭式管理，四周设置围挡。围挡、安全门应经过设计计算，必须满足强度、刚度、稳定性要求。设置门卫室，对施工人员实行胸卡式管理，外来人员登记进入。

（2）施工现场大门处、道路、作业区、办公室、生活区地面要硬化处理，道路要通畅并能满足运输与消防要求。各区域地面要设排水和集水井，不允许有跑、冒、滴、漏与大面积积水现象。

（3）施工区与生活区、办公区要使用围挡进行隔离，出入口设置制式门和标志。

（4）现场大门处设置车辆清污设施，驶出现场车辆必须进行清污处理。

（5）施工现场在明显处设置"六牌两图与两栏一报"。在施工现场入口处及危险部位，应根据危险部位的性质设置相应的安全警示标志。

（6）建筑材料、构件、料具、机械、设备，要按施工现场总平面布置图的要求设置；材料要分类码放整齐，明显部位设置材料标志牌。

（7）按环保要求设置卷扬机、搅拌机、散装水泥罐的防护棚，防护棚要根据对环境污染情况，具备防噪声、防扬尘功能。

（8）施工现场要设置集中垃圾场，办公区、生活区要设置封闭式生活垃圾箱。建筑垃圾与生活垃圾要分类堆放，及时清运；建筑垃圾要覆盖处理，生活垃圾要封闭处理。

（9）季节性施工现场绿化。场地较大时要栽种花草，场地较小时要摆设花篮、花盆，绿化美化施工环境。教育职工爱护花草树木，给职工创造一个优美、整洁、卫生、轻松的生活、工作环境。

（10）严禁在施工现场熔融沥青、焚烧垃圾。

二、施工现场场容管理

（一）现场场容管理

1.施工现场的平面布置与划分

施工现场的平面布置图是施工组织设计的重要组成部分，必须科学合理地划分，绘制出施工现场平面布置图。在施工实施阶段按照总平面图要求，设置道路、组织排水、搭建临时设施、堆放物料和设置机械设备等。施工现场按照功能可划分为施工作业区、辅助作业区、材料堆放区和办公生活区。施工现场的办公生活区应当与作业区分开设置，并保持安全距离。办公生活区应当设置在建建筑坠落半径以外，与作业区之间设置防护措施，进行明显的划分隔离，以免人员误入危险区域；办公生活区如果设置在建筑物坠落半径之内时，必须采取可靠的防砸措施。功能区的规划设置时还应考虑交通、水电、消防和卫生、环保等因素。

2.场容场貌

（1）施工场地

①施工现场的场地应当整平，无坑洼和凹凸不平，雨季不积水，暖季应适当绿化。

②施工现场应具有良好的排水系统，设置排水沟及沉淀池，不应有跑、冒、滴、漏等现象，现场废水不得直接排入市政污水管网和河流。

③现场存放的油料、化学溶剂等应设有专门的库房，地面应进行防漏处理。

④地面应当经常洒水，对粉尘源进行覆盖遮挡。

⑤施工现场应设置密闭式垃圾站，建筑垃圾、生活垃圾应分类存放，并及时清运出场。

⑥建筑物内外的零散碎料和垃圾渣土应及时清理。

⑦楼梯踏步、休息平台、阳台等处不得堆放料具和杂物。

⑧建筑物内施工垃圾的清运必须采用相应容器或管道运输，严禁凌空抛掷。

（2）道路

①施工现场的道路应畅通，应当有循环干道，满足运输、消防要求。

②主干道应当平整坚实，且有排水措施，硬化材料可以采用混凝土、预制块或用石屑、焦渣、砂土等压实整平，保证不沉陷、不扬尘，防止泥土带入市政道路。

③道路应当中间起拱，两侧设排水设施；主干道宽度不宜小于3.5 m，载重汽车转弯半径不宜小于15 m，如因条件限制，应当采取措施。

④主要道路与现场的材料、构件、仓库等料场、吊车位置相协调配合。

⑤施工现场主要道路应尽可能利用永久性道路，或先建好永久性道路的路基，在土建

工程结束之前再铺路面。

（3）现场围挡

①施工现场必须设置封闭围挡，围挡高度不得低于1.8m，其中地级市区主要路段和市容景观道路及机场、码头、车站广场的工地围挡的高度不得低于2.5m。

②围挡须沿施工现场四周连续设置，不得留有缺口，做到坚固、平直、整洁、美观。

③围挡应采取砌体、金属板材等硬质材料，禁止使用彩带布、竹笆、石棉瓦、安全网等易变形材料。

④围挡应根据施工场地地质、周围环境、气象、材料等进行设计，确保围挡的稳定性、安全性。围挡禁止用于挡土、承重，禁止倚靠围挡堆放物料、器具等。

⑤砌筑围墙厚度不得小于180mm，应砌筑基础大放脚和墙柱。基础大放脚埋地深度不小于500mm（在混凝土或沥青路上有坚实基础的除外），墙柱间距不大于4m，墙顶应做压顶。墙面应采用砂浆抹面、涂料刷白。

⑥板材围挡底里侧应砌筑300mm高、不小于180mm厚砖墙护脚，外立压型钢板或镀锌钢板通过钢立柱与地面可靠固定，并刷上与周围环境协调的油漆和图案。围挡应横不留隙、竖不留缝，底部用直角扣牢。

⑦施工现场设置的防护杆应牢固、整齐、美观，并应涂上红白或黄黑相间警戒油漆。

⑧雨后、大风后以及春融季节应当检查围挡的稳定性，发现问题及时处理。

（4）封闭管理

①施工现场应有一个以上的固定出入口，出入口应设置大门，门高度不得低于2m。

②大门应庄重美观，门扇应做成密闭不透式，主门口应立柱，门头设置企业标志。

③大门处应设门卫室，实行人员出入登记和门卫人员交接班制度，禁止无关人员进入施工现场。

④施工现场人员均应佩戴证明其身份的证卡，管理人员和施工作业人员应戴（穿）分颜色区别的安全帽（工作服）。

（5）临建设施

施工现场的临时设施较多，这里主要指施工期间临时搭建、租赁的各种房屋临时设施。临时设施必须合理选址、正确用材，确保满足使用功能和安全、卫生、环保、消防等要求。临时设施的种类主要有办公设施、生活设施、生产设施、辅助设施，包括道路、现场排水设施、围墙、大门、供水处、吸烟处。临时房屋的结构类型可采用活动式临时房屋，如钢骨架活动房屋、彩钢板房；固定式临时房屋，主要为砖木结构、砖石结构和砖混结构。

①临时设施的选址。办公生活临时设施的选址首先应考虑与作业区相隔离，保持安全距离；其次位置的周边环境必须具有安全性，例如不得设置在高压线下，也不得设置在沟边、崖边、河流边、强风口处、高墙下，以及滑坡、泥石流等灾害地质带上和山洪可能冲击到的区域。

安全距离是指在施工坠落半径和高压线防电距离之外。建筑物高度2 ~ 5m，坠落半径为2m；高度30m，坠落半径为5m（如因条件限制，办公和生活区设置在坠落半径区域内，必须有防护措施）。1kV以下裸露输电线，安全距离为4m；330 ~ 550kV，安全距离为15m（最外线的投影距离）。

②临时设施的布置方式。生活性临时房屋布置在工地现场以外，生产性临时设施按照生产的需要在工地选择适当的位置，行政管理的办公室等应靠近工地或工地现场出入口。生活性临时房屋设在工地现场以内时，一般布置在现场的四周或集中于一侧。生产性临时房屋，如混凝土搅拌站、钢筋加工厂、木材加工厂等，应全面分析比较确定位置。

③临时设施搭设的一般要求。施工现场的办公区、生活区和施工区须分开设置，并采取有效隔离防护措施，保持安全距离；办公区、生活区的选址应符合安全性要求。尚未竣工的建筑物内禁止用于办公或设置员工宿舍。

施工现场临时用房应进行必要的结构计算，符合安全使用要求，所用材料应满足卫生、环保和消防要求。宜采用轻钢结构拼装活动板房，或使用砌体材料砌筑，搭建层数不得超过两层。严禁使用竹棚、油毡、石棉瓦等柔性材料搭建。装配式活动房屋应具有产品合格证，应符合国家和本省的相关规定要求。临时用房应具备良好的防潮、防台风、通风、采光、保温、隔热等性能。室内净高不得低于2.6 m，墙壁应用砂浆抹面刷白，顶棚应抹灰刷白或吊顶，办公室、宿舍、食堂等窗地面积比不应小于1：8，厕所、淋浴间窗地面积比不应小于1：10。临时设施配线必须采用绝缘导线或电缆，应根据配线类型采用瓷瓶、瓷夹、嵌绝缘槽、穿管或钢索敷设，过墙处穿管保护，非埋地明敷干线距地面保护、短路保护2.5m，低于2.5m的必须采取穿管保护措施。室内配线必须有漏电保护、短路保护和过载保护，用电应达到“三级配电两级保护”，未使用安全电压的灯具距地高度应不低于2.4m。生活区和施工区应设置饮水桶，供应符合卫生要求的饮用水，饮水器具应定期消毒。饮水桶应加盖、上锁、有标志，并由专人负责管理。

（二）临时设施的搭设与使用管理

1.办公室

办公室应建立卫生值日制度，保持卫生整洁、明亮美观，文件、图纸、用品、图表摆放整齐。

2.职工宿舍

（1）不得在尚未竣工建筑物内设置员工集体宿舍。

（2）宿舍应当选择在通风、干燥的位置，防止雨水、污水流入。

（3）宿舍在炎热季节应有防暑降温和防蚊虫叮咬措施，设有盖垃圾桶，保持卫生清洁。房屋周围道路平整，排水沟涵畅通。

（4）宿舍必须设置可开启式窗户，设置外开门。

（5）宿舍内必须保证有必要的生活空间，室内净高不得小于2.4m，通道宽度不得小于0.9m，每间宿舍居住人员不应超过16人。

（6）宿舍内的单人铺不得超过两层，严禁使用通铺，床铺应高于地面0.3m，人均床铺面积不得小于1.9m×0.9m，床铺间距不得小于0.3m。

（7）宿舍内应设置生活用品专柜，有条件的宿舍宜设置生活用品储藏室；宿舍内严禁存放施工材料、施工机具和其他杂物。

（8）宿舍周围应当搞好环境卫生，应设置垃圾桶、鞋柜或鞋架。生活区内应为作业人员提供晒衣物的场地，房屋外应道路平整，晚间有充足的照明。

（9）寒冷地区冬季宿舍应有保暖措施、防煤气中毒措施，火炉应当统一设置、管理。

（10）应当制定宿舍管理使用责任制，轮流负责卫生和使用管理或安排专人管理。

（11）宿舍区内严禁私拉乱接电线，严禁使用电炉、电饭煲、热得快等大功率设备和使用明火。

3.食堂

（1）食堂应当选择在通风、干燥的位置，防止雨水、污水流入，应当保持环境卫生，远离厕所、垃圾站、有毒有害场所等污染源的地方，装修材料必须符合环保、消防要求。

（2）食堂应设置独立的制作间、储藏间。

（3）食堂应配备必要的排风设施和冷藏设施，安装纱门窗；室内不得有蚊蝇，门下方应设不低于0.2m的防鼠挡板。

（4）食堂的燃气罐应单独设置存放间，存放间应通风良好并严禁存放其他物品。

（5）食堂制作间灶台及其周边应贴瓷砖，瓷砖的高度不宜小于1.5m。地面应做硬化和防滑处理，按规定设置污水排放设施。

（6）食堂制作间的刀、盆、案板等炊具必须生熟分开，食品必须有遮盖，遮盖物品应有正反面标识，炊具宜放在封闭的橱柜内。

（7）食堂内应有存放各种作料和副食的密闭器皿，并应有标识；粮食存放台阶距墙和地面应大于0.2m。

（8）食堂外应设置密闭式水桶，并应及时清运，保持清洁。

（9）应当制定并在食堂张挂食堂卫生责任制，责任落实到人，加强管理。

4.厕所

（1）厕所大小应根据施工现场作业人员的数量设置。

（2）高层建筑施工8层以后，每隔4层宜设置临时厕所。

（3）施工现场应设置水冲式或移动式厕所，厕所地面应硬化，门窗齐全。蹲坑间宜设置隔板，隔板高度不宜低于0.9 m。

（4）厕所应设置三级化粪池，化粪池必须进行抗渗处理。污水通过化粪池后方可接入市政污水管线。

（5）厕所应设置洗手盆，厕所的进出口处应设有明显标志。

（6）厕所卫生应有专人负责清扫、消毒，化粪池应及时清掏。

5.淋浴间

（1）施工现场应设置男女淋浴间与更衣间，淋浴间地面应做防滑处理，淋浴喷头数量应按不少于住宿人员数量的5%设置，排水、通风良好，寒冷季节应供应热水。更衣间应与淋浴间隔离，设置挂衣架、橱柜等。

（2）淋浴间照明器具应采用防水灯头、防水开关，并设置漏电保护装置。

（3）淋浴室应专人管理，经常清理，保持清洁。

6.料具管理

料具是材料和周转材料的统称。材料的种类繁多，按其堆放的方式分为露天堆放、库棚存放，露天堆放的材料又分为散料、袋装料和块料，库棚存放的材料又分为单一材料库和混用库。施工现场料具存放的规范化、标准化，是促进场容场貌的科学管理和现场文明施工的一个重要方面。料具管理应符合下列要求。

（1）施工现场外临时存放施工材料，必须经有关部门批准，并应按规定办理临时占地手续。

（2）建设工程现场施工材料（包括料具和构配件）必须严格按照平面图确定的场地码放，并设立标志牌。材料码放整齐，不得妨碍交通和影响市容。堆放散料时应进行围挡，围挡高度不得低于0.5m。

（3）施工现场各种料具应分规格码放整齐、稳固，做到一头齐、一条线。砖应成丁、成行，高度不得超过1.5m；砌块材码放高度不得超过1.8m；砂、石和其他散料应成堆，界限清楚，不得混杂。

（4）预制圆孔板、大楼板、外墙板等大型构件和大模板存放时，场地应平整夯实，有排水措施，并设1.2m高的围栏进行防护。

（5）施工大模板需要搭插放架时，插放架的两个侧面必须做剪刀撑。清扫模板或刷隔离剂时，必须将模板支撑牢固，两模板之间有不少于60cm的走道。

（6）施工现场的材料保管，应依据材料性能采取必要的防雨、防潮、防晒、防冻、防火、防爆、防损坏等措施。贵重物品，易燃、易爆和有毒物品应及时入库，专库专管，加设明显标志，并建立严格的领退料手续。

（7）施工中使用的易燃易爆材料，严禁在结构内部存放，并严格以当日的需求量发放。

（8）施工现场应有用料计划，按计划进料，使材料不积压，减少退料。同时做到钢材、木材等料具合理使用，长料不短用，优材不劣用。

（9）材料进、出现场应有查验制度和必要手续。现场用料应实行限额领料，领退料手续齐全。

（10）施工现场剩余料具，包括容器应及时回收，堆放整齐并及时清退。水泥库内外散落灰必须及时清用，水泥袋认真打包、回收。

第十二章　基于BIM技术的现代建筑施工技术管理

第一节　BIM技术概述

一、BIM技术的概念

目前，国内外关于BIM的定义或解释有多种版本，以下介绍三种常用的BIM定义。

（1）麦克格劳·希尔集团的定义。麦克格劳·希尔集团在2009年的一份BIM市场报告中将BIM定义为："BIM是利用数字模型对项目进行设计、施工和运营的过程。"

（2）美国国家BIM标准的定义。美国国家BIM标准（NBIMS）对BIM 的含义进行了四个层面的解释：BIM是一个设施（建设项目）物理和功能特性的数字表达；一个共享的知识资源；一个分享有关这个设施的信息，为该设施从概念到拆除的全生命周期中的所有决策提供可靠依据的过程；在项目的不同阶段，不同利益相关方通过在BIM中插入、提取、更新和修改信息，以支持和反映其各自职责的协同作业。

（3）国际标准组织设施信息委员会的定义。国际标准组织设施信息委员会将BIM定义为："BIM是利用开放的行业标准，对设施的物理和功能特性及其相关的项目生命周期信息进行数字化形式的表现，从而为项目决策提供支持，有利于更好地实现项目的价值。"在其补充说明中强调，BIM将所有的相关方面集成在一个连贯有序的数据组织中，相关的应用软件在被许可的情况下可以获取、修改或增加数据。

根据以上三种对BIM的定义、相关文献及资料，可将BIM的含义总结为：BIM是以三维数字技术为基础，集成了建筑工程项目各种相关信息的工程数据模型，是对工程项目设施实体与功能特性的数字化表达。BIM是一个完善的信息模型，能够连接建筑项目生命周期不同阶段的数据、过程和资源，是对工程对象的完整描述，提供可自动计算、查询、组合拆分的实时工程数据，可被建设项目各参与方普遍使用。

（3）BIM具有单一工程数据源，可解决分布式、异构工程数据之间的一致性和全局共享问题，支持建设项目生命周期中动态的工程信息创建、管理和共享，是项目实时的共享数据平台。

二、BIM技术的特点

（一）信息完备性

除了对工程对象进行3D几何信息和拓扑关系的描述，还包括完整的工程信息描述，如对象名称、结构类型、建筑材料、工程性能等设计信息，施工工序、进度、成本、质量以及人力、机械、材料资源等施工信息，工程安全性能、材料耐久性能等维护信息，对象之间的工程逻辑关系，等等。

（二）信息关联性

信息模型中的对象是可识别且相互关联的，系统能够对模型的信息进行统计和分析，并生成相应的图形和文档。如果模型中的某个对象发生变化，与之关联的所有对象都会随之更新，以保持模型的完整性。

（三）信息一致性

在建筑生命周期的不同阶段，模型信息是一致的，同一信息无须重复输入，而且信息模型能够自动演化。模型对象在不同阶段可以简单地进行修改和扩展而无须重新创建，避免了信息不一致的错误。

（四）可视化

BIM提供了可视化的思路，让以往在图纸上线条式的构件变成一种三维的立体实物形式展示在人们的面前。BIM的可视化是一种能够将构件之间形成互动性的可视，可以用作展示效果图及生成报表。更具应用价值的是，在项目设计、建造、运营过程中，各过程的BIM通过讨论、决策都能在可视化的状态下进行。

（五）协调性

在设计时，由于各专业设计师之间的沟通不到位，往往会出现施工中各种专业之间的碰撞问题，例如结构设计的梁等构件在施工中妨碍暖通等专业中的管道布置等。BIM建筑信息模型可在建筑物建造前期将各专业模型汇集在一个整体中，进行碰撞检查，并生成碰撞检测报告及协调数据。

（六）模拟性

BIM不仅可以模拟设计出建筑物模型，还可以模拟难以在真实世界中操作的事物，具体表现为：

（1）在设计阶段，可以对设计上所需数据进行模拟试验，例如节能模拟、日照模拟、热能传导模拟等。

（2）在招投标及施工阶段，可以进行4D模拟（3D模型中加入项目的发展时间），根据施工的组织设计来模拟实际施工，从而确定合理的施工方案；还可以进行5D模拟（4D模型中加入造价控制），从而实现成本控制。

（3）后期运营阶段，可以对突发紧急情况的处理方式进行模拟，例如模拟地震中人员逃生及火灾现场人员疏散等。

（七）优化性

整个设计、施工、运营的过程，其实就是一个不断优化的过程，没有准确的信息是做不出成果的。BIM模型提供了建筑物存在的实际信息，包括几何信息、物理信息等，还提供了建筑物变化以后的实际存在信息。BIM及与其配套的各种优化工具提供了项目进行优化的可能，把项目设计和投资回报分析结合起来，计算出设计变化对投资回报的影响，使得业主明确哪种项目设计方案更有利于自身的需求；对设计施工方案进行优化，可以显著地缩短工期和降低造价。

（八）可出图性

BIM可以自动生成常用的建筑设计图纸及构件加工图纸。通过对建筑物进行可视化展示、协调、模拟及优化，可以帮助业主生成消除了碰撞点、优化后的综合管线图，生成综合结构预留洞图、碰撞检查侦错报告及改进方案等。

第二节　BIM模型建立与维护

一、BIM模型建立与维护概述

在建设项目中，需要记录和处理大量的图形和文字信息。传统的数据集成是以二维图纸和书面文字进行记录的，但引入BIM技术后，可以将原本的二维图形和书面信息进行集中收录与管理。在BIM 中“I”为BIM 的核心理念，也就是“Information”，它将工程中庞杂的数据进行了行之有效的分类与归总，使工程建设变得顺利，减少和消除了工程中出现的问题。

但需要强调的是，在BIM的应用中，模型是信息的载体，没有模型的信息是不能反映工程项目的内容的。所以，在BIM 中“M”（Modeling）也具有相当的价值，应受到相应的重视。BIM 的模型建立的优劣，会对将要实施的项目在进度、质量上产生很大影响。BIM是贯穿整个建筑全生命周期的，在初始阶段的问题将会被一直延续到工程的结束。同时，失去模型这个信息的载体，数据本身的实用性与可信度将会大打折扣。所以，在建立BIM模型之前一定要建立完备的流程，并在项目进行的过程中对模型进行相应的维护，以确保建设项目能安全、准确、高效地进行。

在工程开始阶段，由设计单位向总承包单位提供设计图纸、设备信息和BIM创建所需数据，总承包单位对图纸仔细核对和完善，并建立BIM模型。在完成根据图纸建立的初步BIM模型后，总承包单位应组织设计和业主代表召开 BIM模型及相关资料法人交接会，对设计提供的数据进行核对，并根据设计和业主的补充信息，完善BIM模型。在整个BIM模型创建及项目运行期间，总承包单位将严格遵循经建设单位批准的BIM文件命名规则。

在施工阶段，总承包单位负责对BIM模型进行维护、实时更新，确保BIM模型中的信息正确无误，保证施工顺利进行。模型的维护主要包括以下方面：根据施工过程中的设计变更及深化设计，及时修改、完善BIM模型；根据施工现场的实际进度，及时修改、更新BIM模型；根据业主对工期节点的要求，上报业主与施工进度和设计变更相一致的BIM模型。

在BIM模型创建及维护的过程中，应保证BIM数据的安全性。建议采用以下数据安全管理措施：BIM小组采用独立的内部局域网，阻断与互联网的连接；局域网内部采用真实身份验证，非BIM工作组成员无法登录该局域网，进而无法访问网站数据；BIM小组进行严格分工，数据存储按照分工和不同用户等级设定访问和修改权限；全部BIM数据进行加密，设置内部交流平台，对平台数据进行加密，防止信息外漏；BIM工作组的电脑全部安装密码锁进行保护；BIM工作组单独安排办公室，无关人员不能入内。

二、BIM模型建立与维护的过程

（一）BIM应用的策划与准备

策划的作用是以最低的投入或最小的代价达到预期目的，让策划对象得到更高的效益。策划人为实现上述目标在科学调查研究的基础上，对现有资源进行优化整合，并进行全面、细致的构思谋划，从而制定详细、可操作性强的并在执行中可以进行完善的方案。在一个项目中引入BIM技术，需要在应用前根据项目的特点和情况进行详细、周密的策划，开展准备工作。

1.BIM实施目标确定

（1）从技术应用层面实现BIM目标一般指为提高技术水平，采用一项或几项BIM技术，利用BIM的强大功能完成某项工作。从技术应用层面达到某种程度的BIM目标，是目前国内BIM工作开展的主要内容。以建筑设计、施工两阶段为例，采用先进的BIM技术，改变传统的技术手段，达到更好地为工程服务的目的。

（2）为提高项目管理水平，采用BIM技术，按照BIM“全过程、全寿命”辅助工程建设的原则，改变原有的工作模式和管理流程，建立以BIM为中心的项目管理模式，涵盖项目的投资、规划、设计、施工、运营各个阶段。BIM技术必须和项目管理紧密结合在一起，BIM应当成为建筑领域工程师手中的工具，通过其强大功能的示范作用，逐渐代替传统工具，为项目管理发挥巨大的作用。基于BIM技术的工程项目管理信息系统，在多个方面对工程项目进行管理，具体包括项目前期管理模块、招投标管理模块、进度管理模块、质量管理模块、投资控制管理模块、合同管理模块、物资设备管理模块和后期运行评价管理模块，以充分发挥基于BIM的项目管理理念与价值。

（3）建筑企业正在加快从职能化管理向流程化管理模式的转变。在向流程化管理转型时，信息系统承担了重要的信息传递和固化流程的任务。基于BIM技术的信息化管理平台将促进业务标准化和流程化，成为管理创新的驱动力。除模型管理外，信息化平台还应包括以下五部分：OA（Office Automation）办公系统、企业运营管理系统、决策支持系统、预算管理系统、远程接入系统。

2.BIM模型约定及策划

在BIM应用过程中，BIM模型是最基础的技术资料，所有的操作和应用都是在模型基础上进行的。一般情况下，BIM模型是建设过程之初，由设计单位进行构建，并完成在此模型基础之上的建筑设计、结构设计；在随后的施工阶段，该模型移交给施工承包单位，施工单位在此基础上，完成深化设计的内容，完成施工过程中信息的添加，完成运维阶段所需信息的添加，最终作为竣工资料的一部分，将该模型提交给业主；到了运维阶段，业主或运维单位在该模型基础上，制定项目运营维护计划和空间管理方案，进行应急预案制定和人流疏散分析，查阅检索机电设备信息等。

然而，在现实操作中，BIM模型的来源不尽相同。有设计单位提供的设计模型，也有BIM咨询单位为责任人构建的模型，更多的情况是施工单位自行建模。模型的质量直接决定 BIM应用的优劣。无论以上哪种渠道的模型，都需要在BIM建模规则和操作标准上事先达成统一的约定，以执行手册的形式确定下来，在建模过程中贯彻执行，建模完成后严格审核。

3. BIM实施总体安排思路

有什么样的BIM目标就对应什么样的BIM实施总体安排，并由目标衍生出对应的BIM应用，再根据BIM应用制定相应的BIM流程。由BIM目标、应用及流程确定BIM信息交换要求和基础设施要求。在实际操作过程中，根据项目的特点，结合参建各方对BIM系统的实际操控能力，对比BIM主导单位制定的目标，可在施工过程中实施的BIM应用有：模型维护、深化设计–三维协调、施工方案模拟、施工总流程演示、工程量统计、材料管理、现场管理。

根据上述列举的BIM应用，明确项目实施BIM的总体思路：在一个建设项目中计划实施的不同BIM应用之间的关系，包括在这个过程中主要的信息交换要求。

（二）基于BIM的深化设计与加工

随着BIM技术的高速发展，BIM在企业整体规划中的应用日趋成熟，不仅从项目级上升到了企业级，更从设计企业延伸至施工企业。作为连接两大阶段的关键阶段，基于BIM的深化设计和数字化加工在日益大型化、复杂化的建筑项目中显露出相对于传统深化设计、加工技术无可比拟的优越性。有别于传统的平面二维深化设计和加工技术，基于BIM的深化设计更能提高施工图的深度、效率、准确性。基于BIM的数字化加工更是一个颠覆性的突破，基于BIM的预制加工技术、现场测绘放样技术、数字物流技术等的综合应用为数字化加工打下了坚实基础。

1.基于BIM的深化设计

深化设计的类型可以分为专业性深化设计和综合性深化设计。专业性深化设计基于专业的BIM模型，主要涵盖土建结构、钢结构、幕墙、机电各专业、精装修的深化设计等。综合性深化设计基于综合的BIM模型，主要对各个专业深化设计初步成果进行校核、集成、协调、修正及优化，并形成综合平面图、综合剖面图。

传统设计沟通通过平面图，立体空间的想象需要靠设计者的知识及经验积累。即使在讨论阶段获得了共识，在实际执行时也经常会发现有认知不一的情形。通过BIM技术的引入，每个专业角色可以很容易通过模型来沟通，从虚拟现实中浏览空间设计，在立体空间所见即所得，快速明确地锁定症结点，通过软件更有效地检查出视觉上的盲点。

BIM模型在建筑项目中已经变成业务沟通的关键媒介，即使是不具备工程专业背景的人员，都能参与其中。工程团队各方均能给予较多正面的需求意见，减少设计变更次数。除了实时可视化的沟通，BIM模型的深化设计，加之即时数据集成，可获得一个最具时效性的、最为合理的虚拟建筑。因此，导出的施工图可以帮助各专业施工有序合理地进行，提高施工安装成功率，进而减少人力、材料以及时间上的浪费，从一定程度上降低施工成本。

2.基于BIM的数字化加工

BIM是建筑信息化大革命的产物，能贯穿建筑全生命周期，保证建筑信息的延续性，也包括从深化设计到数字化加工的信息传递。基于BIM的数字化加工将包含在BIM模型里的构件信息准确地、不遗漏地传递给构件加工单位，这个信息传递方式可以是直接以BIM模型传递，也可以是BIM模型加上二维及详图的方式，由于数据的准确性和不遗漏性，BIM模型的应用不仅解决了信息创建、管理与传递的问题，而且BIM模型、三维图纸、装配模拟、加工制造、运输、存放、测绘、安装的全程跟踪等手段为数字化建造奠定了坚实的基础。所以，基于BIM的数字化加工建造技术是一项能够帮助施工单位实现高质量、高精度、高效率施工的技术。通过发挥更多的BIM数字化的优势，将大大提高建造施工的生产效率，推动建造行业的快速发展。

（三）基于BIM的虚拟建造施工

基于BIM的虚拟建造是实际建造过程在计算机上的虚拟仿真实现，以便发现实际建造中存在的或者可能出现的问题。采用参数化设计、虚拟现实、结构仿真、计算机辅助设计等技术，在高性能计算机硬件等设备及相关软件本身发展的基础上协同工作，可对建造中的人、财、物信息流动过程进行全真环境的nD模拟，为各个参与方提供一种可控制、无破坏性、耗费小、低风险并允许多次重复的试验方法，可以有效地提高建造水平，消除建造隐患，防止建造事故，减少施工成本与时间，增强施工过程中决策、控制与优化的能力，增强施工企业的核心竞争力。

虚拟建筑技术利用虚拟现实技术构造一个虚拟建筑环境，在虚拟环境中建立周围场景、建筑结构构件及机械设备等三维模型，形成基于计算机的具有一定功能的仿真系统，让系统中的模型具有动态性能，并对系统中的模型进行虚拟装配。根据虚拟装配的结果，在人机交互的可视化环境中对施工方案进行修改，据此选择最佳施工方案进行实际施工。通过将BIM理念应用于具体施工过程中，并结合虚拟现实等技术的应用，可以在不消耗现实材料资源和能量的前提下，设计者、施工方和业主在项目设计策划和施工之前就能看到并了解施工的详细过程和结果，避免不必要的返工所带来的人力和物力消耗，为实际工程项目施工提供经验和最优的可行性方案。

1.基于BIM的构件虚拟拼装

对混凝土构件进行虚拟拼装时，在预制构件生产完成后，其相关的实际数据（如预埋件的实际位置、窗框的实际位置等参数）需要反馈到BIM模型中，对预制构件的BIM模型进行修正。对于钢构件的虚拟拼装，要实现钢构件的虚拟预拼装，首先要实现实物结构的虚拟化，采集数据后就需要分析实物产品模型与设计模型之间的差距；然后分别计算每个控制点是否在规定的偏差范围内，并在三维模型里逐个体现。其他还有对于幕墙工程虚拟拼装和机电设备工程虚拟拼装。总之，构件虚拟拼装可实现各专业均以4D可视化虚拟拼装模型为依据进行施工的组织和安排，防止返工情况的发生。借助BIM技术在施工进行中对方案进行模拟，可找寻出问题并给予优化，同时进一步加强施工管理对项目施工的动态控制。

2.基于BIM的施工方案模拟

随着信息技术和建筑行业的飞速发展，当前传统的施工水平和施工工艺已经无法满足建筑施工要求，迫切需要一种新的技术理念来彻底改变当前施工领域的困境，由此应运而生的虚拟施工技术，即可通过虚拟仿真等多种先进技术，在建筑施工前对施工的全过程或者关键过程进行模拟，以验证施工方案的可行性或对施工方案进行优化，提高工程质量、可控性管理和施工安全的水平。

通过BIM技术建立建筑物的几何模型和施工过程模型，可以实现对施工方案进行实时、交互和逼真的模拟，进而对已有的施工方案进行验证、优化和完善，逐步代替传统的施工方案编制方式和方案操作流程。在对施工过程进行三维模拟操作中，能预知在实际施工过程中可能碰到的问题，提前避免和减少返工以及资源浪费的现象，优化施工方案，合理配置施工资源，节省施工成本，加快施工进度，控制施工质量，达到提高建筑施工效率的目的。

在建筑工程项目中使用虚拟施工技术，将会是一个庞杂繁复的系统工程，其中包括建立建筑结构三维模型、搭建虚拟施工环境、定义建筑构件的先后顺序、对施工过程进行虚拟仿真、管线综合碰撞检测以及最优方案判定等不同阶段，同时涉及建筑、结构、水暖电、安装、装饰等不同专业、不同人员之间的信息共享和协同工作。

将虚拟施工技术应用于建筑工程实践中，首先需要应用BIM软件Revit创建三维数字化建筑模型，然后可从该模型中自动生成二维图形信息及大量相关的非图形化的工程项目数据信息。借助Revit强大的三维模型立体化效果和参数化设计能力，可以协调整个建筑工程项目信息管理，增强与客户的沟通能力，及时获得项目设计、工作量、进度和运算等方面的信息反馈，在很大程度上减少协调文档和数据信息不一致而造成的资源浪费。同样用Revit根据所创建的BIM模型，可方便地转换为具有真实属性的建筑构件，促使视觉形体研究与真实的建筑构件相关联，从而实现BIM 中的虚拟施工技术。

（四）基于BIM的施工临时设施规划

随着BIM技术在国内施工应用的推进，目前已经从原先的利用BIM技术做一些简单的静态碰撞分析，发展到了利用BIM技术来对整个项目进行全生命周期应用的阶段。

一个项目从施工进场开始，首先要面对的是如何对将来整个项目的施工现场进行合理的场地布置。要尽可能地减少将来大型机械和临时设施反复地调整平面位置，尽可能最大限度地利用大型机械设施的性能。以往进行临时场地布置时，是将一张张平面图叠起来看，考虑的因素难免有缺漏，往往等施工开始时才发现不是这里影响了垂直风管安装的施工，就是那里影响了幕墙结构的施工。如今，将BIM技术提前应用到施工现场临时设施规划阶段就是为了避免上述可能发生的问题，从而更好地指导施工，为施工企业降低施工风险与运营成本。

1、大型施工机械设施规划

（1）塔吊规划。重型塔吊往往是大型工程中不可或缺的部分，它的运行范围和位置一直都是工程项目计划和场地布置的重要考虑因素之一。如今的BIM模型一般都是参数化的模型，利用BIM模型不仅可以展现塔吊的外形和姿态，也可以在空间上反映塔吊的占位及相互影响。利用BIM软件进行塔吊的参数化建模，并引入现场的模型进行分析，既可以以3D的视角来观察塔吊的状态，又能方便地调整塔吊的姿态以判断临界状态，同时不影响现场施工，节约工期和资源。

（2）施工电梯规划。在现有的建筑场地模型中，可以根据施工方案来虚拟布置施工电梯的平面位置，并根据BIM模型能够直观地判断出施工电梯所在的位置，与建筑物主体结构的连接关系，以及今后场地布置中人流、物流疏散通道的关系。还可以在施工前就了解将来外幕墙施工与施工电梯间的碰撞位置，以便及早地制定相关的外幕墙施工方案以及施工电梯的拆除方案。具体规划包括平面规划、方案技术选型与模拟演示、建模标准以及与施工进度的协调规划。

2.现场物流规划

施工现场是一个涉及各种需求的复杂场地，其中建筑行业对于物流也有自己特殊的需求。BIM技术首先是一个信息收集系统，可以有效地将整个建筑物的相关信息录入并以直观的方式表现出来。

BIM技术首先能够起到很好的信息收集和管理功能，但是这些信息的收集一定是和现场密切结合才能发挥更大的作用。物联网技术是一个很好的载体，它能够很好地将物体与网络信息关联，再与BIM技术进行信息对接，则BIM技术能真正地用于物流的管理与规划。

物联网是利用RFID或条形码、激光扫描器、传感器、全球定位系统等数据采集设备，按照约定的协议，通过互联网将任何人、物、空间相互连接，进行数据交换与信息共享，以实现智能化识别、定位、跟踪、监控和管理的一种网络应用。目前常用的是基于BIM与RFID技术的物流管理及规划。RFID技术，又称电子标签、无线射频识别，是一种通信技术，可通过无线电信号识别特定目标并读写相关数据，而无须在识别系统与特定目标之间建立机械或光学接触。

3.现场总平面人流规划

现场总平面人流规划需要考虑现场正常的进出安全通道和应急时的逃生通道、施工现场和生活区之间的通道连接等。现场总平面人流规划又分为平面和竖向，生活区主要是平面。在生活区需要按照总体策划的人数规划好办公区，宿舍、食堂等生活区设施之间的人流。在施工区，要考虑进出办公区通道、生活区通道、安全区通道设施、现场人流安全设施等，以及不同施工阶段工况的改变，相应地调整安全通道。

利用工程项目信息集成化管理系统来分配和管理各种建筑物的人流模拟，采用三维模型来表现效果、检查碰撞、调整布局，最终形成可以直观展示的报告。这个过程是建立在技术方案基础上，并在拥有比较完整的模型后，以现行的规范文件为标准进行的。

第三节　基于BIM的虚拟施工管理

通过BIM技术结合施工方案、施工模拟和现场视频监测进行基于BIM技术的虚拟施工，其施工本身不消耗施工资源，却可以根据可视化效果看到并了解施工的过程和结果，可以较大限度地降低返工成本和管理成本，降低风险，增强管理者对施工过程的控制能力。建模的过程就是虚拟施工的过程，是先试后建的过程。施工过程的顺利实施是在有效的施工方案指导下进行的，施工方案的制定主要是根据项目经理、项目总工程师及项目部的经验，施工方案的可行性一直受到业界的关注。由于建筑产品的单一性和不可重复性，施工方案具有不可重复性。一般情况，当某个工程即将结束时，一套完整的施工方案才展现于面前。虚拟施工技术不仅可以检测和比较施工方案，还可以优化施工方案。

一、虚拟施工管理优势

基于BIM的虚拟施工管理能够达到以下目标：创建、分析和优化施工进度；针对具体项目分析将要使用的施工方法的可行性；通过模拟可视化的施工过程，提早发现施工问题，消除施工隐患；形象化的交流工具，使项目参与者能更好地理解项目范围，提供形象的工作操作说明或技术交底；可以更加有效地管理设计变更；全新的试错、纠错概念和方法。不仅如此，虚拟施工过程中建立好的BIM模型可以作为二次植入开发的模型基础，大大提高三维渲染效果的精度与效率，可以给业主更为直观的宣传介绍，也可以进一步为房地产公司开发出虚拟样板间等延伸应用。虚拟施工给项目管理带来的好处可以总结为以下三点。

（一）施工方法可视化

虚拟施工使施工变得可视化，可随时随地直观快速地将施工计划与实际进展进行对比，同时进行有效的协同，使施工方、监理方，甚至非工程行业出身的业主领导都对工程项目的各种情况了如指掌。施工过程的可视化使BIM成为一个便于施工方参与各方交流的沟通平台。

通过这种可视化的模拟可以缩短现场工作人员熟悉项目施工内容、方法的时间，减少人员在工程施工初期因为错误施工导致的时间和成本的浪费，还可以加快、加深对工程参与人员培训的速度及深度，真正做到质量、安全、进度、成本管理和控制的人人参与。

5D全真模型平台虚拟原型工程施工，对施工过程进行可视化的模拟，包括工程设计、现场环境和资源使用状况，具有更高的可预见性，将改变传统的施工计划、组织模式。施工方法的可视化可使所有项目参与者在施工前就能清楚地知道所有施工内容以及自己的工作职责，能促进施工过程中的有效交流。它是目前用于评估施工方法、发现施工问题、评估施工风险的最简单、经济、安全的方法。

（二）施工方法可验证

BIM技术能全真模拟运行整个施工过程，项目管理人员、工程技术人员和施工人员可以了解每一步施工活动。如果发现问题，工程技术人员和施工人员可以提出新的施工方法，并对新的施工方法进行模拟来验证，即判断施工过程，它能在工程施工前识别绝大多数施工风险和问题，并有效地解决。

（三）施工组织可控制

施工组织是对施工活动实行科学管理的重要手段，它决定了各阶段的施工准备工作内容，并协调施工过程中各施工单位、各施工工种以及各项资源之间的相互关系。BIM可以对施工的重点或难点部分进行可见性模拟，按网络光标进行施工方案的分析和优化。可对一些重要的施工环节或采用施工工艺的关键部位、施工现场平面布置等施工指导措施进行模拟和分析，以提高计划的可执行性。利用BIM技术结合施工组织设计进行电脑预演，可以提高复杂建筑体系的可施工性。借助BIM对施工组织的模拟，项目管理者能非常直观地理解间隔施工过程的时间节点和关键工序情况，并清晰地把握在施工过程中的难点和要点，也可以进一步对施工方案进行优化完善，以提高施工效率和施工方案的安全性。可视化模型输出的施工图片，可作为可视化的工作操作说明或技术交底分发给施工人员，用于指导现场的施工，方便现场的施工管理人员对照图纸进行施工指导和现场管理。

二、BIM虚拟施工具体应用

采用BIM进行虚拟施工，需要事先确定以下信息：设计和现场施工环境的五维模型，根据构件选择施工机械及机械的运行方式，确定施工的方式和顺序，确定所需临时设施及安装位置。BIM在虚拟施工管理中的应用主要有场地布置方案、专项施工方案、关键工艺展示、施工模拟（土建主体及钢结构部分）和装修效果模拟等。

（一）场地布置方案

为使现场使用合理，施工平面布置应有条理，尽量减少占用施工用地，使平面布置紧凑合理，同时做到场容整齐清洁、道路畅通，符合防火安全及文明施工的要求，施工过程中应避免多个工种在同一场地、同一区域而相互牵制、相互干扰。施工现场应设专人负责管理，使各项材料、机具等按已审定的现场施工平面布置图的位置摆放。

基于建立的BIM三维模型及搭建的各种临时设施，可以对施工场地进行布置，合理安排塔吊、库房、加工厂地和生活区等的位置，解决现场施工场地划分问题；通过与业主的可视化沟通协调，对施工场地进行优化，选择最优施工路线。

（二）专项施工方案

通过BIM技术指导编制专项施工方案，可以直观地对复杂工序进行分析，将复杂部位简单化、透明化，提前模拟方案编制后的现场施工状态，对现场可能存在的危险源、安全隐患、消防隐患等提前排查，对专项方案的施工工序进行合理排布，有利于方案的专项性、合理性。

（三）关键工艺展示

对于工程施工的关键部位，如预应力钢结构的关键构件及部位，其安装相对复杂，因此合理的安装方案非常重要。正确的安装方法能够省时省费用，传统方法只有工程实施时才能得到验证，这就可能造成二次返工等问题。同时，传统方法是施工人员在完全领会设计意图之后，再传达给建筑工人，相对专业性的术语及步骤对工人来说难以完全领会。基于BIM 技术，能够提前对重要部位的安装进行动态展示，提供施工方案讨论和技术交流的虚拟现实信息。

（四）土建主体结构施工模拟

根据拟定的最优施工现场布置和最优施工方案，可以将由项目管理软件如Project编制的施工进度计划与施工现场3D模型集成一体，引入时间维度，能够完成对工程主体结构施工过程的5D施工模拟。通过5D施工模拟，可以使设备材料进场、劳动力配置、机械排班等各项工作安排得更加经济合理，从而加强对施工进度、施工质量的控制。针对主体结构施工过程，可以利用已完成的BIM模型进行动态施工方案模拟，展示重要施工环节动画，对比分析不同施工方案的可行性；能够对施工方案进行分析，并听从指令对施工方案进行动态调整。

第四节　基于BIM的进度管理

一、概述

将BIM技术引入项目进度管理中，有助于提高进度管理的效率。建立BIM技术应用于工程项目进度管理的基本体系框架和具体流程，以及对进度管理引入BIM技术后的过程进行分析，可以帮助建筑企业寻找项目进度管理的新思路，加深施工管理者对BIM技术应用在进度管理中的认识，转变项目管理者的管理手段，提供新的管理思路，为施工企业应用BIM技术提供有益的经验。

（一）传统施工进度管理方法

传统的施工进度管理方法有很多种，都是在施工过程中不断总结的成果，包括关键日期法、进度曲线法、横道图法、网络计划法、里程碑事件法。

1.关键日期法

关键日期法即标注关键性的日期，是进度计划管理中使用的最简单的进度计划编制方法。

2.进度曲线法

进度曲线法是以工期为X轴，累积工程量为Y轴，按照累计完成的工程量与进度计划之间的具体关系进行曲线作图得到的进度计划。这种方式比较简单，可用于初期粗略的进度计划，并可直观反映工期与工程量的关系，从而比较项目在整个实施过程中的进度快慢。

3.横道图法

横道图又称为甘特图，在带有时间坐标的表格中，用一条横向线条表示一项工作，不同的横线表示不同阶段，横向线段起止位置对应的时间坐标表示该项工作的开始和结束时间，横向线段的长度表示该工作的持续时间，不同位置代表各工作的先后顺序，整个进度计划由一系列横道线组成。这种编制方法可以形象直观地展现不同工序之间的前后搭接关系，简单且易于编制。因此，小型项目多采用横道图的方式来编制进度计划。但是该方法最大的缺点是无法反映关键线路。横道图可以按时间的不同进行划分，包括日计划、周计划、旬计划、月计划、季度计划和年计划等。

4.网络计划法

网络计划法是由节点和箭线构成的网状图形，用来表现有方向、有条理、有顺序的各项工作间的逻辑关系。网络计划图分为单代号网络计划图和双代号网络计划图。单代号网络计划图是以节点和编号表示工作，箭线表示工作之间的逻辑关系，所以又称为节点式网络图。双代号网络计划图是以箭线及其两端节点的编号表示工作，节点表示工作的开始或结束及工作之间的连接状态，又称为箭线式网络图。网络计划图可以清晰地表达出各工作之间的关系，工程项目管理人员可以直接在网络计划图中找到关键线路和关键工作，通过计算时间参数、分析工作流程，可以得到每一个工作的自由时差，这给进度调整提供了极大的便利。网络计划图能够使用计算机软件来编排和计算，使得优化和调整进度计划变得更加简捷和高效。目前，施工企业普遍使用确定型网络计划，其基本原理是：首先，先绘制普通的网络计划图；其次，通过分析找到该项目的关键工作和关键线路；再次，对网络计划的逻辑关系、施工顺序和时间参数进行调整，不断改进，直到得到最优方案为止；最后，执行最优方案，并按照常规的进度控制方法不断进行调整，使资源合理调配，工期目标得以实现。因此，网络计划法不仅是一种进度表达方式和简单的图表，更是一种追求最优、最合理方案的手段。

5.里程碑事件法

里程碑事件法是在横道图或网络计划图的基础上，以工程日历或其他方法标识出工程中的一些关键事项。这些事项能够被明显确认，代表进度计划中各阶段的具有重要意义的目标，因此必须按时完成。通过这些里程碑事件的具体完成情况就能反映项目进度完成情况，并由此制订相应的下阶段计划。但是里程碑事件法必须与横道图法或网络计划法联合使用，不能单独使用。

（二）传统施工进度控制技术

施工项目进度控制的主要任务是对比分析和调整修改，其中施工进度对比是最核心的环节，也是计划修改调整的基础。分析方法的选择与进度计划的表现形式密切相关。常用的方法有下列五种。

1.横道图比较法

横道图比较法是施工进度计划比较中最常用的方法。它在项目实施过程中随时检查项目进度信息，经整理后直接在图中用并列于原计划的横道线表示工程的实际进度，进行直观的比较，为管理者提供实际施工进度偏离计划进度的范围，为采取调整措施提供了依据。横道图中的实际进度可以用持续时间或任务完成量的累计百分比表示。但由于图中进度横道线一般只表示工作的开始时间、持续天数和完成时间，并不表示计划完成量和实际完成量，因此在实际工作中要根据具体工作任务的性质分别加以考虑。具体来说，横道图包括匀速进展横道图、双比例单侧横道图和双比例双侧横道图。

2.前锋线比较法

前锋线比较法主要适用于时标网络计划及横道图进度计划。它是用一条折线连接检查日期，表征各工作的实际完成情况，并最终回到检查日期，形成一条前锋线。最后可根据计划日期与前锋线和实际进度交点之间的位置间隔判断实际进度与计划的偏差大小。当该交点在前锋线左侧时表示进度拖延，在右侧时表示进度超前，正好吻合表示实际进度与计划进度一致。

3.S形曲线比较法

在工程实施过程中，开始和结束阶段单位时间内投入的资源较少，中间阶段的投入较多，因此单位时间内完成的任务量呈现出相应的变化。这条随进度变化的累计完成工程量的曲线即为S形曲线。当实际进展点落在计划进度线的左侧时，表示实际进度比计划超前；若刚好落在上面，表示二者一致；若落在其右侧，表示进度有所延后。

4.香蕉曲线比较法

香蕉曲线是两种S形曲线组合形成的闭合曲线，其中一条是以网络计划中各工作任务的最早开始时间安排进度计划绘制的，称为ES曲线；另外一条是以各工作的最迟开始时间安排进度计划绘制的，称为LS曲线。由于两条曲线代表同一个项目，计划开始和完成的时间均相同，因此ES和LS曲线是闭合的。若项目的施工过程依照计划没有变更，则实际进度曲线应该落在香蕉曲线所围成的区域内，同时可以根据实际进展情况进行进度的优化。

5.列表比较法

列表比较法是指在进度检查时将正在进行的工作名称和已进行的天数记录下来，然后列表分析相关统计数据，根据原有时差和总时差判断进度偏差情况。该方法适用于无时间坐标的网络计划图。

（三）传统施工进度管理流程

传统的施工进度管理主要以施工单位为主，施工单位在项目管理单位和监理单位的监督协调之下，与设计单位对施工图纸进行沟通交流，进一步了解施工目标，进行施工图纸会审等一系列互通有无、查漏补缺的工作。施工单位在短时间内根据以往的施工经验制定项目前期的施工方案，编制可行的总体进度计划并下发到各分包单位，由分包单位及材料供应单位根据资源的限制对进度计划的不合理方案进行反馈。施工单位在分析现存问题的基础上对施工进度计划进行进一步优化，并用优化后的进度计划指导具体的施工过程，同时根据施工现场中遇到的各种问题对进度计划进行变更。因此，在具体施工过程中，虽然有详细的分析和进度计划，但是在具体实施过程中，计划进度往往不能得到准确的执行，主要原因有以下三点。

1.施工图纸原因

由于传统的CAD图纸自身的缺陷，加之各专业的设计工程师审图的精力有限，且不能有效协同工作，导致图纸各个图层关联不足，所以施工图纸本身存在错误在所难免。加之设计阶段施工图纸在设计过程没有施工单位的参与，而施工图纸作为建设项目的重要资料，未能得到施工单位的深入了解即制订进度计划，必然会导致后期进度计划不能得到准确执行。

2.管理组织及人员原因

传统的进度计划很大程度上是依靠施工单位的现场施工经验编制，而项目管理单位和监理单位在编制阶段的作用往往只是审批和监督，相互之间的交流很少，不能有效地进行项目前期的沟通协调。而施工单位所施工的项目千差万别，难免由于建设项目所在地的不同或者资源限制不同而有不同的计划安排，仅靠施工单位的经验来制订进度计划难免出现问题。

3.进度计划表达方式原因

传统建设项目的进度计划表达方式主要是横道图和网络图，属于线性计划。当项目很复杂、工序数量相当多时，进度计划通常以甘特图方式为主，工序间逻辑不易理清，调整及校核不便。这种传统的二维线条表达的信息比较抽象，经常从事施工的人员也未必能很好地了解和掌握线条图所要表达的内容，这导致建设项目的进度计划仅有管理层了解，而具体的施工层不能准确了解进度计划，现场因此出现进度计划与施工进度不切合，同样导致建设项目的实际进度与计划进度不一致。

（四）传统施工进度管理存在的主要问题

在传统的施工进度管理实践中，主要存在以下一些不足。

1.项目信息丢失现象严重

工程项目施工时，整个工程项目是一个有机的整体，其最终成果是要提交符合业主需求的工程产品。而在传统工程项目施工进度管理中，其直接的信息基础是业主方提供的勘察设计成果，这些成果通常由二维图纸和相关文字说明构成。这些基础性信息是对项目业主需求和工程环境的一种专业化描述，本身就可能存在对业主需求的曲解或遗漏，再加上相关工程信息量都很大且不直观，施工主体在进行信息解读时，往往还会加入一些先入为主的经验型理解，导致在工程分解时会出现曲解或遗漏，无法完整反映业主真正的需求和目标，最终在提交工程成果的过程中无法让业主满意。

2.无法有效发现施工进度计划中的潜在冲突

现代工程项目一般都具有规模大、工期长、复杂性高等特点，通常需要众多主体共同参与完成。在实践中，由于各工程分包商和供应商是依据工程施工总包单位提供的总体进度计划分别进行各自计划的编制，工程施工总包单位在进行计划合并时，难以及时发现众多合作主体进度计划中可能存在的冲突，常常导致在计划实施阶段出现施工作业与资源供应之间的不协调、施工作业面冲突等现象，严重影响工程进度目标的圆满实现。

3.工程施工进度跟踪分析困难

在工程施工过程中，为了实现有效的进度控制，必须阶段性动态审核计划进度和实际进度之间是否存在差异、形象进度实物工程量与计划工作量指标完成情况是否保持一致。由于传统的施工进度计划主要是基于文字、横道图和网络图等表达，导致工程施工进度管理人员在工程形象进展和计划信息之间经常出现认知障碍，无法及时、有效地发现和评估工程施工进展过程中出现的各种偏差。

4.在处理工程施工进度偏差时缺乏整体性

工程施工进度管理是整个工程施工管理的一个方面。事实上，进度管理还必须与成本管理和质量管理有机融合。因此，在处理工程施工进度偏差时，必须同时考虑各种偏差应对措施的成本影响和质量约束。但是由于在实际工作中，进度管理、成本管理与质量管理之间往往是割裂的，仅仅从工程进度目标本身进行各种应对措施的制定，所以会出现忽视其成本影响和质量要求的现象，最终影响项目整体目标的实现。

（五）BIM在施工进度管理中的价值

传统工程施工进度管理存在上述不足，本质上是由于工程项目施工进度管理主体信息获取不足和处理效率低下而导致的。随着信息技术的发展，BIM技术应运而生。BIM技术能够支持管理者在全生命周期内描述工程产品，并有效管理工程产品的物理属性、集合属性和管理属性。简而言之，BIM是包含产品组成、功能和行为数据的信息模型，能支持管理者在整个项目全生命周期内描述产品的各个细节。BIM技术可以支持工程项目进度管理相关信息在规划、设计、建造和运营维护全过程的无损传递和充分共享。BIM技术支持项目所有参建方在工程的全生命周期内以统一基准点进行协同工作，包括工程项目施工进度计划编制与控制。BIM技术的应用拓宽了施工进度管理的思路，可以有效解决传统施工进度管理方式中的弊病，并发挥巨大的作用。

1.减少沟通障碍和信息丢失

BIM能直观高效地表达多维空间数据，避免用二维图纸作为信息传递媒介带来的信息损失，从而使项目参与人员在最短时间内领会复杂的勘察设计信息，减小沟通障碍和信息丢失。

2.支持施工主体实现“先试后建”

工程项目具有显著的特异性和个性化等特点。在传统的工程施工进度管理中，由于缺乏可行的“先试后建”技术支持，很多技术错漏和不合理的施工组织设计方案只有在实际的施工活动中才能被发现，这就给工程施工带来巨大的风险和不可预见成本。而利用BIM技术则可以支持管理者实现“先试后建”，提前发现当前的工程设计方案以及拟定的工程施工组织设计方案在时间和空间上存在的潜在冲突和缺陷，将被动管理转化为主动管理，实现精简管理队伍、降低管理成本、降低项目风险的目标。

3.为工程参建主体提供有效的进度信息共享与协作环境

在基于BIM构建的工作环境中，所有工程参建方都在一个与现实施工环境相仿的可视化环境下进行施工组织及各项业务活动。创建出一个直观高效的协同工作环境，有利于参建方进行直观顺畅的施工方案探讨与协调，有助于工程施工进度问题的协同解决。

4.支持工程进度管理与资源管理的有机集成

基于BIM的施工进度管理，支持管理者实现各个工作阶段所需的人员、材料和机械用量的精确计算，从而提高工作时间估计的精确度，保障资源分配的合理化。另外，在工作分解结构和活动定义时，通过与模型信息的关联，可以为进度模拟功能的实现做好准备。借助可视化环境，可从宏观和微观两个层面，对项目整体进度和局部进度进行4D模拟及动态优化分析，调整施工顺序，合理配置资源，编制更科学可行的施工进度计划。

二、基于BIM的施工进度管理流程

（一）基于BIM技术的施工进度管理流程框架

基于BIM的工程项目施工进度管理应以业主对进度的要求为目标，基于设计单位提供的模型，将业主及相关利益主体的需求信息集成于BIM模型成果中，施工总包单位以此为基础进行工程分解、进度计划编制、实际进度跟踪记录、进度分析及纠偏工作。BIM为工程项目施工进度管理提供了一个直观的信息共享和业务协作平台，在进度计划编制过程中打破各参建方之间的界限，使参建各方各司其职，提前发现并解决施工过程中可能出现的问题，从而使工程项目施工进度管理达到最优状态，更好地指导具体施工过程，确保工程高质量、准时完工。运用BIM技术编制进度计划的原理是利用仿真程序进行多次模拟，在虚拟建造中添加对不确定事件的预判，制订预防措施优化计划，从而更合理、精确地安排施工作业。编制过程具有以下特点。

（1）从项目前期设计开始，项目各参与方、各专业工程师即介入BIM平台构建，使各个方面互通有无，深入了解项目建设目标，为施工阶段的通力合作打下基础，方便各单位提前做好准备，从费用、人力、设备和建材多个层面确保项目按预定计划顺利开展。

（2）建筑信息模型为不同专业的工程师提供了一个快捷方便的协同工作的平台，负责现场施工的工程师可以利用该平台及时发现现场施工中存在的交叉冲突问题，反映给其他专业工程师调整其原有施工安排，这就大大减少了现场施工时出现问题相互推诿的情况。围绕BIM平台，凝聚各参与方、各专业工程师组成一个信息对称的项目进度管理团队。

（3）通过虚拟设计施工技术与增强现实技术实现进度计划的可视化表达。项目BIM团队能以视频投影的形式向各参建单位或公众从各个角度展示项目预期目标，使得不同文化程度的项目建设参与人员能够更形象准确地理解共同的进度目标和具体计划，从而更高效地指导协调具体施工。基于BIM的工程施工进度计划及实施控制流程主要包括四个方面：图纸会审、施工组织过程、施工动态管理和施工协调。

（二）基于BIM模型的图纸会审

图纸会审是指工程各参建单位（建设单位、监理单位、施工单位）在收到施工图设计文件后，对图纸进行全面细致的检查，审核出施工图中存在的问题及不合理的情况，并提交设计单位进行处理的一项重要活动。图纸会审由建设单位负责组织并记录。施工图纸会审的基本目的是让参与工程建设的各方，特别是施工单位，熟悉设计图纸，领会设计意图，掌握工程特点及难点，找出需要解决的技术难题并拟定解决方案，从而将因设计缺陷而存在的问题消灭在施工之前。在传统2D施工图纸会审工作中，存在查找图纸中的错误困难以及在查找到错误后各专业间沟通困难等问题。施工图纸会审对于保证建设工程质量、加快建设进度、确保投资效益，实现质量、工期、投资三大控制目标，具有非常重要的作用。

施工图纸会审主要包括：总平面图的相关审查；各单位专业图纸本身是否有差错及矛盾，各专业图纸的平面、立面、剖面图之间有无矛盾；不同专业的设计图纸之间有无互相矛盾；等等。基于BIM技术的施工图纸会审，通过可视化的工作平台，以实际构件的三维模型取代2DCAD图纸中的二维线条、文字说明等表达方式。它将需要多张平面图纸才能表达清晰的问题在一个三维的BIM模型中直观地反映出来（如碰撞问题），从而较容易地找到设计中存在的失误或错误。同时，在查找到问题之后，通过BIM模型可视化的工作平台，各专业可以更容易了解到自己需要怎样配合，才能有效地解决问题，有效避免图纸会审中“顾此失彼”的现象，提高图纸会审效率。且经图纸会审后，各专业均可以直接在各自的BIM模型中进行修改；根据BIM技术的关联修改特性，其他专业模型中相关联的部位也会发生相应的修改，这就确保了最终生成图纸的准确性和一致性。

（三）基于BIM技术的施工组织过程

按照基于BIM技术的图纸会审结果进行修改而得的BIM模型，为比较完整的可用于施工阶段的三维空间模型，这个模型称为基本信息模型。该三维空间模型中集成了拟建建筑的所有基本属性信息，如建筑的几何模型信息、功能要求、构件性能等。但要实现基于BIM技术的4D施工可视化，还需要创建针对具体施工项目的技术、经济、管理等方面的附加属性信息，如建造过程、施工进度、成本变化、资源供应等。所以，完整地定义并添加附加属性信息于BIM模型中，是实现基于BIM技术的施工进度管理的前提。

1.基于BIM模型的项目工作结构分解

项目施工管理，首先应进行项目工作结构分解（Work Breakdown Structure，WBS），完成对项目的范围管理和活动定义。在BIM平台上，施工单位通过信息互用从BIM平台中获取施工阶段所需的信息，进行项目工作结构分解。利用BIM模型中包含的建筑所有材料、构件属性信息，通过计算机快速而准确地计算出各种材料的消耗量以及各种构件的工程量，从而快速统计出各分部分项工程或各工作包的工程量，为工程施工项目的管理、分包以及资源配置提供了极大的方便。

与传统的工作结构分解方式相比，基于BIM模型的工程项目工作结构分解，通过优化后的三维空间模型来获取施工所需信息，获取的信息更完整、更直观，信息准确度更高，提高了工作结构分解的效率和质量。

2.基于BIM模型的施工方案设计

施工总体方案的合理选择是工程项目施工组织设计的核心。施工方案是否合理，不仅影响到施工进度计划和施工现场平面布置，而且还直接关系到工程的施工安全、效率、质量、工期和技术经济效果。施工方案设计主要包括确定施工程序、单位工程施工起点和流向、施工顺序，以及合理选择施工机械、施工工艺方法和相关技术组织措施等内容。

通过关键工序4D施工过程的模拟，项目管理者可以得到：规划良好的施工程序和顺序、单位工程施工起点和流向，合理选择施工机械和施工工艺及相关技术组织措施等。项目管理人员再利用这些结果对人工、材料、机械进行分配并编制施工进度计划。

3.基于BIM模型的施工进度计划编制

施工进度计划是对生产任务的工作时间、开展顺序、空间布局和资源调配的具体策划和统筹安排，是实现施工进度控制的依据；施工进度计划是为了对施工项目进行时间管理。编制准确可行并真实反映项目情况的进度计划，除了依据各方对里程碑时间点和总进度的要求外，主要还受到施工搭接顺序、各分部分项工程的工程量、资源供应情况等的限制。

BIM模型的应用为进度计划的制订减轻了负担。通过基于BIM模型的施工方案设计，项目管理者能够清晰地认识到项目实施过程中可能出现的状况，从而在编制施工进度计划时能够合理地确定各分部分项工程的作业工期、作业间逻辑关系、作业资源分配情况。通过BIM平台的工程算量软件将数据进行整理，可直接精确计算出各种材料的用量和各分部分项工程的工程量；也可以依据施工阶段的划分，计算出相应阶段所需的工程量。

4.基于BIM模型的施工布置方案

施工场地布置是项目施工的前提，合理的布置方案能够在项目开始之初，从源头减少施工冲突及施工安全隐患发生的可能性，提高建设效率。尤其是对于大型工程项目，工程量巨大，机械体量庞大，更需要统筹合理安排。传统二维模式下静态的施工场地布置，以2D施工图纸传递的信息作为决策依据，并最终以2D图纸形式绘出施工平面布置图，不能直观、清晰地展现施工过程中的现场状况。施工现场活动本身是一个动态变化的过程，施工现场对材料、设备、机具等的需求也是随着项目施工的不断推进而变化的，而以2D的施工图纸及2D的施工平面布置来指导3D的建筑建造过程具有先天的不足。

在基于BIM技术的模型系统中，首先将基本信息模型和施工设备、临时设施以及施工项目所在地的所有地上地下已有建筑物、管线、道路结合成实体的3D综合模型，然后赋予3D综合模型以动态时间属性，实现各对象的实时交互功能，使各对象随时间的动态变化形成4D的场地模型。最后在4D场地模型中，修改各实体的位置和造型，使其符合施工

项目的实际情况。

在基于BIM技术的模型系统中，建立统一的实体属性数据库，并存入各实体的设备型号、位置坐标和存在时间等信息，包括材料堆放场地、材料加工区、临时设施、生活区、仓库等处设施的存放数量及时间、占地面积和其他各种信息。通过漫游虚拟场地，可直观了解施工现场布置，并查看到各实体的相关信息，这为按规范布置场地提供了极大的方便。同时，当出现影响施工布置的情况时，可以通过修改数据库的相关信息来调整。

5.基于BIM模型的资源供应量的建立与分配

施工现场的资源供应是施工建造的物质基础。资源供应量与分配包括材料资源的供应与分配、劳动力的供应与分配、机械设备的供应与分配以及资金供应等内容。基于BIM模型的施工方案及施工进度计划编制完成后，将WBS编码与BIM模型中构件ID号进行关联，完成基于BIM技术的4D虚拟建造过程。在4D虚拟建造中，将模拟的项目分解为各个阶段、各种材料，利用BIM算量软件计算出任意里程碑事件或施工阶段的工程量和相应施工进度所需的人工劳动力、材料消耗、机械设备。依据4D施工过程模拟分析，确保施工过程中的各项任务都得到应有的资源供应量和分配额度。

6.基于BIM技术的施工过程的优化

利用Project创建的进度管理信息，与BIM模型进行交互，实现基于BIM技术的施工4D虚拟建造过程。在虚拟的现实环境下，通过对整个施工过程的模拟，项目管理者可在项目建造前对施工全过程进行演示，真实展示施工项目的各里程碑节点情况。在虚拟建造过程中，依据施工现场的人力、机械、工期及场地等资源情况对施工场地布置、资源配置及施工工期进行优化。通过反复的4D虚拟建造过程的模拟，选择最合适的施工方案、施工场地布置、材料堆放、机械进出场路线，并根据最终的4D虚拟建造过程，进行合理的资源供应量的建立与分配。

（四）基于BIM技术的施工动态管理

基于BIM技术的4D施工动态管理系统包括三个方面的内容：基于BIM技术的施工进度动态管理、基于BIM技术的施工场地动态管理、基于BIM技术的施工资源动态管理。

1.基于BIM技术的施工进度动态管理

（1）施工进度动态展示在进行基于BIM技术的施工进度动态管理时，结合项目施工方案对进度计划进行调整，不断优化项目建造过程，找出施工过程中可能存在的问题，并提前在各参与方、各专业间进行协调解决，优化4D虚拟建造过程。同时，当施工项目发生工程变更或业主指令导致进度计划必须发生改变时，施工项目管理者可依据改变情况对进度、资源等信息做相应的调整，再将调整后的信息交互到BIM模型中，进行4D虚拟建造过程模拟。完成进度调整后，可利用基于BIM技术的4D虚拟建造模型来进行工程施工进度动态展示，使项目的各参与方对项目的建造情况有直观的了解。

（2）工程施工进度监控。基于BIM技术的工程施工4D虚拟建造模型，不仅能进行施工进度的合理安排，展示动态的施工进度过程，而且能够利用4D虚拟建造模型进行施工进度的监控。在施工过程中向BIM模型中输入材料、劳动力、成本等施工过程信息，形成基于BIM技术的4D虚拟施工模型。在4D虚拟施工模型中，将工程实际进度与模型计划进度进行对比，可以进行进度偏差分析和进度预警；通过实时查看计划任务和实际任务的完成情况，进行对比分析、调整和控制，项目各参与方能够采取适当的措施。同时，项目管理者可以通过软件单独计算出“警示”得到项目滞后范围，并计算出滞后部分的工程量，然后针对滞后的工程部分组织劳动力、材料、机械设备等进行进度调整。

2.基于BIM技术的施工资源动态管理

施工过程是一个消耗资源的过程。在基于BIM技术的虚拟系统中，随着虚拟建造过程的进行，虚拟建筑资源被分配到具体的模型任务中，实现对建筑资源消耗过程的模拟。通过BIM模型编制的资源计划集成了资源、费用和进度，能够有效地为施工现场的资源供应提供决策依据。通过向BIM模型中添加资源建立资源分配模型，确定各项任务都能够分配到可靠的资源，从而保障施工过程的顺利进行。利用基于BIM技术的4D虚拟模型生成施工过程中动态的资源需求量及消耗量报告，项目管理者依据资源需求量及消耗量报告，调整项目资源供应和分配计划，避免出现资源超额分配、资源使用出现高峰与低谷时期等现象。同时，根据资源分配情况为项目中的构件添加超链接，项目管理人员可以根据实际进度，从构件中的超链接了解项目构件所需要的资源信息，做出合理的资源供应和分配，以便及时为下一步工作做好准备工作，从而避免因工程材料供应不及时或者准备工作不及时而耽误正常施工，造成工期拖延。通过将资源分配到指定的BIM模型作业中，可为施工过程建立资源动态供应与分配模型的“资源直方图”。

3.基于BIM技术的施工场地动态管理

基于BIM技术的施工布置方案，结合施工现场的实际情况，并依据施工进度计划和各专业施工工序逻辑关系，合理规划物料的进场时间和顺序、堆放空间，并规划出清晰的取料路径；有针对性地布置临水、临电位置，保证施工各阶段现场的有序性，提高施工效率。在基于BIM技术的系统中，进行3D施工场地布置，并赋予各施工设施4D属性信息。当点取任何设施时，可查询或修改其名称、类型、型号和计划存在时间等施工属性信息。实时统计场地设施信息，将场地布置与施工进度相对应，形成4D动态的现场管理。

三、基于BIM的项目进度分析与控制

（一）基于BIM的进度计划编制

基于BIM技术的进度计划编制由建设单位牵头，设计、施工、监理、分包以及供货单位全体参与，在项目内部形成一个BIM进度计划团队。进度计划编制时首先应用地理信息系统（GIS）技术分析项目现场环境，在构建BIM模型的过程中即可应用虚拟设计与施工（VDC）技术将进度信息整合到BIM模型中。此外，各参与方根据自身情况在搭建BIM信息平台时进行实时互动沟通，提早发现进度计划中存在的问题并进行调整。在施工现场还可以使用增强现实工具来检查疏漏，进一步优化进度计划后用以指导施工过程。

1.总进度计划编制

首先基于BIM设计模型统计工程量，按照施工合同工期要求，确定各单项、单位工程施工工期及开工、竣工时间，运用Project、P6等进度管理软件绘制确定总进度网络计划。将其与BIM模型连接，形成BIM 4D进度模型。

2.二级进度计划编制

二级进度计划编制时，在BIM 4D总进度模型的基础上，利用WBS工作结构分解，进行工作空间定义，连接施工图预算，关联清单模型，确定BIM 4D/5D进度-成本模型，得出每个单位工程中主要分部分项工程每一任务的人工、材料、机械、资金等资源消耗量。此过程可以利用Revit、Navisworks等软件连接完成。

3.周进度计划编制

周进度计划编制时，以Last Planner System （LPS）为核心。在二级进度计划的基础上，由各分包商、各专业班组负责人、项目部有关管理人员共同细化、分解周工作任务，通过讨论协调各交叉作业，最终形成共同确定的周进度计划。针对周进度计划进行BIM 4D/5D施工过程模拟、虚拟专项施工顺序模拟、工程重难点分析，以有效组织协调，合理布置施工场地，进行预制加工，进而调整方案，优化施工进度计划，确保计划执行力度。

4.日常工作制定

根据BIM周进度管理计划显示的每一施工过程的施工任务，材料员负责材料日常供应，由专业班组负责人进行日工作报告，质检员、施工员、监理员进行已完成工作的质量验收，通过这些末位计划系统负责人狠抓施工目标的落实情况。对施工过程中出现的问题，通过相关程序进行研究解决，确保周进度计划的有效控制。

（二）基于BIM的项目进度控制分析

无论计划制订得如何详细，都不可能预见到全部的可能性，项目计划在实施过程中仍然

会产生偏差。跟踪项目进展、控制项目变化是实施阶段的主要任务。基于BIM的进度计划结束后，进入项目实施阶段。实施阶段主要包括跟踪、分析和控制三项内容。跟踪作业进度，实际了解已分配资源的任务何时完成；检查原始计划与项目实际进展之间的偏差，并预测潜在的问题；采取必要的纠偏行动，保证项目在完成期限和预算的约束下稳步向前发展。进度计划阶段，在基于BIM的进度管理系统下，应运用工作分解结构WBS、甘特图、计划评审技术以及BIM相关软件编排进度并形成进度计划，人员分配、材料、资源计划。BIM进度管理平台为用户提供了横道图、S形曲线、香蕉曲线、4D模拟等进度管理功能界面。在项目施工阶段，BIM进度团队可以根据需要选用或综合运用多种功能界面进行进度跟踪与控制。

1.进度跟踪分析

（1）创建目标计划。经过优化调整后的项目进度计划，达到了进度、投资、质量三大目标平衡的状态，可以视为目标计划。项目每一个具体作业过程都定义了最早/最晚开始时间、最早/最晚完成时间等时间参数，所以BIM进度管理系统可以创建多个目标计划，以方便用户进行进度分析。在BIM进度管理系统中，创建了初始目标计划后不能原封不动，应该随着实际施工进展状况，进行合理的调整。在跟踪实际施工进度时，随着时间的推移，目标计划与实际进度的差距会逐渐拉大，导致初始目标计划失去意义，此时应该重新计算调整目标计划。这一操作仅需要在BIM系统中录入实际进度信息，系统就会自动进行关联计算并调整，最终生成新的目标计划。

BIM技术下的进度管理系统不仅为用户提供了目标计划的创建与实时更新功能，还能够自动将目标计划分配到所有具体项目活动中。在更新进度目标时，通过作业同步操作可以实时更新具体作业活动的计划，用户也可以运用过滤器功能更新符合一定条件的作业活动。更新了目标计划后，系统会自动重新计算项目进度，并根据计算出的资源条件最优解重新平衡分配各种资源，确保各工序资源需求总和小于资源可用量。在进行项目活动的过程中，若出现可用资源不够的情况，则该活动将推迟。选定要进行平衡操作的资源，排列各活动优先级后，即可指定出现资源抢夺冲突时优先平衡的工序和活动。此外，更新了相关资源参数后，应该采用BIM模型给出的工程量，重新计算活动费用，以得到准确的活动费用值。

（2）创建跟踪视图。在编制了进度计划后，需要现场工程师一直跟踪施工进度。BIM技术下的进度管理系统为用户提供了进度报表、横道图、网络图、直方图、S形曲线、香蕉曲线等多种跟踪视图模块。进度报表以Excel列表样式表示施工进度数据；横道图以水平“横道图”样式表示工程进度信息，以直方图或分析表等方式显示时间分摊数据；4D视图以三维模型的形式动态地展示项目建造过程；资源分析视图以栏位和“横道图”形式表示资源使用情况信息，以直方图或者分析表显示资源分配数据。

（3）更新速度。在项目实施阶段，需要向系统中定期输入作业实际开始时间、形象进度完成百分比、实际完成时间、计算实际工期、实际消耗资源数量等进度信息，个别情况下还必须局部调整WBS工作分解结构，增添或删减部分活动，调整作业间的逻辑关系。在项目进展过程中，实时更新进度信息十分重要，实际工期有可能与初始估算工期略有不同，有可能施工刚开始就需要调整活动顺序。此外，还可能需要添加新作业和删除不必要的作业。定期更新进度计划并将其与目标计划进度进行比较，确保有效利用资源；参照预算监控项目费用，及时获得实际工期和费用，以便在必要时实施应变计划。

2.进度偏差分析

在工程施工过程中，不仅需要实时更新目标计划以及进度信息，还必须一直跟进工程施工进展，比较实际进度和计划进度，分析项目进度、资源信息，及时发现进度偏差和资源冲突工序，针对性地制定实施纠偏措施，在处理已有问题的基础上进一步预防潜在的资源进度问题。BIM技术下的进度管理系统，从不同角度不同管理层次提供可以满足不同需求的分析方法，帮助项目各参建单位全方位分析项目进展。项目实施应该定期检测进度情况、资源消耗情况以及投资使用情况，使项目朝着进度计划的方向开展。

（1）施工进度分析的重点应集中在项目里程碑节点影响分析、关键路径和关键工作分析以及实际进度与计划进度比较分析。分析里程碑计划和关键路线以及项目活动的实际完成时间，检查并预测实际进度是否能够按照计划的时间节点如期完成。一般综合运用甘特图、S形曲线、香蕉曲线以及4D模型来对比实际进度与计划进度。BIM进度系统支持在一个界面同时显示多种视图，显示实际进度与计划进度的差异。

（2）资源分配分析。在现场施工过程中，资源分配情况分析主要是根据各活动的持续时间差异来核查是否存在资源过度分配或者资源严重不足的现象。BIM技术下的进度管理系统进行资源分配情况分析时，可以综合利用系统提供的资源消耗直方图、资源分析表、资源S形曲线等图表。用户可以结合资源视图和横道跟踪视图，来表示特定的时间段内资源的分配和消耗情况，及时发现问题并重新调整资源分配。

（3）费用成本分析。为了控制成本，诸多建设项目，尤其是成本约束型项目，在建造过程中必须经常进行费用情况分析。若经过分析预测到项目预算存在超支风险，就需要对后续工作计划进行调整。BIM技术下的进度管理系统进行费用支出监控时可以综合利用系统提供的费用支出直方图、费用分析表、费用控制报表等图表。在系统中录入实际进度信息后，系统会自动计算出赢得值来评估项目目前的进度、成本情况。一直跟踪项目赢得值，可以形成项目进展过程中的进度、支出走势，从而预测将来的进度、支出情况。

3.进度纠偏与计划调整

在BIM进度系统中输入项目实际进度信息后，对比分析实际进度与计划进度，可以发现存在的进度偏差以及项目中潜在的隐患或问题。施工过程中需要根据实际情况实时调整目标，并制定合理的纠偏措施来调整已发现的偏差并解决存在的问题。施工过程中往往会出现活动完成时间滞后、费用超支、资源分配失衡等偏离初始计划的现象，这时需采取措施进行调整，使得工程进展向原有计划靠齐。如果项目出现突发事件或者显著偏离进度计划，就需要重新确定目标计划并制订进度计划，调整预算费用及资源分配，最终均衡工程进度安排。

进度纠偏工作可以通过加派人手、增加机械来赶工或者改变施工方法来缩减活动持续时间得以实现，但是一般在加大时间和资源投入时，需要进行工期资源优化或者工期费用优化来得到工期较短、资源增加、费用相对较少的最优方案。另外一种办法是调整施工活动的逻辑关系或搭接关系，从而在保持工作持续时间不变的前提下，改变活动的开始、结束时间。如果遇到工期滞后过于严重，两种办法都不能有效解决的状况，就需要调整目标计划以及项目进度。

在施工过程中，常用的纠偏措施主要有：改变资源可用性；重新调配，如增加、减少、更替资源，推迟工作或分配等；分解活动以平衡工作量；改变项目范围。纠正成本偏差的措施主要有：校验预算费用设置，如单次使用资源耗费成本、活动的固定成本等；缩短活动持续时间或调整活动依赖关系减少费用，合理地增减或更替资源减少费用；压缩项目范围减少费用。在调整进度偏差或更新目标计划时，需要考虑资源、成本等约束，制定合理可行的技术、经济、组织、管理措施，致力于项目多目标的均衡，达成进度管理的最终目标。

第五节　基于BIM的物料管理

一、物料管理概念

传统材料管理模式就是企业或者项目部根据施工现场实际情况制定相应的材料管理制度和流程，这个流程主要是依靠施工现场的材料员、保管员及施工员来完成。施工现场的固定性和庞大性决定了施工现场材料管理具有周期长、种类繁多、保管方式复杂及特殊的性质。传统材料管理存在核算不准确、材料申报审核不严格、变更签证手续办理不及时等问题，造成大量材料现场积压、占用大量资金、停工待料、工程成本上涨。

二、BIM技术物料管理具体应用

基于BIM的物料管理通过建立安装材料BIM模型数据库，使项目部各岗位人员对不同部门都可以进行数据查询和分析，为项目部材料管理和决策提供数据支撑。例如，项目部拿到机电安装各专业施工蓝图后，由BIM项目经理组织各专业机电BIM工程师进行三维建模，并将各专业模型组合到一起，形成安装材料BIM模型数据库。该数据库以创建的BIM机电模型和全过程造价数据为基础，把原来分散在安装各专业人员手中的工程信息模型汇总到一起，形成一个汇总的项目级基础数据库。

（一）安装材料分类控制

材料的合理分类是材料管理的一项重要基础工作，安装材料BIM模型数据库的最大优势是包含材料的全部属性信息。在进行数据建模时，各专业建模人员可对施工使用的各种材料属性，按其需用量的大小、占用资金多少及重要程度进行“星级”分类——星级越高代表该材料需用量越大、占用资金越多。

（二）用料交底

BIM与传统CAD相比，具有可视化的显著特点。在设备、电气、管道、通风空调等安装专业三维建模并碰撞后，BIM项目经理应组织各专业BIM项目工程师进行综合优化，提前消除施工过程中各专业可能遇到的碰撞。项目核算员、材料员、施工员等管理人员应熟读施工图纸、透彻理解BIM三维模型、吃透设计思想，并按施工规范要求向施工班组进行技术交底，将BIM模型中用料意图灌输给班组，用BIM三维图、CAD图纸或者表格下料单等书面形式做好用料交底，防止班组“长料短用、整料零用”，做到物尽其用，减少浪费及边角料，把材料消耗降到最低限度。

（三）物资材料管理

施工现场材料的浪费、积压等现象司空见惯，安装材料的精细化管理一直是项目管理的难题。运用BIM模型，结合施工程序及工程形象进度周密安排材料采购计划，不仅能保证工期与施工的连续性，而且能用好用活流动资金、降低库存、减少材料二次搬运。同时，材料员可以根据工程实际进度，方便地提取施工各阶段材料用量，在下达施工任务书中附上完成该项施工任务的限额领料单，作为发料部门的控制依据，实行对各班组限额发料，防止错发、多发、漏发等无计划用料，从源头上做到材料的有的放矢，减少施工班组对材料的浪费。

（四）材料变更清单

工程设计变更和增加签证在项目施工中经常发生。项目经理部在接收工程变更通知书执行前，应有因变更造成材料积压的处理意见，原则上要由业主收购。否则，处理不当就会造成材料积压，无端地增加材料成本。BIM模型在动态维护工程中，可以及时地将变更图纸进行三维建模，将变更发生的材料、人工等费用准确、及时地计算出来，便于办理变更签证手续，保证工程变更签证的有效性。

参考文献

[1]中华人民共和国住房和城乡建设部.建筑地基基础工程施工质量验收标准[S]（GB，50202–2018）.北京：中国计划出版社，2018.

[2]刘勇，高景光，刘福臣.地基与基础工程施工技术[M].郑州：黄河水利出版社，2018.

[3]谭正清，夏念恩，汪耀武.地基与基础工程施工[M].成都：电子科技大学出版社，2016.

[4]中华人民共和国住房和城乡建设部.混凝土结构设计规范（GB，50010–2010）[S].北京：中国建筑工业出版社，2010.

[5]李露.工程建设项目经济评价研究[M].哈尔滨：东北林业大学出版社，2019.

[6]陈思杰，易书林.建筑施工技术与建筑设计研究[M].青岛：中国海洋大学出版社，2020.

[7]刘兵，刘广文.建筑施工组织与管理（第3版）[M].北京：北京理工大学出版社，2020.

[8]水利水电工程施工实用手册编委会.混凝土工程施工[M].北京：中国环境科学出版社，2017.

[9]孙华波，周振鸿.建筑工程施工手册[M].北京：化学工业出版社，2021.

[10]刘广文，胡安春，陈楠.屋面与防水工程施工[M].北京：北京理工大学出版社，2019.

[11]温欣，方前程，任志鸿.屋面与防水工程施工及质检[M].天津：天津大学出版社，2019.

[12]贵州省建设工程质量检测协会组织编写；冉群，卢云祥主编.建筑主体结构工程检

测[M].北京：中国建筑工业出版社，2018.

[13]郝贠洪.建筑结构检测与鉴定[M].武汉：武汉理工大学出版社，2021.

[14]时柏江，林余雷，曾章海.建筑结构与地基基础工程检测案例手册[M].上海：上海交通大学出版社，2018.

[15]路彦兴.混凝土结构检测与评定技术[M].北京：中国建材工业出版社，2020.

[16]时柏江，林余雷，蔡时标.混凝土及砌体结构工程检测手册[M].上海：上海交通大学出版社，2018.

[17]简斌.结构检测与鉴定[M].重庆：重庆大学出版社，2020.

[18]路彦兴.钢结构检测与评定技术[M].北京：中国建材工业出版社，2020.

[19]路彦兴.砌体结构检测与评定技术[M].北京：中国建材工业出版社，2020.

[20]吕刚，代建波，王枫.砌体结构检测鉴定及工程案例分析[M].北京：中国石化出版社，2021.

[21]蒲娟，徐畅，刘雪敏.建筑工程施工与项目管理分析探索[M].长春：吉林科学技术出版社，2020.

[22]刘玉.建筑工程施工技术与项目管理研究[M].咸阳：西北农林科技大学出版社，2019.

[23]和金兰.BIM技术与建筑施工项目管理[M].延吉：延边大学出版社，2019.

[24]赵伟，孙建军.BIM技术在建筑施工项目管理中的应用[M].成都：电子科技大学出版社，2019.